Seit Tausenden von Jahren versuchen wir Mittel und Wege zu finden, Körper und Geist unserer Mitmenschen zu beeinflussen und zu kontrollieren. Von giftigem Honig, der ganze Armeen niederstrecken kann, bis zu den Voodoo-Zaubern auf Haiti – Frank Swain erzählt ebenso fundiert wie mitreißend wahre Geschichten aus der Wissenschaft. Von Hundeköpfen, die ohne ihre Körper zum Leben erweckt werden, von Geheimgesellschaften, die tief in die Psyche des Menschen vordringen, mit dem Wunsch, den Tod zu überlisten. Und von Parasiten, die ihren Wirt so beeinflussen können, dass er zu Suizid oder zur Geschlechtsumwandlung getrieben werden kann.

FRANK SWAIN widmet sich – unter anderem auf seinen Blogs – den seltsamen und wundervollen Bereichen der Wissenschaft. Als Wissenschaftsredakteur beschäftigt er sich damit, wie unsere Innovationen die Zukunft und nicht zuletzt auch uns selbst formen. Er schreibt unter anderem für *New Scientist, Arc, Slate, Stylist, Wired, The Guardian, Eureka*. Frank Swain lebt in London, dies ist sein erstes Buch.

Frank Swain

WIE BASTEL ICH MIR EINEN ZOMBIE

Schaurig-schöne Geschichten
aus der Wissenschaft

Aus dem Englischen von Astrid Mania

btb

Die englische Originalausgabe erschien 2013 unter dem Titel
»How to Make a Zombie – The Real Life (and Death) Science
of Reanimation and Mind Control« bei Oneworld Publications,
London.

Verlagsgruppe Random House FSC® N001967

1. Auflage
Deutsche Erstveröffentlichung Juni 2017
Copyright © Frank Swain 2013
Copyright © der deutschsprachigen Ausgabe 2017 by btb Verlag
in der Verlagsgruppe Random House GmbH,
Neumarkter Str. 28, 81673 München
Umschlaggestaltung: semper smile, München
Covermotiv: © Shutterstock/Hari Syahputra
Satz: Uhl + Massopust, Aalen
Druck und Bindung: GGP Media GmbH, Pößneck
AH · Herstellung: sc
Printed in Germany
ISBN 978-3-442-71374-5

www.btb-verlag.de
www.facebook.com/btbverlag
Besuchen Sie unseren LiteraturBlog www.transatlantik.de

Für Mum und Dad

Denen ich alles verdanke

Bildnachweise

Inhaltsverzeichnis

Prolog

REZEPT FÜR EINEN ZOMBIE

ZOMBIES SIEHT MAN JEDEN TAG; sie sind mitten unter uns.

Sie humpeln auf staksigen Beinen über die Leinwand, auf der Jagd nach, wem auch sonst?, dem blonden Mädchen. Dann, ein Schuss. Im letzten Augenblick, kurz vor ihrer Haustür, der erlösende Platzregen aus gammeligem Menschenfleisch. Auch aus den Regalen mit den Comicbüchern greifen die papiernen Hände schorfig-steif nach uns. Nachts, auf unserem Heimweg, eine Ahnung von Gestalten, wie sie, betrunken, verwirrt, verirrt, durch die Schatten taumeln. Sie blicken uns im Bus entgegen, die Miene leer, der Wille aufgezehrt vom Schaben und Nagen der Parasiten, die sich beharrlich durch den Schädel fressen. Und im Urlaub? Wenn Sie mit Ihren neuen Flipflops aus dem Duty-free-Shop über weichen Tropensand hinweglatschen, fällt da Ihr Blick auf all die stillen

Gräber, in denen junge Wespen sprungbereit am Herzen ihrer komatösen Beute lauern?

Wollen Sie allen Ernstes behaupten, dass Sie wissen, wie ein Zombie aussieht?

Ja, das *glauben* Sie auch nur! Natürlich kennen Sie die Zombies aus dem Film, die Erscheinung haben Sie sich eingeprägt. Vielleicht haben Sie sogar, denn am besten fängt man wohl am Anfang an, den Klassiker schlechthin als DVD geliehen, *White Zombie* aus dem Jahre 1932, der als die Wiege unserer Untoten und ihrer kinematografischen Abenteuer gilt. Dann haben Sie ja mitverfolgt, wie die arme Madeleine Short scheinbar am Gift des Unholds Murder Legendre zugrunde geht und als dessen willige Sklavin in ihrem Grab erwacht. Nach nicht einer Stunde Spielzeit bricht der Bann, und Madeleine macht an keiner Stelle mehr den Eindruck, sie wäre fremdgesteuert oder nicht quicklebendig. Der Titel *White Zombie* spielt allerdings nicht auf Madeleines Dasein zwischen Tod und Auferweckung an, sondern auf ihre geistige Verfassung. Ihr Tod ist eine Irreführung, mit der Legendre sich bequem des gehörnten Ehemannes entledigt. Die wahre Heimtücke liegt anderswo. Sie besteht darin, dass Legendre sein Opfer zu Willfährigkeit und Hörigkeit verdammt.

Aber vielleicht mögen Sie's ja lieber etwas deftiger. Denn mit dem Typus Hexer-Zombie war es bald vorbei. 1968 nämlich trat der Regisseur George A. Romero auf den Plan. Als Erstes fledderte er ein Buch, namentlich Richard Mathesons apokalyptisches Epos *Ich bin Legende*, machte aus Vampiren hungrige Ghule und verlegte die Handlung vor die Auslöschung der Menschheit. Ursprünglich sollte sein Machwerk auch *Night of the Flesh Eaters* (Die Nacht der Körper-Fresser) heißen, doch das war dem Verleih, Walter Reade, noch nicht prägnant genug, und darum schreibt sich nun *Die Nacht der lebenden Toten* über die ersten Filmbilder, womit der Zombie auch gleich eine neue Physiologie und Epidemiologie erhalten hat. Wenn man so will, sind Romeros Zombies die Verkehrung des Produkts Legendre'scher Magie: Zwar haben Romeros lebende Tote nur einen schwachen Willen, doch sie stehen unter keinerlei Kontrolle. Allerdings haben sie einen grässlichen Appetit auf Menschenfleisch, und die Gesetze der Biologie brechen sie noch obendrein – Romeros schwankende Gestalten hängen zwischen Tod und Leben fest.

In diesem Buch aber soll es nicht um den Zombie aus Literatur und Film gehen. In diesem Buch wird es um den Zombie gehen, der Papier oder Leinwand verlassen und es in unsere, in die *reale* Welt geschafft hat. Wie gelingt dem Zombie dieser Sprung? Umgekehrt: Könnten wir es schaffen, uns eines anderen zu bemächtigen und ihn zwingen, all unsere Befehle zu befolgen? Und schließlich: Gäbe es für uns eine Möglichkeit zu sterben und zurückzukehren?

Der Tod gilt als das Ende, als unumstößliches Naturgesetz. Schließlich trennt uns von den Göttern, dass unser Dasein auf Erden begrenzt ist und das ihre nicht – aus diesem Grund heißen wir ja »Sterbliche«. Keine Epoche und keine Kultur, in der es nicht mahnende Geschichten über jene gäbe, die versucht haben, sich hierüber hinwegzusetzen. Selbst Orpheus musste nach seinem Abstieg in die Unterwelt, wo er seine Frau zu sich zurückzuholen hoffte, voller Schrecken zusehen, wie sie ihm kurz vor seinem Ziel erneut entrissen wurde. Oder denken wir an Mary Shelleys berühmt-berüchtigten *Frankenstein*, eine einzige Warnung vor der Hybris, jene geheiligten Gesetze auf dem wundersamen Wege der modernen Technik zu übertreten. Offenbar gedeiht in unserer Vorstellungskraft der Wunsch nach einer Kontrolle über Geist und Körper, doch die Mauern welchen Tabus wurden nicht bestürmt?

In *Wie bastel ich mir einen Zombie* erwartet Sie eine Fülle wahrer Begebenheiten, die Ihnen den Schlaf rauben werden. Unsere Reise – wenn Sie denn bereit sind, diese mit mir anzutreten – beginnt in der Karibik, in der moderigen Hitze der Zuckerrohrplantagen, unter Hexendoktoren, die Schädel zu Gift zermahlen, und unter düsteren Dämonen, die sich Kinder greifen, die bei Dunkelheit noch nicht zu Hause sind. Sie alle haben unsere Vorstellung einer Seele, die auch ohne Körper bis in alle Ewigkeit lebt, zunichtegemacht und stattdessen ein Monster erschaffen, dessen lebendiges Fleisch eben keine Seele kennt.

Wir werden verfolgen, wie so manche Geheimgesellschaft tief in des Menschen Psyche vordringt und an unsere elementaren Triebkräfte rührt: an den Wunsch, den Tod zu überlisten, und die Angst, das Menschliche in uns zu verlieren. Wir fliegen nach Moskau mit seinen bitterkalten schneebedeckten Straßen und machen einen Abstecher nach London, wo Nekromanten im flackernden Gaslicht eines Operationssaals Maschinerien entwickeln, um den Toten Leben einzuhauchen. Sie stehen in enger Konkurrenz zu US-amerikanischen Forschern, die mittels ihrer Unsterblichkeitstechnologie eine neue Herrenrasse zu erschaffen hoffen. Unterdessen wagt am Ufer eines stillen Schweizer Alpensees ein Arzt vorsichtige Schnitte in das Hirn seiner leidenden Patienten, während seine Kollegen auf der anderen Seite der Welt die seelischen Wunden mit spindeldürrem Draht und Elektrizität zu vernähen suchen. In Kolumbiens Urwäldern rupfen derweil ruchlose Gangster Blätter von den *borrachero*-Bäumen, um ihren nächsten unbemerkten Raubzug anzugehen. Sie alle wollen sich des Gehirns eines anderen bemächtigen – manche wollen Heilung, andere Kontrolle.

Als Nächstes nehmen wir den Schwarzmarkt ins Visier

und folgen seinen Pfaden von Osteuropa nach Südkorea. Dort nimmt ein Fließband seinen Ausgang, das sich um die ganze Welt spannt, auf dem die Toten auseinandermontiert, ihnen Ersatzteile für die Lebenden entnommen werden. Und an jedem Ort auf dieser Welt, zu Luft und in der Erde, liegen sie schon auf der Lauer, die Heerscharen unsichtbarer Attentäter – Käfer, Würmer, Pilze, die sich in das Fleisch ihrer ahnungslosen Opfer bohren und aus ihren neuen Wohnstätten heraus die ungeheuerlichsten Befehle flüstern.

Im Verlaufe dieser Reise werden wir erörtern, was es heißt zu leben, Mensch zu sein, über das eigene Schicksal zu bestimmen. Der wahre Zombie hat uns hierzu viel zu sagen. Und Sie werden in diesem Buch Waffe und Rüstung gegen jene finden, die womöglich eines Tages Sie zum Zombie machen wollen.

1

TOTE BEI DER FELDARBEIT

Niemand wagte es, sie anzuhalten,
denn es waren Leichen,
die da im hellen Sonnenlicht
die Straßen entlang schritten.

William Seabrook, *Geheimnisvolles Haiti* (1929)

NA GUT. SIE MEINEN DAS mit dem Zombie also ernst? Dann sollten wir am besten ganz von vorn beginnen. Es ist noch gar nicht lange her, dass der Zombie in das Bewusstsein dieser Welt gehumpelt ist. Das geschah erst im Jahre 1887, als Lafcadio Hearn, Korrespondent für das *Harper's Magazine*, zu einer langen Reise aufbrach. Er wollte Gerüchten auf den Grund gehen, wonach die Inseln der Karibik von lebenden Toten heimgesucht würden.

Hearn war alles andere als ein Schmierenjournalist. Nachdem er zehn Jahre lang aus New Orleans über die Menschen und die besondere Kultur der Stadt berichtet hatte, galt er als verdienter, respektierter Autor. Er hatte auch wenig Scheu, sich in seinen Leitartikeln ziemlich deutlich zu Verbrechen, Korruption und Politik zu äußern. Aber er hatte auch eine Schwäche für das Bildhafte, fand Gefallen am Exotischen und an Folklore – ein Hobby-Anthropologe, wenn man ihn so nennen will, sicher aber ein großer Romantiker. Ihm erschien sogar die Dunkelheit belebt, auf jenem sonderbaren Terrain, das er auf den fernen Inseln vorfand:

>In allen Ländern bringt die Nacht gewisse Unklarheiten und Illusionen hervor, die manche Fantasien zu erschrecken vermögen; in den Tropen aber produziert sie ganz besonders eindrückliche und auch ganz besonders dunkle Effekte. Pflanzliche Gestalten, die selbst dann erstaunen, wenn sie von der Sonne beschienen werden, nehmen nach deren Untergang etwas Grauenhaftes – Groteskes –, etwas Vieldeutiges

an, für das es keinen Namen gibt … Im Norden ist ein Baum einfach ein Baum; hier hingegen hat er spürbar Persönlichkeit, eine vage Physiognomie, ein undeutliches Ich. Wenn sich der Mond erhebt, steigen fantastische Dunkelheiten aus den hohen Wäldern in die Straße hinab – schwarze Verrenkungen, Zerrbilder, ungute Träume –, eine endlose Folge von Kobolden. Weniger erschreckend sind die Schatten, wie sie all die Palmen werfen, da man sie sogleich erkennt; und doch nehmen sie Ähnlichkeit mit gewaltigen Fingern an, die sich spreizen und schließen über allen Wegen, ebenso mit dem schwarzen Krabbeln unsagbarer Spinnen …«

Die Bewohner jedoch fürchteten weniger das erklärliche Dunkel der Nacht – was sie ängstigte und schreckte, so Hearn, entsprang dem unerklärlichen Dunkel der Hexerei.

Hearn zog es in die Berge Martiniques, wo er sich im Cottage einer älteren Dame einmietete und deren Sohn Yébé als seinen Führer anheuerte. Eines Tages kam ihm dort zu Ohren, dass sich Adou, die Tochter des Hauses, geweigert hätte, eine Abkürzung über den Friedhof zu nehmen: Die Toten hätten sie auf dem Friedhof festgehalten. Hearn wurde hellhörig. Waren diese Toten womöglich die Zombies, die er aufzuspüren hoffte? Nein, erwiderte Adou, die *moun-mo* konnten den Friedhof nicht verlassen, mit Ausnahme der Nacht von Allerseelen, dann nämlich reisten sie heim. Ein Zombie hingegen konnte an jedem Ort und zu jeder Zeit erscheinen. Adous sonst so heitere Miene verfinsterte sich. Sie habe noch keinen Zombie gesehen, raunte sie ihrem Gast zu, und das wolle sie auch nicht. Auf die Bitte hin, ihm einen solchen zu beschreiben, war die ausweichende Erwiderung, dass ein Zombie bei

Nacht ein heilloses Chaos anrichten würde, eine vier Meter große Frau sei, die im Schlafzimmer erscheinen, ein riesiger Hund, der sich ins Haus schleichen würde.

Adou sah ein, dass Hearn die Antwort nicht befriedigte, und rief nach ihrer Mutter, die im Freien auf einem Kohleofen das Essen zubereitete. Hearn stellte ihr dieselbe Frage: Was ist ein Zombie? Ein dreibeiniges Pferd, das auf dem Weg vorüberzieht, so die alte Frau. Wenn man in der Nacht auf der Hauptstraße unterwegs war und ein großes Feuer sah, das immer mehr entschwand, je näher man ihm kam: Das war das Werk der Zombies. Sie entfachten die *mauvai difé* – die bösen Feuer –, und arglose Reisende, die ihnen folgten und sie für die Lichter eines nahen Dorfes hielten, stürzten daraufhin in tödliche Tiefen. Selbst mitten am Tage konnten jene, die auf verlassenen Wegen wanderten, einem Zombie von Angesicht zu Angesicht begegnen.

Daraufhin berichtete Adou die Geschichte von Baidaux, einem Mann von harmlosem und schlichtem Gemüt. Baidaux, so erzählte sie, lebte bei seiner Schwester in St. Pierre. Eines Tages habe Baidaux aus heiterem Himmel gesagt: »Ich habe ein Kind, ach, das hast du noch nie gesehen!« Die Schwester schenkte dieser unsinnigen Bemerkung keine Beachtung, doch Baidaux ließ nicht locker. Tag für Tag, über Monate, Jahre hinweg, gab er diesen einen Satz von sich, obwohl seine Schwester ihn zum Schweigen drängte. Dann, eines Abends, verließ Baidaux das Haus und kehrte erst um Mitternacht zurück, mit einem schwarzen Jungen an der Hand. »Ich habe es dir jeden Tag gesagt, dass ich ein Kind habe«, so Baidaux zu seiner Schwester. »Also nun, *sieh selbst*!« Und als die Schwester auf das Kind blickte, wuchs es vor ihren Augen in die Höhe. Sie riss die Fensterläden auf und rief die Nachbarn zu Hilfe. Das riesenhafte Kind aber wandte sich an Baidaux: »Du

hast Glück, dass du verrückt bist!« Als die Nachbarn herbei-
eilten, war dort niemand mehr; der Zombie war verschwunden. Dies, darauf beharrte Adou gegenüber Hearn, war die ab-
solute Wahrheit – »Çe zhistouè veritabe!« Und obwohl Hearn
von den Inselbewohnern viele solcher Geschichten hörte, hat
er nicht einen Zombie mit eigenen Augen gesehen.[1]

Zu Hearns Zeiten galt New Orleans als das »Tor in die Tro-
pen«, und je weiter man in die Karibik vordrang, umso stärker
wurde das Gefühl des »Andersartigen« empfunden. Vor allem
Haiti übte eine beängstigende und berauschende Macht über
das weiße Amerika aus, vor dessen Haustür somit ein Teil des
Alten Afrika lag, ein Land, das Bilder von Gewalt, Hexerei
und Mystischem heraufbeschwor. Haiti war eine entschieden
unabhängige Nation, seit sich die versklavte Einwohnerschaft
im Jahre 1804 erhoben, die französischen Herren gestürzt und
auch mehrere nachfolgende Versuche einer Kolonisation ab-
gewehrt hatte. 1915 aber wurde die Unabhängigkeit des Landes massiv eingeschränkt. Es war zu einer Phase der Unruhen
gekommen, und US-amerikanische Geschäftsinteressen – besonders die der Haitian American Sugar Company (Hasco,
Haitisch-Amerikanische Zuckerfabriken) – sahen sich be-
droht. Um das Schreckensszenario einer antiamerikanischen
Regierung abzuwenden, fielen die USA kurzerhand in Haiti
ein und besetzten den Staat bis 1934, was bleibende Folgen für
Land und Leute hatte.

In kultureller Hinsicht war selbst der mächtigsten unter

---

1 Kurz nach Erscheinen des entsprechenden Artikels entsandte das
Harper's Magazine Hearn nach Japan. Er verfiel dem Land und verbrachte den Rest seines Lebens dort; er heiratete die Tochter eines
Samurai und nahm den Namen Koizumi Yakumo an. In die Karibik
kehrte er nie mehr zurück.

den westlichen Kolonialmächten, dem Christentum, auf Haiti nur mäßiger Erfolg beschieden. Zwar war die katholische Kirche als Staatsreligion in die Verfassung von 1804 aufgenommen worden, doch nichts konnte die Würze und Schärfe der einheimischen Taínos und der aus Afrika importierten Götter dämpfen, mochten eifrige Missionare auch noch so viel Milch in die kulturelle Mélange des Landes gießen. Vor allem aber war in der Zeit vor der Revolte eine neue Religion aufgekommen: der Vodou.[2] Der haitianische Vodou ist ein Mix verschiedener spiritueller Riten und Traditionen, wie auch die Bevölkerung ein Mix aus den indigen Taínos, den Sklaven, die zu Millionen von Afrika her ins Land verbracht wurden, und ihren europäischen Kolonialherren und Freiheitsräubern ist. Der Vodou pfropfte dem ursprünglichen Glauben der Taínos die spirituellen Konzepte der Fon und Ewe aus Westafrika und Elemente aus römisch-katholischer Frömmigkeit auf. Doch er ist eben auch ein komplexes System aus Narrationen, Gottheiten und Praktiken, die von Dorf zu Dorf variieren, und damit mehr als reine Religion. Entsprechend heißt es auch, Haiti sei »zu achtzig Prozent katholisch, zu hundert Prozent Vodou«.

Der Lehre des Vodou zufolge setzt sich der Mensch aus verschiedenen Teilen zusammen, ist er ein Amalgam unterschiedlicher Substanzen, so komplex wie die Religion selbst. Über allem steht der *z'etoile* oder Leitstern, der himmlische Körper, der das Geschick eines Menschen lenkt. Der *corps cadavre* ist wortwörtlich der physische Leib, der *nanm* der Geist dieses lebendigen Fleisches, die vitalistische Energie, die Zerfall und Zersetzung entgegenarbeitet, wie sie bei toter

---

2 In der Anthropologie hat sich diese Schreibweise durchgesetzt, um das religiös-kulturelle Glaubenssystem der Haitianer von den Fantasievorstellungen Hollywoods abzugrenzen.

Materie nun einmal leider auftreten. Auch die Seele wird als aus mehreren Teilen bestehend gedacht. Es gibt den *gwo-bon anj* (den Großen Guten Engel), das belebende Prinzip des Menschen, der Wille, der unsere Handlungen motiviert, sowie den *ti-bon anj* (den Kleinen Guten Engel), der unsere Erinnerungen und unser Bewusstsein verkörpert. Einem *bokor*, oder Hexer, mag es gelingen, den *ti-bon anj* zu fassen, bevor er sich kurz nach Eintritt des Todes allzu weit vom Leib entfernt, oder ihn einer Person mittels Zauberkraft zu entziehen, wobei er das Opfer scheinbar tötet. Der *ti-bon anj* wird in einem tönernen Gefäß gefangen, das zum *zombie astral* wird, während der Körper, die Hülle – ein physisch Seiendes, das zwar lebendig ist, jedoch keinen eigenen Willen mehr besitzt – zum *zombie cadavre* wird.

Es wundert nicht, dass Hearn einige Mühe hatte, sich etwas Konkretes unter einem Zombie vorzustellen.

FLEISCHLICHE GELÜSTE

Hearn ist es also trotz gezielten Globetrottens nie gelungen, einem echten Zombie zu begegnen. Diese Ehre kam stattdessen William Seabrook zu, schillernde Persönlichkeit, Entdecker, Autor und Angehöriger der »Lost Generation«, jener Gruppe US-amerikanischer Schriftsteller, die sich um die Zeit des Ersten Weltkriegs herum nach Paris flüchtete. Seabrook, »rüstig, rastlos, rothaarig«, galt als sehr besonderer Charakter, und seine erstaunlichen Erlebnisse fanden ihren Niederschlag in den erstaunlichen Geschichten, die er heimwärts Richtung *Vanity Fair* und *Reader's Digest* kabelte. Sein Leben widmete er der Erkundung dessen, was ein Mensch seinem Körper abverlangen kann. Er war alkoholabhängig, verging sich an seinen Ehefrauen und hatte ohnehin ausgeprägt sadistische Neigungen. Angeblich reiste er nie ohne seinen getreuen Begleiter, einen Koffer voller Peitschen und Ketten.[3] Zur etwa gleichen Zeit, als die USA in Haiti einfielen, meldete sich Seabrook zum Dienst bei der französischen Armee. Während der Schlacht um Verdun erlitt er eine schwere Gasvergiftung und wurde später für seinen heroischen Einsatz mit dem französischen Orden *Croix de Guerre* ausgezeichnet.

Wie Hearn zog es auch Seabrook zur Extravaganz, konkret zum Stamm der Guere nach Westafrika, der den Kannibalismus ausübte – angeblich, weil Seabrook ein Buch zum Thema plante. Offenbar aber gelang es dem Stammesführer nicht, Seabrook den Geschmack menschlichen Fleisches zu beschreiben, was diesen sehr verdross. Er weigerte sich schlicht, sein Buch ohne Kenntnis dieses wichtigen Details zu publizieren und bestach bei seiner Rückkehr nach Paris den Wächter einer Leichenhalle. Durch ihn besorgte er sich eine Kostprobe dieser so raren Speise, ging damit zu einem Freund und bat dessen Koch, aus dem sonderbaren Fleisch, angeblich eine seltene Wildart, allen ein Mahl zu bereiten. »Der Braten, aus dem ich ein mittleres Stück herausgeschnitten und verspeist habe, war zart«, schrieb Seabrook später, »und Farbe, Textur, Geruch wie auch Geschmack stärkten meine Gewissheit, dass von allen Fleischarten, die wir gewöhnlich kennen, Kalb das-

---

3 Der Verfasser von Seabrooks Nachruf vermerkte mit einigem Behagen, dass Seabrook es gern gesehen habe, wenn »ein Mädchen mit Armreifen, Spangen und Fußringen beladen war. Gefesselt waren sie ihm am liebsten«. Diese Worte stammen übrigens von einem Freund des Verstorbenen – und als solcher galt auch Aleister Crowley, der anmerkte: »Hat sich dieser Schweinehund W. B. Seabrook also endlich umgebracht, nach Monaten quälender Versklavung seiner letzten Ehefrau.« Weiß der Himmel, wie sich Seabrooks Feinde geäußert hätten.

jenige ist, mit dem dieses Fleisch vollkommen vergleichbar ist.«

Dann besuchte der berüchtigte englische »Priester« Aleister Crowley im Jahre 1919 Seabrook auf dessen Farm. Fortan sollten sich die Leidenschaften unseres Abenteurers auf das Okkulte verlegen. Crowley und Seabrook verbrachten eine Woche bei Getränk, Rauchwerk und allerlei Geschichten, besonders zum Sujet der Hexerei. Bei dieser Gelegenheit packte Seabrook ein unstillbarer Durst nach allem, was zum Bereich der dunklen Künste gehört, und seither bereiste er die Welt auf der Suche nach Belegen für derlei Zauberwerk. Der Zombie hatte es ihm ganz besonders angetan. In ihm sah Seabrook eine Kreatur, die – anders als etwa Vampire oder Werwölfe – in der westlichen Kultur keine Parallele kannte. »Der Zombie soll, wie es heißt, ein seelenloser menschlicher Leichnam sein, und obschon tot, hat man ihn doch aus dem Grabe geholt und mittels Hexerei mit einer mechanischen Lebensähnlichkeit ausgestattet«, schrieb er. »Es ist ein toter Körper, dazu gebracht, zu gehen, zu handeln und zu wandeln, als wäre er lebendig.« Seabrook konnte es kaum erwarten, einem leibhaftigen Zombie gegenüberzustehen.

Im Jahre 1928 machte er sich endlich nach Haiti auf. Dort wollte er Berichten über schwarze Magie nachgehen und ergründen, ob wahrhaftig die Toten auf Erden wandelten. Eines Abends, als der Vollmond aufging, sprachen Seabrook und sein Führer Constant Polynice auch über die Monster und Dämonen, die angeblich ihr Unwesen auf Haiti trieben. Polynice stammte zwar vom Land, war jedoch recht kultiviert, und obschon er mit den verschiedenen Ausprägungen des Aberglaubens vertraut war, hing er ihm nicht an: In seinen Augen waren die Geschichten über Monster und Dämonen schlicht – Geschichten. Als Seabrook seinen Führer aber fragte, was von den Erzählungen über lebende Tote zu halten sei, verfinsterte sich dessen Miene. Von Entsetzen gepackt, erwiderte der Haitianer: »Ich versichere Ihnen, das, wovon Sie nun sprechen, ist nicht Gegenstand des Aberglaubens. Leider, muss ich sagen, gibt es derlei Dinge – und andere üble Begebenheiten in Zusammenhang mit den Toten. Es gibt sie in einem Ausmaß, wie ihr Weißen es euch nicht erdenken könnt, obwohl die Beweise nicht zu übersehen sind.« Warum sonst, so Polynice, leisteten sich sogar die ärmsten unter den Bauern gemauerte Gräber als Behausung für die Toten, wenn nicht, um ihre geliebten Angehörigen vor solch einem grässlichen Schicksal zu bewahren? Er selbst hatte ein Familiengrab gleich an der geschäftigen Grand Source Road erbaut, denn sollte jemand versuchen, dort einzudringen, würden es Passanten sehen. Und trotzdem hatte Polynice nach dem Tod seines Bruders vier Nächte mit einem Gewehr gewacht, bis er sicher sein konnte, dass der Leichnam dem Zugriff der Hexer entzogen war.

Die Zombies in ihren Lumpen, so Polynice, wurden zur Arbeit auf den Plantagen gezwungen. Ihr Gang sei schlurfend, die Augen glasig, der Blick so leer, als wäre es Vieh. Die Zombies wüssten nicht einmal mehr um ihren Namen, geschweige ihre Existenz. Der entsetzliche Zauber, der über sie herrschte, konnte nur gebrochen werden, wenn man ihnen Salz oder Fleisch zu essen gab. Berührte eines von beiden ihre Lippen, verstanden sie, was sie geworden waren, flohen zu ihren Ruhestätten und krochen in ihre Gräber, wo sie ein zweites, endgültiges Mal den Tod fanden.

Polynice erzählte Seabrook daraufhin auch die legendäre Geschichte um Ti Joseph, der im Frühjahr 1918 mit einer Schar zerlumpter Arbeiter in den Büros der Hasco-Zuckerfabriken eingetroffen war. Der Sitz des Unternehmens lag in einem geschäftigen und lärmenden Industriekomplex am östlichen Stadtrand von Port-au-Prince, der von einer dunklen Rauchsäule beherrscht wurde. Die Zuckerraffinerie bezog ihren Rohstoff von mehreren Plantagen, die in jenem Jahr eine Rekordernte erbracht hatten. Das Management von Hasco hatte daraufhin jedem neuen Arbeiter einen Bonus versprochen, und so strömten von nah und fern die Männer und Frauen auf der Suche nach einem Lohn herbei, darunter auch Joseph mit seinem Gefolge.

Doch nun standen seine Männer katatonisch da, niemand reagierte auf die Frage nach dem Namen. Es seien schlichte Menschen aus der Bergregion von Morne-au-Diable, einem abgelegenen Teil der Insel, gab Joseph zur Erklärung, und die Fabrik mache ihnen Angst mit ihrem Lärm. Es sei am besten, wenn seine Männer tief im Innern der Plantage stationiert würden, fern von allem Getöse und den anderen Arbeitern. Joseph erhielt eine Lizenz als Aufseher und führte seine Leute in die Felder. Doch schon bald kursierte das Gerücht, nur aus Angst, dass irgendjemand einen verstorbenen Verwandten unter seinen Männern erkennen könne, würde er seine Truppe von den Übrigen trennen. Bei Tag schufteten die »Zombies« auf den Feldern, am Abend gab es einen schlichten Haferbrei, *mayi moulin*, ohne Salz und Fleisch – jene Zutaten, die den Zombie ja angeblich aus seinem Dämmerzustand wecken konnten. Jeden Samstag strich Joseph den Lohn für seine Truppe ein, und bei Hasco fragte niemand, wie er das Geld unter seinen Arbeitern aufteilte – und ob überhaupt.

Eines Tages aber ließ Joseph die Zombies in der Obhut seiner Ehefrau Croyance, weil er zum Fronleichnamsumzug in Port-au-Prince gehen wollte. Aus Langeweile, aber auch aus Mitleid mit den tumben Gestalten entschloss sich Croyance, sie nach Croix-des-Bouquets im äußeren Norden der Hauptstadt zu begleiten, sodass auch sie die Prozession verfolgen konnten. Sie band sich ein farbiges Tuch um den Kopf und begab sich, die Zombies im Gefolge, zum Fest. Die Straßen waren voller Menschen, überall gab es Tanz und Gaumenschmaus: Dörrfisch und Maniokbrot, Bananen und Orangen, Kekse, Kuchen, Rum. Zur Feier des Tages kaufte Croyance den Zombies einige *tablettes pistaches* (mit braunem Zucker kandierte Erdnüsse). Doch wie sollte sie ahnen, dass der Bäcker die Nüsse zuvor gesalzen hatte? Und so brach mit dem Verzehr des Salzes jener Bann, der die Zombies bislang gefesselt hatte. Im selben Moment noch wurde sich Josephs Schar bewusst, welches Unglück sie befallen hatte, und als sich die Zombies auf den langen Weg zurück zu ihren Gräbern in den Bergen von Morne-au-Diable begaben, erhob sich entsetzliches Wehgeschrei. Die Dorfbewohner, die den grauenvollen Zug ihrer Toten sahen, gerieten so sehr in Rage, dass sie all ihr Geld zusammenlegten und eine Gruppe von Söldnern anheuerten, den Hexer zu fassen und zu töten. Also lauerte eine Schwadron Ti Joseph auf, stürzte sich auf ihn und schlug ihm mit einer Machete das Haupt vom Leib. Als die Geschichte erzählt war, sagte Polynice zu Seabrook, er wisse von einem ähnlichen Fall, auf einer Plantage, keine zwei Stunden von seinem Haus entfernt.

Bei seinen Forschungen war Seabrook bereits auf ein Vorkommnis aus dem Jahre 1908 gestoßen, das auch Stephen Bonsal in seinem Karibik-Kompendium *The American Mediterranean* schildert. Bonsal berichtet darin vom Schicksal eines Bauern aus Port-au-Prince, der nach seinem Tod durch den Prediger einer Missionskirche beerdigt worden war. Dieser hatte der Familie sogar geholfen, den Verstorbenen für das Begräbnis herzurichten, ihn in das »Grabgewand« gekleidet und so das Gesicht des Verstorbenen gesehen. Am folgenden Tag hatte der Geistliche eigenhändig den Sarg geschlossen, bevor dieser in die Erde hinabgelassen wurde. Wenige Tage später jedoch stieß ein Reisender auf einen Mann, der, wimmernd und in Leichentüchern, an einen Baum gebunden war:

> »Er befreite den armen Wicht, der schon bald die Sprache, jedoch nicht die Sinne wiederfand. In der Folge wurde er von seiner Frau, dem Arzt, der ihn für tot erklärt hatte, und jenem Geistlichen identifiziert. Dieser Vorgang war jedoch nicht gegenseitiger Natur. Das Opfer erkannte niemanden und verbrachte Tag und Nacht bei undeutlichen Klagen, deren Worte niemand verstand.«

Offenbar war Polynice mit seiner Angst vor Grabräubern und seinem lebhaften Glauben an die Untaten der Zombies keinesfalls allein. Selbst der auf Haiti lebende Arzt Dr. Antoine Villiers, über den sich Seabrook rühmend äußert, es gebe auf der gesamten Insel »keinen zweiten so wissenschaftlich gebildeten Geist, keinen gesünderen pragmatischen Rationalisten«, weigerte sich, den Zombie-Mythos kurzerhand als solchen abzutun. Von Villiers stammt auch der Hinweis, dass unter den *bokor* womöglich das Wissen von einem Gift zirkuliere, das den Anschein des Todes bewirke, um die Opfer bei Nacht aus ihren Gräbern entführen zu können.

Seabrook war jedenfalls genügend aufgestachelt, um einen Besuch auf jenen Zuckerplantagen zu arrangieren, die Polynice erwähnt hatte. Er wollte sich selbst ein Bild von der Lage machen. Tatsächlich erblickten sie auf der Plantage einige sonderliche Feldarbeiter und erstiegen einen Hügel, um sie zu begrüßen. Seabrook hierzu:

»Mein erster Eindruck der drei vermeintlichen Zombies, die weiterhin dumpf ihre Arbeit verrichteten, war, dass sie alle etwas Seltsames und Unnatürliches umgab. Sie schufteten wie Vieh, wie Automaten. Ihre Augen aber waren das Schlimmste. Und dies war nicht das Werk meiner Imagination. Dies waren wahrhaftig die Augen von Toten, nicht blind, sondern starr, ohne Richtung, ohne Gegenstand. Ihr Antlitz war ohnehin schon schauerlich genug. Es war leer, als befände sich nichts dahinter. Es wirkte nicht nur ausdruckslos, sondern geradezu zum Ausdruck unbefähigt.«

Seabrook, der sich einen Moment lang dem schrecklichen Gedanken hingegeben hatte, die lebenden Toten könnten doch real sein, sammelte sich wieder, griff nach der schwielig-tauben Hand eines dieser Männer und rief laut: »*Bonjour, compère!*« Der Zombie jedoch gab keine Antwort, und die Aufseherin, eine Frau namens Lamercie, erregte sich sehr über die Anwesenheit des Mannes aus dem Westen. Sie stieß Seabrook barsch beiseite: »Negerdinge sind nichts für Weiße.« Natürlich fanden solche Anekdoten Eingang in Seabrooks *Geheimnisvolles Haiti* und machten das Buch im Handumdrehen zum Bestseller.

DER SARGNAGEL

Seabrooks Buch verfestigte die Vorstellung, wonach ein Zombie ein scheinbar von den Toten Auferweckter ist, der Sklavenfron verrichten muss. Es erstaunt, dass Seabrook und Hearn bei ihrer Suche nach dem Zombie zu so unterschiedlichen Befunden gelangt sind, doch dass die Besetzung Haitis in diesem Zusammenhang eine Rolle spielt, darf wohl angenommen werden. Die »postkoloniale« Regierung hatte zwar gewaltige Verbesserungen an der Infrastruktur des Landes vorgenommen, doch die Straßen, Kanäle und Häfen wurden zu Bedingungen erbaut, als wären sie einem Handbuch aus der Sklavenzeit entnommen. Es war wohl nur ein kleiner Schritt vom Leben in der Arbeiterrotte bis zur Pforte des Todes, und so drückt sich in der Zombie-Legende auch der schmerzliche Autonomie-Verlust aus, wie ihn viele Haitianer unter der amerikanischen Besetzung empfunden haben. Seabrook folgerte nach seinem Blick in das Angesicht des Zombies, dass »Zombies nichts anderes sind als arme, gewöhnliche, geistig umnachtete menschliche Wesen, Idioten, die man zur Feldfron zwingt«.

Doch solch eine irdische Erklärung bändigte den Zombie-Mythos nicht, und schon bald produzierte Hollywood eine ganze Reihe schlüpfrig-reißerischer Filme. Fast immer steht dabei eine Dreiecksbeziehung im Mittelpunkt, in deren Verlauf nahezu unweigerlich eine (weiße) Frau durch (schwarze) Magie zum Zombie wird. Jener schon erwähnte *White Zombie*, der unter dem Banner der United Artists erschien und als erster Zombie-Streifen überhaupt gilt, wurde bei seinem Erscheinen 1932 denn auch mit einem entsprechend anzüglichen Slogan beworben: »Sie war weder lebendig… noch tot… Sie war der weiße Zombie, ihm bei jedem Wunsch zu Dienste!« Die Fortsetzung aus dem Jahre 1936, *Revolt of the Zombies*, folgt einem Trupp von Zombie-Soldaten in den Ersten Weltkrieg, wo sich die Untoten als ganze Kerle erweisen dürfen und mit einem einzigen Kommando die gesamte österreichische Armee besiegen. Dem folgte eine regelrechte Flut von Büchern und sogar Theaterstücken. Der Zombie wurde derart populär, dass er bereits 1940 seinen ersten komödiantischen Auftritt hatte, und zwar in dem Film *The Ghost Breakers*. Gerade einmal zwölf Jahre nachdem man den Zombie auf das (entsetzte) Publikum losgelassen hatte, wurde die Gattung der Willenlosen schon wieder als schlichter Witz, als Aberglauben abgetan.

Dann, an einem sonnigen Frühjahrsmorgen des Jahres 1980, begegnete eine Haitianerin bei ihrem Einkauf auf dem Markt einem Zombie – was sie zutiefst verstörte: Denn der verwahrloste Mann mit leerem Blick und wackeligem Gang stellte sich als Clairvius Narcisse vor, der Bruder, den sie Jahre zuvor beerdigt hatte. Sein Tod war offiziell von den Ärzten des unter US-amerikanischer Leitung stehenden Albert Schweitzer-Krankenhauses in Deschapelles protokolliert worden. Narcisse war am 30. April 1962 mit hohem Fieber und blutigem Auswurf eingeliefert worden. Da sich sein Zustand verschlechterte, behielt man ihn im Krankenhaus, wo er drei Tage später verstarb. Seine andere Schwester hatte den Leichnam identifiziert und die Sterbeurkunde durch ihren Fingerabdruck beglaubigt. Der Narcisse auf dem Markt behauptete nun, er sei vergiftet, lebendig begraben, exhumiert, bewusstlos geprügelt und unter Drogen gesetzt worden und würde nun zur Sklavenarbeit auf einer Zuckerrohrplantage gezwungen.

Bald wurde Dr. Lamarque Douyon, Leiter des Zentrums für Psychiatrie und Neurologie in Port-au-Prince, auf den Fall aufmerksam. Douyon war den regelmäßigen Berichten über Zombifizierungen nachgegangen, doch aus dem Stoff der Folklore die Fäden der Wahrheit herauszufiltern, hatte sich als gewisse Herausforderung erwiesen. Der Durchbruch kam dann mit Narcisse. Trotz anderslautender Papiere schworen zweihundert Zeugen, dass der Mann auf dem Markt in der Tat derjenige sei, der er zu sein behauptete. Douyon befragte Familienmitglieder und Freunde, um Details aus der Vergangenheit des vermeintlichen Bruders in Erfahrung zu bringen.

Im Verlauf seiner sorgfältigen Recherchen musste der Arzt feststellen, dass der geheimnisvolle Mann Anekdoten und Spitznamen kannte, von denen nur Clairvius selbst Kenntnis haben konnte. Es verwunderte also nicht, dass die Familie überzeugt war, dass dieser Mann kein Schwindler war.

Im Zuge seiner Untersuchung bat Douyon den Auferstandenen, ihm doch seinen »Tod« und die Beerdigung zu schildern. Narcisse sagte aus, er habe seine Familie neben dem Sarg weinen hören, und er wusste von Gesprächsfetzen, Worten, die an seinem Grab gefallen waren. Die neue Narbe an seiner Wange erklärte er mit einem Nagel, den man in seinen Sarg geschlagen habe.

Douyon dokumentierte den erstaunlichen Bericht und kontaktierte Experten auf der ganzen Welt, um dieses Rätsel zu ergründen. Douyons Vermutung lautete, dass irgendjemand Narcisse eine Art Gift verabreicht hatte, das eine todesähnliche Trance bewirkte. Sollte Narcisse' Erzählung den Tatsachen entsprechen, stünde jeder Wissenschaftler, der den Fakten auf den Grund ging, vor einer sensationellen medizinischen Entdeckung, gefolgt von Ruhm und Reichtum. Gerüchteweise suchte nämlich auch die NASA nach einem Trance induzierenden Mittel, um Astronauten in eine Art Tiefschlaf zu versetzen und ihnen so den langen Flug zum Mars oder in noch größere Ferne zu ermöglichen.

Douyons Hypothese stieß vor allem bei Wade Davis, einem jungen Ethnobotaniker aus Harvard, auf Interesse. Er schloss aus den ärztlichen Notizen über den »Tod« des Narcisse, dass wahrscheinlich ein paralysierendes Mittel Körperfunktionen und Motorik unterdrückt hatte, während das Opfer dennoch bei Bewusstsein blieb. Davis, der bereits mehrere Jahre in den Urwäldern Südamerikas verbracht, die indigenen Völker studiert und zahlreiche botanische Präparate gesammelt hatte, wurde mit der Anweisung, das Zombie-Gift zu finden und Proben zu Testzwecken in die USA zurückzubringen, nach Haiti geschickt.

Sein erster Verdacht galt dem Stechapfel, der in der Region häufig anzutreffen ist, zur selben taxonomischen Familie – Solanaceae – wie die Tollkirsche gehört und als starkes dissoziatives Halluzinogen bekannt ist. Der englische Name der Pflanze, *jimson weed*, verdankt sich der Stadt Jamestown im heutigen US-Staat Virginia. Dort sollte anno 1676 eine Garnison britischer Soldaten eine Revolte gegen den Gouverneur der Kolonialregierung niederschlagen. Doch die aufständischen Farmer setzten die Briten nicht mit Waffen, sondern dem Nachtschattengewächs außer Gefecht. Elf Tage lang jagten die Soldaten Federn nach, amüsierten sich mit albernen Grimassen und ebensolchen Spielchen, bis sie ohne irgendeine Erinnerung an die letzten Tage wieder zur Besinnung kamen. Es versteht sich, dass es ihnen nicht gelungen war, den Aufstand niederzuschlagen, und so wurde der Gouverneur nach England zurückberufen. Auf Haiti findet man den Stechapfel, wo er auch als »Zombie-Gurke« bekannt ist, allerorten. Davis gelang es, einigen *bokors* Proben ihres Zombie-Giftes abzukaufen, und ließ es im Labor von Harvard auf Spuren der Pflanze hin analysieren.

Doch schon bei der Zubereitung des Zombipulvers konnte Davis sehen, dass Stechapfel keinesfalls der Hauptbestandteil jener Mischung war. Die *bokors* zermahlten diverse Zutaten, die bekanntermaßen starke Toxine enthalten: die Haut der Agakröte *Bufo marinus*, die auch als Schädlingsmittel auf den Zuckerrohrplantagen eingesetzt wird, zwei Kugelfischarten, *Diodon hystrix* und *Sphoeroides testudineus*, die Juckbohne *Mucuna pruriens* und den Samen des *tcha tcha*-Baums, *Albizia lebbeck*. Wade schickte das Pulver in die USA. Als Erstes kamen Ratten am New York State Psychiatric Institute in den Genuss – sie fielen ins Koma. Über Stunden wirkten sie wie tot, und doch verzeichneten die Elektroden einen beständigen, wenn auch schwachen Herzschlag sowie Hirnaktivität. Die Wirkung des Giftes hielt vierundzwanzig Stunden an, dann erholten sich die Ratten. Genau das hatte Davis erwartet: einen scheintodartigen Zustand, der sich wieder lösen ließ.

Dann begann er selbst zu forschen. Er wollte wissen, welcher Bestandteil des Pulvers für diesen Prozess verantwortlich war. Zu den Folgen einer Kugelfischvergiftung lagen ihm bereits zahlreiche Dokumentationen vor, denn in Japan wird der Fisch in Form der, wenn auch gefährlichen, Delikatesse *Fugu* serviert, deren Genuss bei unsachgemäßer Zubereitung tödlich enden kann. Jährlich landen Dutzende nach dem Verzehr im Krankenhaus, und rund einer von zwanzig Patienten stirbt an den Folgen. Das Toxin ist in Darm, Leber und Eierstöcken des Fisches konzentriert und enthält größtenteils das Nervengift Tetrodotoxin, das in seiner Wirkung hundert Mal tödlicher als Blausäure ist (aus dem das hochwirksame Pestizid Zyklon B produziert wird, das die Nazis während des Zweiten Weltkriegs in ihren Vernichtungslagern eingesetzt hatten). Gelangt Tetrodotoxin in den Körper, blockiert es die Sodiumkanäle in den Nervenzellen, die dann keine elektrischen Impulse mehr aussenden können. In winzigen Dosen erzeugt es ein Kribbeln in den Extremitäten und eine leichte Euphorie, einer der Gründe, warum sich der Verzehr von Fugu trotz aller Gefahren solch großer Beliebtheit erfreut. Doch der Koch muss extreme Vorsicht walten lassen – zu viel Tetrodotoxin, und das Taubheitsgefühl erstreckt sich auf den gesamten Körper, und der unglückliche Gast kann bald schon nicht mehr gehen oder auch nur aufrecht am Tisch sitzen. Die Lähmung wandert in den Hals, blockiert das Sprechen, schließlich fällt der Betroffene ins Koma. Spätestens dann ruft die entsetzte Belegschaft des Restaurants den Krankenwagen. Bei einer größeren Dosis Kugelfischgift kann das Opfer am Ende nicht einmal mehr atmen. Tod durch Ersticken ist die Folge. Das Entsetzlichste aber ist, dass das Gift nicht das Gehirn angreift, das Opfer also während der gesamten Tortur ihres oder seines letzten Mahls bei vollem Bewusstsein ist. Davis war überzeugt, dass er mit dem Tetrodotoxin den Zombie-Täter vor sich hatte.

Doch nicht jeder schloss sich seiner Meinung an. Denn bislang hatte niemand beobachten können, dass Tetrodotoxin auch jene lang anhaltende Katatonie hervorruft, von denen die Zombie-Legenden erzählen. Demnach konnte dieses Gift nicht der alleinige Wirkstoff sein. Bei unabhängigen Tests mit zwei von Davis' Zombipulvern, an der japanischen Universität Tōhoku, unter Ägide von Takeshi Yasumoto, wurden zudem nur Spuren des Kugelfischgiftes nachgewiesen – in einer Konzentration, in der das Toxin keine große Wirkung hat. Ein Kollege beschuldigte Davis gar der Irreführung. Davis wehrte sich mit Verweis darauf, dass die von ihm erworbenen Zombipulver aus Dutzenden von Ingredienzien bestünden, die zahlreiche Toxine enthielten und wahrscheinlich mit Tetrodotoxin interagierten, dessen Wirkung also verstärkten oder in irgendeiner Weise modifizierten. Außerdem, so sein Argument, hätten die Methoden zur Messung des Tetrodotoxin-Anteils in den Proben womöglich unbeabsichtigt einen Großteil des Wirkstoffs zerstört – ein unguter Nebeneffekt zahlreicher chemischer Analysen.

Wenn Tetrodotoxin wirklich ein aktiver Wirkstoff des Zombipulvers war, so Davis, könnte die Funktion darin bestehen, den Tod des Opfers vorzutäuschen, was der Person, die das Gift verabreicht hatte, die Möglichkeit geben würde, den »Leichnam« zu entführen. Diese Wirkung wäre aber nur vorübergehend. Das Opfer würde sich bald wieder erholen und wäre nach wie vor im Besitz seiner geistigen Fähigkeiten. Davis war daher der Meinung, dass ein zweites Gift im Spiel sein müsse, um den tranceartigen Zustand des Entführten zu bewirken – womöglich doch eine Solanaceae-Art wie der Stechapfel, den er ursprünglich verdächtigt hatte. Davis betonte aber auch, dass eine Droge nur dann ihre psychologische Macht voll und ganz entfalten kann, wenn man an ihre Wirkung glaubt, was er in seinem Buch *Schlange und Regenbogen. Die Erforschung der Voodoo-Kultur und ihrer geheimen Drogen* ausführlich diskutiert. Also Obacht alle, die Sie sich an einen Zombie wagen wollen: Laut Davis verleiht schon die Furcht vor einer Zombifizierung der Droge ihre Macht über den Geist.

DER PROFESSOR UND DER BOGEYMAN

Es sollte mehr als ein Jahrzehnt vergehen, ehe 1996 die nächste internationale Expedition auf der »Perle der Karibik« eintraf, um Haitis Untote zu erforschen. Das Team stand unter der Leitung von Roland Littlewood, Professor für Anthropologie und Psychiatrie am University College London und vormaliger Präsident des Royal Anthropological Institute. Er ist auch der Autor zweier Arbeiten zum Thema, der Zombie ist also so etwas wie Littlewoods Spezialgebiet.

Finanziert wurde die Forschungsreise durch den britischen Fernsehkanal Channel 4 und die Zeitschrift *National Geographic*. Das Ziel: die gründliche medizinische Untersuchung eines Zombies. Begleitet wurde Littlewood unter anderem von Chavannes Douyon, dem Bruder jenes Lamarque Douyon, der den Fall Clairvius Narcisse recherchiert hatte. Chavannes Douyon wusste von zwei weiteren Fällen einer Zombifizierung, die nach Aufklärung verlangten.

Vor Ort befragten die Wissenschaftler drei vermeintliche

Zombies, die später in der medizinischen Fachzeitschrift *The Lancet* lediglich als F.I., W.D. und M.M. bezeichnet wurden. Die Forscher dokumentierten die gesamte medizinische Vorgeschichte und führten eine große Zahl von Tests durch, um zu ergründen, ob sich der flüchtige Befund »Zombie« nicht auf eine längst bekannte Diagnose eindampfen ließ. In keinem der drei Fälle stieß Littlewood auf klinische Befunde jenseits des Gewöhnlichen. Alle drei Patienten zeigten Formen mentaler Beeinträchtigung, deren Schweregrad variierte. F.I., eine Frau, und W.D., ein Mann, benötigten Hilfe bei alltäglichen Verrichtungen, mussten gefüttert, angekleidet und gewaschen werden; demgegenüber war M.M. zwar einfältiger Natur, dennoch ein aktives Gegenüber und fähig, sich selbst zu versorgen. Auch wehrte sie sich gegen die Behauptung, sie sei ein Zombie. F.I. wurde katatonische Schizophrenie diagnostiziert, W.D. schien unter einer Hirnschädigung zu leiden, wie sie durch Sauerstoffmangel hervorgerufen wird, und M.M. war, so die Annahme, ein Opfer des fetalen Alkoholsyndroms. Bei den körperlichen und geistigen Symptomen verband die drei Patienten wenig, und doch hatte man sie alle zu Zombies deklariert.

Auch die Umstände, die den jeweiligen angeblichen Tod samt Auferstehung umgaben, unterschieden sich dramatisch. F.I. war drei Jahre nach ihrem Tod im Jahre 1976, angeblich durch die Hand ihres eifersüchtigen Ehemannes, von einem Freund beobachtet worden, als sie in der Nähe ihres Zuhauses umhergeirrt war. Sie war daraufhin in Chavannes Douyons psychiatrische Klinik eingeliefert worden und seither dort verblieben. W.D. war anderthalb Jahre nach seinem Tod aufgefunden worden, allerdings wies er keine große Ähnlichkeit mit Fotografien des Toten auf, und die Untersuchungen seiner DNS ergaben, dass er in keinerlei verwandtschaftlichem Verhältnis zu den vermeintlichen Eltern stand. M.M. war dreizehn Jahre nach ihrer Beerdigung von ihrer Familie identifiziert worden und behauptete, ein *bokor* habe sie hundert Meilen nördlich in Gefangenschaft gehalten. Littlewood und sein Team fuhren mit M. M. und ihren Angehörigen an jenen Ort, wo sie als eine Ortsansässige mit, wie es hieß, simplem Gemüt erkannt wurde. Angeblich sei sie neun Monate zuvor während des Karnevals mit einer Gruppe von Musikern davongezogen. Zudem traten eine Frau und ein Mann vor, die behaupteten, Tochter und Bruder M. M.s zu sein und ihr beide in Aussehen und Habitus ähnelten. Daraufhin entbrannte ein Streit zwischen den Familien. Beide beharrten darauf, M. M. sei ihre Angehörige und die jeweils andere Familie für die Zombifizierung verantwortlich. Spätere DNS-Untersuchungen ergaben, dass M. M. in keiner verwandtschaftlichen Verbindung zu der Familie aus dem Süden stand, bei der sie besagte neun Monate verbracht hatte, das Städtchen im Norden der Insel hingegen sehr vermutlich ihre Heimat war. Waren, so fragte Littlewood, Haitis berühmte Zombies demnach nichts anderes als »gewöhnliche, geistig umnachtete menschliche Wesen«, wie William Seabrook schon Jahrzehnte zuvor postuliert hatte? Und falls ja, warum wurden sie von Fremden als deren angeblich wiederauferstandene Verwandte angenommen?

In Haiti gilt die Existenz von Zombies als Tatsache. Mehr noch: Im Gesetz ist der Strafbestand der Zombifizierung fest verankert. Artikel 246 des Strafgesetzbuchs vermerkt ausdrücklich, dass ein Giftanschlag mit der Absicht, einen todesähnlichen Zustand zu bewirken, als Mord zu behandeln ist.[4]

---

4 Diese Passage wird häufig und fälschlich als Artikel 249 zitiert (ein Paragraph eher prosaischer Natur, in dem es zwar um Mord, nicht jedoch um Zombies geht), was auf einem Tippfehler in einer Ausgabe des *Time-Magazines* des Jahres 1932 beruht.

Weit verbreitet ist die Ansicht, dass man einen Zombie an seiner rauen, näselnden Stimme, dem gebeugten Nacken und dem langsamen, schwerfälligen Gang erkennt. Der friedliche und leicht beherrschbare Zombie ist der Gegenpart zum lebhaften und potenziell aggressiven Wahnsinnigen. Dieser Unterschied lässt den Schluss zu, dass man den niedrig-funktionalen seelisch Kranken einfach die Identität des Zombies übergestülpt hat, so wie man in Europa viele Jahrhunderte lang Psychosen mit einer Besessenheit durch Dämonen begründet hat.

Dies erklärt auch, warum die Angst vor einer Zombifizierung nicht mit einer Angst vor dem Zombie selbst – der in der Regel als harmlos angesehen wird – gleichzusetzen ist. Fast alle Familien unternehmen große Anstrengungen, ihre Lieben vor einem solchen Los zu schützen, so halten sie beispielsweise tagelang an einem Grab Wache, bis die Verwesung einsetzt (wie es Constant Polynice getan hatte), aber vereinzelt werden auch extremere Maßnahmen ergriffen und etwa Kopf und Füße vom Körper abgetrennt und vertauscht. Abwehrzauber erfreuen sich großer Beliebtheit; manche legen ihren Angehörigen eine Nadel ohne Öse samt Faden ins Grab, damit, sollte der Leichnam erwachen, ihn das unlösbare Rätsel ewig fesselt.

Das Phänomen der Zombifizierung lässt sich aber nicht nur als Bewältigungsstrategie bei psychischen Leiden deuten: Schließlich verlangt es nicht allein nach einem Zombie, sondern auch nach jemandem, der die Zombifizierung bewirkt, und nach einer Narration, die den Grund für diesen Zauber liefert. Dieser Zusammenhang ist viel zu komplex, um im Zombie allein eine psychologisch annehmbare Etikettierung zu sehen – außerdem galt die Zombifizierung lange vor der Institutionalisierung des Rechts schon als Straftat.

In einem Land, in dem sich zehn Millionen Menschen auf nur zehntausend Quadratmeilen quetschen müssen, herrscht ein gewaltiges Verlangen nach Grund und Boden. Seit 1970 ist Haitis Bevölkerung um das Doppelte angewachsen, und das Ringen um die immer kleineren Parzellen führt immer öfter zu Streitigkeiten. Und so liegt zeitgenössischen Fällen einer Zombifizierung oftmals ein ökonomischer Konflikt zugrunde. Als Wade Davis der Geschichte um Clairvius Narcisse nachgegangen war, hatte er erfahren, dass die Familie in einen Disput um ein Stück Land verwickelt war. Narcisse hatte es zeit seines Lebens zu beträchtlichem Wohlstand gebracht – er hatte sich schlicht geweigert, seine zahlreichen Kinder sowie deren Mütter finanziell zu unterstützen. Auch hatte er es abgelehnt, seiner engsten Familie beim Verkauf gemeinschaftlichen Lands zu helfen, und darauf beharrt, seinen Anteil zu behalten.

Auf vergleichbare Weise hatte W. D.s Vater einen Vorteil aus seiner Schreibkundigkeit gezogen und das gesamte Land aus dem Besitz der Familie auf seinen Namen eingetragen. Daraufhin war es zu einem Zerwürfnis mit W. D.s Onkel gekommen, dem schließlich W. D.s Zombifizierung zur Last gelegt und der zu einer lebenslangen Gefängnisstrafe verurteilt wurde. Bezeichnenderweise war M. M. mit W. D. verwandt – sie war seine Tante, die jüngere Schwester seines Vaters. Die Familie hegte den Verdacht, dass M. M.s Zombifizierung ein Racheakt für W. D.s Schicksal war. Wer noch tiefer nach einem Motiv graben wollte, fand es in der angeblichen Mitgliedschaft von W. D.s Vater bei der Geheimpolizei, deren Mitglieder mit Terror und Gewalt gegen jene vorgingen, die sich der Herrschaft des »Präsidenten auf Lebenszeit«, François »Papa Doc« Duvalier, widersetzten. Offiziell hieß die Geheimpolizei *Milice de Volontaires de la Sécurité Nationale* (Nationale Sicherheitsmiliz aus Freiwilligen, kurz MVSN), im Volksmund trug sie jedoch den Spitznamen »Tonton Macoute« (Onkel Umhänge-sack), nach der gleichnamigen Schreckgestalt, die sich der Legende nach die Kinder greift, die bei Dunkelheit noch auf der Straße sind – angeblich verfuhr die Miliz bei ihren Zielpersonen ähnlich. Man braucht nicht allzu viel Fantasie, um sich auszumalen, dass sich W. D.s Vater, wenn er denn ein Tonton Macoute gewesen war, im Laufe seines Lebens viele Feinde gemacht hatte.

Schwerer vorstellbar ist allerdings, dass sich in einem der ärmsten Länder dieser Erde eine Kultur entwickeln sollte, in deren Kontext Familien einen Wildfremden unter ihrem Dach aufnehmen, erst recht, wenn es sich um einen Kranken, also eine Belastung handelt. Doch die hier diskutierten Fälle zeigen zur Genüge, dass es auch dafür gute Gründe geben kann. W. D.s »Vater« hatte durch die Annahme des vermeintlichen Sohnes einen Sieg in der Familienfehde errungen, denn so konnte er seinen Bruder wegen der angeblichen Zombifizierung verhaften lassen und dessen Ansprüche auf das Land durchkreuzen. Genauso gut mag die Aufnahme eines vollkommen Fremden unter dem Vorwand, sie oder er sei ein zombifiziertes Familienmitglied, als eine Art sozialer Buße dienen, als Möglichkeit, Spannungen abzubauen, die in größeren Gemeinschaften aufgrund ungleicher Vermögensverhältnisse zwangsläufig entstehen.

Vergleichbare Phänomene lassen sich in vielen Kulturen beobachten, so auch bei den Bakweri in Kamerun, über deren soziale Verhältnisse sich Littlewood an anderer Stelle äußert. Im späten 19. Jahrhundert war es zum wirtschaftlichen Niedergang der Bakweri gekommen, als unter der deutschen Kolonialherrschaft Plantagen gegründet und mithilfe externer Arbeitskräfte betrieben wurden. Mit der Ökonomie litten das Selbstbewusstsein und der Stolz des Volkes, zugleich nahmen Prostitution, Geschlechtskrankheiten und Anschuldigungen wegen Hexerei zu. Je ärmer die Menschen wurden, umso größer wurde das Misstrauen den wenigen Wohlhabenden gegenüber: Ihren individuellen Gewinn führte man auf einen allgemeinen Verlust an anderer Stelle zurück. So entstand der Glaube, dass Hexer auf ruchlose Weise die verstorbenen Verwandten anderer versklavten, um in diesen harten Zeiten Reichtümer anzuhäufen. Wer angeblich Untote in seinen Diensten hatte, wurde formal aus der Gemeinschaft ausgestoßen. Mit Aufkommen der kooperativen Bananenplantagen in den 1950er-Jahren besserte sich die wirtschaftliche Lage, die Spannungen lösten sich auf – und mit ihnen auch die Zombies.

Sind Zombies demnach lediglich ein soziales Konstrukt – eher soziologisches Experiment denn physische Tatsache? Zumindest Littlewood ist davon überzeugt. Aber in seinen Aufzeichnungen verbirgt sich ein verstörendes (je nach Perspektive auch vielversprechendes) Detail. Littlewood vermerkte, dass zwei seiner drei Patienten eine seltsam rundliche Narbe über dem Brustbein hatten, als hätte dort jemand einen Katheter mit einer unbekannten Substanz angesetzt. Genau an dieser Stelle, so behauptete W. D.s Vater, habe der Hexer das zombifizierende Mittel eingeflößt.

Eine solche Verletzung ist an sich schon ungewöhnlich, und sie ist es umso mehr bei zwei Personen, die beide von sich behaupten, man habe sie vergiftet und als Zombies festgehalten. Der Zeitschrift *The Lancet* ist zu entnehmen, dass die *bokors*, die Littlewood und sein Team befragt hatten, angeblich nichts von einer solchen Wunde wussten – schließlich hätten sie damit der Macht ihrer Magie widersprochen. Littlewood selbst äußerte, er habe »keinen blassen Schimmer«, wie die Narben zu erklären seien. Das sollten wir im Hinterkopf behalten.

DER GROSSE SCHLAF

Seit Wade Davis' Forschungen sind drei Jahrzehnte vergangen, und noch immer wurde keine Substanz entdeckt, die mit Fug und Recht als Zombie-Droge gelten darf. Ich kann es daher niemandem verübeln, wenn sie oder er die Jagd danach für sinnlos hält. Doch landgierige Haitianer und ihre *bokors* sind bei Weitem nicht die Einzigen, die ein Interesse daran haben, andere in eine Art Scheintod zu versetzen. In medizinischen Notfällen *müssen* die Ärzte manches Mal aus einem Menschen einen Zombie machen.

Da wäre zum Beispiel Dr. Peter Safar, der im Jahre 1960 durch seine simple Methode zur Wiederbelebung, die kardiopulmonale Reanimation (CPR), zur Berühmtheit wurde. Safar machte sich die Tatsache zunutze, dass die Umstehenden – *per definitionem* – bei einem lebensbedrohlichen Vorfall als Erste zur Stelle sind. Zwar kursierten einzelne Bestandteile seines Verfahrens schon seit Längerem in Medizinerkreisen, doch erst Safar war es gelungen, die unterschiedlichen Schritte zu einem einzigen, verständlichen und wirkungsvollen Prozess zusammenzufassen. Seine Methode hat zudem den großen Vorteil, dass sie jeder, auch der Laie, nutzen kann. Anfangs bezweifelten Safars Kollegen, dass der Atem, den ein Helfer in die Lunge eines Patienten ausstößt, dessen Sauerstoffbedarf decken kann. Also demonstrierte Safar seine Methode, mit Erfolg, an einer Gruppe Freiwilliger – Studenten, die sich mit Curare paralysiert hatten.

Curare wurde hierzulande durch Charles Waterton bekannt, Weltenbummler, Naturforscher und abenteuerlustiger Exzentriker, der barfuß und wild entschlossen in die Regenwälder Südamerikas marschiert war, auf der Suche nach dem machtvollen Gift der amazonischen Jäger. In Begleitung sechs einheimischer Führer bereiste er den Demerara River und überzeugte tatsächlich drei Stämme, ihm das giftige Geheimnis ihrer Blasrohre und Pfeile zu verraten. In allen Fällen lag der tödlichen Substanz eine Flüssigkeit zugrunde, die aus der *Urari*-Liane gewonnen wird. Als Waterton mit einem prall gefüllten Köcher auf sein englisches Gut zurückkehrte, erprobte er das Gift sogleich an mehreren Tieren, darunter einem Esel, weil er demonstrieren wollte, dass das Gift zwar die willkürlichen Muskeln lähmt, jedoch nicht das Herz angreift. Den Esel bewahrte er mithilfe eines Blasebalgs vor dem Ersticken und nahm damit ebenjenes Experiment vorweg, das Safar ein Jahrhundert später an seinen Studenten demonstrieren sollte.

Auch wenn es im Hollywoodstreifen so heroisch aussieht, CPR allein reicht selten, um einen Menschen, prustend, hustend, den Klauen des Todes zu entreißen. Das Ziel besteht nämlich vielmehr darin, das Gehirn so lange mit Sauerstoff zu versorgen, bis die Sanitäter eintreffen. Denn sobald die Zufuhr unter die benötigte Menge fällt, treten erste Hirnschäden auf. Innerhalb von Sekunden verliert der Verletzte das Bewusstsein, nach wenigen Minuten kommt es schon zum Tod. Die Mund-zu-Mund-Beatmung gewährleistet, dass das Sauerstoffniveau eines Patienten auf einem Minimum gehalten wird, die gleichmäßige Herzdruckmassage sorgt dafür, dass der Sauerstoff über den Blutkreislauf durch den ganzen Körper, also auch ins Gehirn, transportiert wird. Safars Methode rettet unzählige Leben auf der ganzen Welt, allein dadurch, dass man etwas Zeit herausschlägt, bis das Opfer vollständige medizinische Hilfe erhält.

Bei Naturkatastrophen oder auf dem Schlachtfeld jedoch ist solch professionelle Hilfe oftmals Stunden, wenn nicht Tage entfernt. Es gibt bei der CPR keine genaue zeitliche Beschränkung – in manchen Fällen haben sich die Retter schon mehr als eine Stunde lang um einen Verletzten bemüht. Doch Wiederbelebungsversuche sind kräftezehrend, das gilt selbst für den fittesten Ersthelfer, und es gibt keine Garantie, dass der Patient im Anschluss auf die weitere Behandlung anspricht. Aus diesem Grund kam auch eine eher unorthodoxe Überlegung auf: Was, wenn man nicht mehr das Sauerstoffniveau des Gehirns aufrechterhalten würde, sondern in der Lage wäre, dessen Bedarf drastisch zu senken? Mit anderen Worten: Was, wenn man das Gehirn eine Zeit lang abschalten könnte?

Normalerweise hat der Körper eine Betriebstemperatur von 37° Celsius. Steigt sie, spricht man von Fieber, was im Extremfall zum Hitzetod führt, fällt sie, nähert man sich einer Unterkühlung. Diese hat zur Folge, dass der Stoffwechsel in den Zellen unterdrückt und das Gehirn so träge wird, dass es zur Bewusstlosigkeit kommt. Wird der Körper dann nicht sofort wieder erwärmt, ist der Kältetod unausweichlich. Bemerkenswerterweise aber verringert sich mit reduzierter Stoffwechselrate auch der Sauerstoffbedarf. Eine unterkühlte Person benötigt nur einen Bruchteil des Sauerstoffs, den ein gesunder Mensch verbraucht. Mit jedem Grad, um das die Körperkerntemperatur sinkt, nimmt die Stoffwechselrate im Gehirn um drei bis fünf Prozent ab. Geschieht dies absichtsvoll, sprechen Mediziner von der »therapeutischen Kühlung«.

Die therapeutische Kühlung ist heutzutage Standard in der Notfallmedizin, wenn es um Fälle von Ertrinken, Schlaganfall, Herzstillstand oder Blutverlust geht – also jede Art von Verletzung, die dem Gehirn Sauerstoff entzieht. Der Patient wird dabei in feuchte Tücher eingewickelt und erhält eine Infusion mit gekühlter Kochsalzlösung. Alternativ kann auch ein spezieller Kühlkatheter in die Oberschenkelarterie eingeführt werden. Laut einer Studie aus dem Jahre 2009, die an dreißig Kliniken in sechs verschiedenen Ländern durchgeführt wurde, sprechen vor allem Kleinkinder auf diese Behandlungsmethode sehr gut an. Im Rahmen dieser Studie wurden über dreihundert Neugeborene, bei denen in Folge problematischer Geburten ein hohes Risiko für Folgeschäden bestand, nicht in Wärmebettchen, sondern auf speziell entwickelte Kühlmatten gelegt, die die Körpertemperatur um etwa vier Grad absenkten. Das erscheint natürlich als eklatanter Widerspruch zu unserem instinktiven Empfinden, wie mit solch einem winzigen, zarten Wesen umzugehen ist, doch die Kühlmethode erwies sich als großer Erfolg: Die Zahl der Kinder, die ohne Anzeichen eines Hirnschadens überlebten, stieg um 57 %. Das Verfahren zeigt offenbar selbst dann noch Wirkung, wenn der Sauerstoffentzug schon eine Zeit zurückliegt.

Die Wissenschaft macht ständig Fortschritte. Vor einigen Jahren hat BeneChill, ein Medizintechnik-Unternehmen aus San Diego, ein tragbares Kühlsystem entwickelt, RhinoChill, das für Rettungseinsätze am Menschen (und nicht etwa am Rhinozeros) gedacht ist. Es handelt sich hierbei um ein Hypothermie-System, bei dem man ein Perfluorkarbon-Kühlmittel in die Nase (auf Griechisch *rhino*) sprüht. Das Mittel verdunstet über die Nasenschleimhaut, kühlt so die darunter verlaufenden kleinen Blutgefäße und reduziert entsprechend die Gehirntemperatur. Normalerweise erfüllt das Atmen exakt diese Funktion. Mit RhinoChill wird der Prozess nur angekurbelt.

Wenn also das Absenken der Kerntemperatur um wenige Grad die Gehirnfunktionen unterdrückt und einem Menschen so ein kurzzeitiges Überleben auch ohne Sauerstoffzufuhr gewährt, stellt sich natürlich die Frage, wie weit man dieses Spiel treiben kann. Zu dieser Überlegung gelangten auch einige Wissenschaftler am Safar Zentrum für Reanimationsforschung der Universität Pittsburgh. Sie wagten Experimente mit extremer Hypothermie, also mit Temperaturen, die weit unter denen einer klinisch-therapeutischen Anwendung liegen. Das Ziel war, in einem so stark abgekühlten Körper, dass die Stoffwechselrate beinahe auf Null fällt, eine Art Scheintod zu erzeugen. Als Versuchstiere dienten Hunde, deren Körpertemperatur auf unter 10° Celsius gesenkt werden sollte. Der Zeitaufwand, eine solch radikale Abkühlung allein mittels feuchter Tücher zu bewirken, wäre aber viel zu groß, außerdem bestünde das Risiko, dass das Tier einen Hirnschaden erleidet. Also wurde den Hunden Blut entnommen und durch eine stark gekühlte Kochsalzlösung ersetzt. Das Kreislaufsystem der Tiere diente also zum Wärmeaustausch. In diesem Zustand zeigten die Hunde keinerlei Lebenszeichen: Das Herz war regungslos, die Lunge hob nicht zum Atmen an. Auch konnten die Sensoren keinerlei Gehirnaktivität verzeichnen. Die Hunde waren an allen gängigen Kriterien gemessen tot. Als ihnen aber das entnommene Blut wieder zugeführt und der Körper wärmer wurde, ließ sich das Herz durch den Stromstoß eines Defibrillators wieder anregen. Die Methode war bei Weitem nicht perfekt – einige Hunde zeigten im Anschluss die Symptome einer neurologischen Schädigung, körperliche oder verhaltensbedingte Auffälligkeiten, allerdings überstanden viele Tiere das Experiment auch ohne bleibende Schäden. (Über untote Hunde wird im folgenden Kapitel noch häufiger zu sprechen sein.)

Dr. Patrick Kochanek, seines Zeichens Institutsleiter, äußerte damals, sein Team hoffe, die zeitliche Grenze von vier Stunden zu überschreiten. Auf die Frage, ob er damit nicht so etwas wie Zombie-Hunde schaffen würde, reagierte Kochanek gereizt: »Wir gehen streng wissenschaftlich vor, eine solche Wortwahl ist hier völlig unpassend. Wir versuchen Menschen, die andernfalls sterben müssten, ein wenig Zeit zu erkaufen«, so seine Antwort. Die Ärzte sprechen daher lieber vom »kontrollierten Tod«, wobei der springende Punkt ist, dass die Tiere zwar klinisch tot sind, aber nicht sterben.

Peter Safar für seinen Teil hatte stets betont, dass er mit seiner Wiederbelebungsmethode keinesfalls den Tod überlisten wolle. Einer seiner liebsten Sprüche, Punkt 20 unter »Peters Gesetzen zur Navigation durchs Leben« lautet: »Der Tod ist kein Feind, aber manchmal muss man ihm beim Timing helfen.« In Notfällen kann der Kampf um das Leben eines Patienten schwierig und manchmal auch gefährlich sein. Die Herz-Lungen-Wiederbelebung ist im Grunde eine Absicherung gegen einen verfrühten Tod, damit aus einer nicht-lebensbedrohlichen Verletzung nicht trotzdem eine tödliche wird. Safars Verfahren sollte allen, die ein Unfall oder Unglück ereilt hatte, eine zweite Chance geben, doch es sollte nicht den Tod an sich abwenden. Wenn man aber den Befunden des Safar Centers folgen will, ließe sich womöglich dann am ehesten ein Leben retten, wenn man den Verletzten an Ort und Stelle »tötet« und den Stoffwechsel so lange auf einem minimalen Niveau hält, bis die Ärzte den Patienten in einem regulären OP-Saal wieder zusammenflicken können. Denn gewiss ist ein kurzer Tod einem dauerhaften vorzuziehen.

WENN ALLES AUF TOT UMSCHALTET

Das Verfahren der therapeutischen Hypothermie ist erstaunlich alt. Ihr Nutzen war bereits um 400 v. u. Z. bekannt: Schon bei Hippokrates lesen wir, dass verwundete Soldaten in Schnee und zerstoßenes Eis gepackt wurden. Zum Leidwesen des modernen Militärs aber gibt es keine Garantie, dass sich auf den Schlachtfeldern dieser Welt immer genügend Schnee befindet. Erschwert wird dieser Prozess durch die Tatsache, dass der menschliche Körper zu 70 % aus Wasser besteht, was ihm eine hohe spezifische Wärmekapazität verleiht. Schlichter formuliert: Die Temperatur eines Menschen abzusenken erfordert sehr viel Energie. Um die Körpertemperatur eines durchschnittlich großen Menschen um ein einziges Grad zu reduzieren, muss man ihm etwa 245 Kilojoule Energie entziehen – damit könnten sich seine Retter eine ganze Kanne Tee kochen. Das aber macht den Kühlprozess so langwierig, sofern man nicht zu drastischeren Mitteln greift. Der menschliche Körper widersetzt sich nämlich aktiv der Abkühlung, und das aus gutem Grund. Wird die Körpertemperatur unter die intrinsische Grenze gedrückt, steigt das Risiko eines Herzstillstands dramatisch an.

Vor diesem Hintergrund ist es ganz und gar erstaunlich, dass so viele Tiere zu einer Reduktion der eigenen Körpertemperatur in der Lage sind, dass sie ihren Stoffwechsel und die meisten Lebensvorgänge fast vollständig herunterfahren können. Wenn kleine Nagetiere wie etwa das Erdhörnchen in die Phase des Winterschlafs eintreten, kann die Körpertemperatur bis kurz vor den Erfrierungspunkt sinken; eine arktische Spezies, der Wasserpieper *Hyla crucifer*, kann sogar eine Körpertemperatur von einigen Grad unterhalb des Gefrierpunkts tolerieren, weil er durch eine Art körpereigenes Frostschutzmittel in seinem Blut abgesichert ist.[5] Die winzigen Herzen dieser Tiere schlagen dann nur wenige Male pro Minute, und nicht, wie sonst, mehrere hundert Male, gleichzeitig fällt der Sauerstoffverbrauch um 98 %. Trotz dieser dramatischen physiologischen Veränderungen reagieren die Tiere auch weiterhin auf ihre Umwelt; Körpertemperatur und andere Vitalfunktionen werden genau reguliert und mit Beginn

---

5 *Hyla crucifer* ist sowieso eine Klasse für sich: Er erstarrt fast während des gesamten arktischen Winters zu Eis.

des Frühjahrs wieder vollständig »aufgeweckt«. Ein nicht ganz so extremes Beispiel sind die Phasen stark reduzierten Stoffwechsels, wie sie Vögel und auch einige andere Tiere bei Nacht durchleben und dabei Körperkerntemperatur und Sauerstoffverbrauch reduzieren. Unter bestimmten Umweltbedingungen können auch Reptilien eine Form der Dormanz erreichen, die als Ästivation, als Sommerruhe, bekannt ist. Das ist sogar einigen Fischarten möglich. Warum also nicht uns Menschen?

In jüngster Zeit haben Wissenschaftler die chemischen Verbindungen entdeckt, die tatsächlich warme, gesunde Tiere wie den Menschen in einen scheintodartigen Zustand versetzen könnten – das Äquivalent jener Zombie-Droge, der Wade Davis auf Haiti nachgespürt hatte. Die Forschung wurde unter der Ägide der Defense Advanced Research Projects Agency (DARPA) durchgeführt, die so etwas wie der Think Tank des US-Militärs ist und schon Technologien wie unbemannte Drohnen, Tarnkappenschiffe oder auch das Internet erdacht hat. Im Jahre 2007 erwähnte der Journalist Noah Shachtman erstmals die Arbeit des Biochemikers Mark Roth, der am Fred Hutchinson-Krebsforschungszentrum in Seattle damit befasst war, die Stoffwechselflexibilität beim Menschen anzustoßen. Roth hatte mit verschiedenen Auslösern experimentiert, so auch mit Tetrodotoxin, dem Gift des Kugelfischs, jedoch sämtlich ohne Erfolg.

Vor dem Hintergrund, dass immer wieder Menschen viele Stunden unter der Eisschicht eines zugefrorenen Sees überlebt hatten, fragte sich Roth, ob nicht gerade der Sauerstoffmangel der Schlüssel für einen winterschlafähnlichen Zustand beim Menschen sei. Reduziert man die Sauerstoffzufuhr bei Zebrafischen oder Fruchtfliegen, fallen die Tiere in eine Art Starre, aus der sie später ohne Folgeschäden erwachen. Im Gegensatz zum Winterschlaf, bei dem Herzschlag und

Atmung extrem reduziert sind, drückt der Sauerstoffentzug beides auf Null. Das Problem war nur, dass dieser Trick bei größeren Tieren nicht funktionierte, also schon gar nicht beim Menschen. Dann stieß Roth auf die Lösung: Dihydrogensulfid alias Schwefelwasserstoff.

Wir kennen das farblose Gas mit seinem charakteristischen Gestank nach faulen Eiern von Orten mit vulkanischer Aktivität und auch aus der Kanalisation, wo es von den Mikroben, die das organische Material zersetzen, produziert wird. In geschlossenen Räumen ist dieses hochtoxische Gas über die Maßen gefährlich. Es kann besonders für Kanal-, Minen- und Höhlenarbeiter innerhalb von Sekunden zur tödlichen Falle werden. (Rettungsteams durchsuchen daher häufig die Taschen der Opfer nach Münzen, da eine Verfärbung von Kupfer als verlässlicher Indikator für das Austreten von Schwefelwasserstoff gilt.) Doch Schwefelwasserstoff ist auch ein wichtiges Signalmolekül und wird in unserem Verdauungstrakt auf ganz natürlichem Wege produziert, wie einige Leser vielleicht schon bemerkt haben. In dieser Form kann der Körper die chemische Verbindung neutralisieren und in kleinen Dosen tolerieren. Gerät jedoch zu viel davon in den Blutkreislauf, werden die körpereigenen Abwehrmechanismen regelrecht überrannt; das Gas hemmt die Sauerstoffverarbeitung und verhindert im Ergebnis die Zellatmung.

Roth fragte sich, ob man mittels Schwefelwasserstoff nicht die Körperreaktion infolge eines Sauerstoffmangels kontrollieren könnte. Das Pentagon befand, dass diese Überlegung einen näheren Blick wert sei, und finanzierte Roths Forschung. Die Resultate waren spektakulär. Mäuse, die man einer Umgebung mit einem Sauerstoffgehalt von 5 % aussetzte (auf der Erde beträgt die Rate üblicherweise 21 %), verloren das Bewusstsein und starben binnen einer Viertelstunde – was nicht wirklich überraschend war. Aber eine zweite Gruppe von Mäusen, die man zuvor mit einer Dosis Schwefelwasserstoff behandelt hatte, überlebte in der sauerstoffreduzierten Kammer ganze sechs Stunden.

Streng genommen kennen Mäuse keinen Winterschlaf, sondern treten in Zeiten begrenzten Nahrungsangebots in den, im Verhältnis, schwächeren sogenannten Torpor, bei dem der Stoffwechsel auf Sparflamme läuft und der Körper Ressourcen sparen kann. Bei einem natürlich hervorgerufenen Torpor bewahren Mäuse eine Körperkerntemperatur von mindestens 26° Celsius, selbst wenn die Umgebungstemperatur auf 8° fällt. Wenn die Tiere in diesem Zustand zu sehr auszukühlen drohen, erhöht der Körper die Stoffwechselaktivität, um den Wärmeverlust wieder auszugleichen. Der strenge Erhalt einer Kerntemperatur lässt darauf schließen, dass bei Mäusen selbst in einem Zustand extrem reduzierten Stoffwechsels biologische Prozesse ablaufen, die eine konstant optimale Temperatur erfordern. Durch die Zufuhr von Schwefelwasserstoff ließ sich diese natürliche Grenze nach unten drücken und die Körpertemperatur der Mäuse bis auf 15° abkühlen, ohne dass Nebenwirkungen aufgetreten wären. Roths Experiment legt die Vermutung nahe, dass man mittels Schwefelwasserstoff nicht winterschlafende Tiere gefahrlos in den Winterschlaf versetzen und somit eines Tages einen solchen Zustand womöglich auch beim Menschen induzieren könnte.

Darüber hinaus wollte die DARPA aber auch wissen, ob Tiere in dieser Art von Tiefschlaf lebensbedrohliche Verletzungen überstehen – falls ja, könnten die Forschungsergebnisse gangbare Wege aufzeigen, Soldaten am Leben zu erhalten, die andernfalls bis zum Eintreffen des Rettungshubschraubers sterben würden. Um einen Blutverlust nachzustellen, wie er einen Soldaten das Leben kosten würde, versetzte

Roth die Mäuse mithilfe von Schwefelwasserstoff in ihren scheintodartigen Zustand und entzog den Tieren 60 % ihres Blutes – für eine gewöhnliche Maus ein fatales Volumen. In ihrem tiefschlafartigen Zustand jedoch überlebten die Mäuse bis zu zehn Stunden und sogar noch länger. 2010 verkündete Roth auf der TED-Konferenz, sein Labor stünde kurz vor ersten Tests am Menschen, obwohl andere Forscher bei dem Versuch, den Befund auf größere Säugetiere zu übertragen, bislang gescheitert waren. Doch auch die beiden klinischen Versuche, die Roths Firma Ikaria angesetzt hatte, wurden wieder abgesagt.

Roth ist nicht der einzige Forscher auf diesem Gebiet, und Schwefelwasserstoff ist auch nicht die einzige nachweisliche Zombie-Droge der realen Welt. Dr. Cheng Chi Lee, Professor für Biochemie und Molekularbiologie an der University of Texas Medical School, untersucht ebenfalls, ob und wie ein Zustand stark reduzierter Vitalfunktionen beim Menschen hervorgerufen werden kann. Lee richtete sein Hauptaugenmerk auf die biologischen Vorgänge, die den Winterschlaf bei Tieren initiieren. Er war der Meinung, dass es im Blut eine Art Signalmolekül geben müsse, das die Körperzellen anweist, in die Schlafphase einzutreten. Lee und seine Kollegen isolierten ein Molekül namens 5-Adenosin-Monophosphat (5-AMP). Bei Versuchen an Nagern stellte sich heraus, dass sich in den Phasen des Torpors die Menge von 5-AMP im Blut verdreifachte, was den Schluss nahelegte, dass dieses Molekül tatsächlich der auslösende Faktor war. Als man gesunden Mäusen eine synthetische Version des Moleküls injizierte, kam es zu einer ebenso schnellen wie dramatischen Reaktion: Innerhalb einer Minute sanken Herzschlag und Körpertemperatur auf ein Drittel des Normalniveaus – auf natürlichem Wege ist eine solch drastische Stoffwechselreduktion nicht möglich.

Lees Team war beinahe zufällig auf einen machtvollen Auslöser für die Unterdrückung der Wärmeregulation gestoßen, auf das erste natürliche Biomolekül, das tiefe, aber reversible hypothermische Zustände auslöst. Im Anschluss wurde in anderen Laboren festgestellt, dass auch Schwefelwasserstoff und 2-Deoxy-D-Glukose einen ähnlich hemmenden Effekt auf den Stoffwechsel ausüben.

Alle drei Verbindungen sind als mögliche Wachstumshemmer bei kanzerösen Tumoren und als Schutz gegen Schädigungen des Herzgewebes bei Operationen im Gespräch. Dennoch sollte man hier keine baldigen Durchbrüche erwarten. Bei nicht winterschlafenden Tieren wie dem Menschen mögen kurze Phasen stark reduzierten Stoffwechsels tolerabel sein, doch bislang gibt es keine Versuche, die über einen Zeitraum von wenigen Stunden hinausgehen würden. Selbst bei minimalster Stoffwechselaktivität bilden sich im Körper Abfallprodukte, und diese können während einer Stasis nicht ausgeschieden werden. Tiere, die Winterschlaf halten, verfügen über ein hohes Toleranzniveau den Giften dieser Abfallprodukte gegenüber. Zudem kennen sie eine Reihe biologischer Tricks, mit deren Hilfe sie diese Abfallprodukte neutralisieren oder im Körper speichern können – Anpassungsleistungen, die uns Menschen nicht zur Verfügung stehen. Allein aus diesem Grund sind für uns längere Phasen eines scheintodähnlichen Zustands wahrscheinlich ausgeschlossen.

Beim Menschen dürfte auch der Bewusstseinszustand in solchen Phasen reduzierter Vitalfunktionen eine enorme Herausforderung darstellen. Erdhörnchen zum Beispiel durchlaufen während ihres Winterschlafs regelmäßig eine Periode der Erwärmung, Phasen, in denen der Körper vorübergehend den Stoffwechsel beschleunigt, ehe er sich von Neuem abkühlt. Früher hatte man geglaubt, diese Zyklen seien nötig, damit im Körper bestimmte lebenserhaltende Prozesse ablaufen können, für die der Organismus eine wärmere Temperatur benötigt. Der eigentliche Grund aber ist viel seltsamer: Es scheint, dass die Tiere während des Winterschlafs nicht schlafen können. Eine lange Phase der Hibernation hat demnach Schlafentzug zur Folge, und so holt ein Tier, das aufwacht, als Erstes Schlaf nach – und genau das tun die Erdhörnchen während ihrer kurzen Aufwärmphasen. Offenbar sind ein natürlicher oder auch künstlicher Winterschlaf nicht mit dem eigentlichen Schlaf vereinbar und ähneln womöglich weit eher einem Wachzustand. Da klingt ein vierjähriger Flug zum Mars in einem Zustand der Stasis gar nicht mehr wie eine Traumreise, sondern wie ein lebendiger Alptraum – *Der Stoff, aus dem die Helden sind* in Zombieform.

Die haitianischen Zombies haben nicht nur ihr unheilvolles *mauvai difé*, ihr böses Feuer entzündet, sie haben auch die Suche nach einer Wunderdroge angefacht. Wie viele wissbegierige Geister sind ihrer Verlockung gefolgt, und was mussten sie erleben! Auch hier rückte das verheißungsvolle Ziel in immer weitere Ferne, auch sie standen schließlich erneut im Dunkeln da. Zwar gibt es Näherungen bei der Suche nach einem Verfahren, den Lebenden in einen todesartigen Zustand zu versetzen – ihn dabei aber nicht den Klauen des Todes auszuliefern –, jedoch bislang keinen wirklichen Erfolg. Die Lebenden halten etwas länger durch, doch dem Grab entreißen können wir den Menschen nicht.

Die Erweckung der Toten bleibt uns natürlicherweise versagt. Außerdem würde sich niemand ernsthaft an so etwas versuchen. Oder etwa doch?

2

EINE ZEIT DER AUFERSTEHUNG

Wir haben ein menschliches Leben genommen!
Wenn wir das nicht rückgängig machen,
haben wir laut Gesetz einen Mord begangen.

Dr. Henryk Savaard (Boris Karloff),
The Man They Could Not Hang (1939)

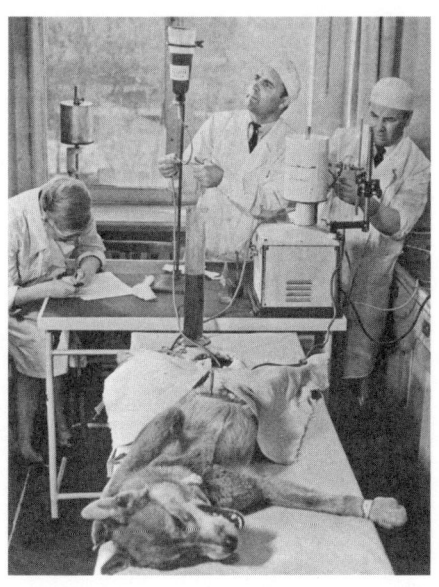

WIR SCHREIBEN DAS JAHR 1943. Die Welt befindet sich im Krieg. Gerade erst hat die Rote Armee die deutschen Besatzer aus Kiew vertrieben, wurde General Eisenhower als neuer Oberbefehlshaber der Allied Expeditionary Force mit der Aufgabe betraut, die Invasion der Alliierten anzugehen. In Manhattan findet der Kongress der Amerikanisch-Sowjetischen Freundschaft statt, und so strömen über tausend Wissenschaftler zu einer Filmvorführung: Sie sehen *Experiments in the Revival of Organisms* (Experimente bei der Wiederbelebung von Organismen), die knapp zwanzigminütige Demonstration des Russen Sergei Brjuchonenko, der Tiere von den Toten auferweckt.

Das Publikum sitzt wie gebannt da. Was es sieht, erläutert ihm der bekannte Genetiker und Evolutionsbiologe J. B. S. Haldane auf der Leinwand. Denn er nimmt uns mit in das spartanische Labor im Moskauer Institut für Experimentelle Physiologie und Therapie, wo Männer und Frauen in weißen Kitteln und verschwommen schwarz-weißen Bildern isolierte, also vom Körper losgelöste Organe versorgen: eine schimmernde Lunge auf einem Tablett, die sich einem gestrandeten Meeresbewohner gleich hebt und senkt – ihr wird über einen mechanischen Blasebalg Luft zugeführt –, dann sehen wir ein Hundeherz, von Blutgefäßen abgeschnitten, das bebt und zuckt wie eine makaber pulsierende Christbaumkugel.

In seinem prononcierten Englisch erklärt Haldane, dass die Organe auch nach dem Tod des Körpers effektiv arbeiten können, solange ihnen über eine schlichte Apparatur aus Pumpe und Infusionsgerät mit Sauerstoff angereichertes Blut zugeführt wird. Diese Aufgabe übernimmt Brjuchonenkos sogenannter Autojektor, ein surrendes Etwas aus Pumpen und Blasenoxygenator. Doch mit einzelnen Organen würde sich der sowjetische Wissenschaftler nicht zufriedengeben. Er wollte einen Gesamtorganismus am Leben erhalten. »Es ist, wie Ihnen sicherlich einleuchten wird«, frohlockt Haldane, »*allein* eine Frage der Technik.«

Zum Beweis führte Brjuchonenko jenes Experiment durch, dem der Film auch heute noch seine Berühmtheit verdankt: Brjuchonenko hielt mithilfe seiner Kreislaufapparatur einen Hundekopf am Leben. So kann man auch heute noch mit ansehen, wie das Haupt jener unglücklichen Kreatur zuckt, wenn man ihm ins Auge stößt oder es mit einer Feder kitzelt, wie die Zunge nach der Zitronensäure leckt, die auf Maul und Nase geträufelt wird, wie der Hundekopf im grellen Licht zwinkert, und wie fassungslos er dreinblickt, als auch noch jemand mit einem Hammer auf das Brett schlägt, auf dem das erbarmungswürdige Haupt liegen muss. Brjuchonenkos Team lässt nicht locker. Die Wissenschaftler stoßen und hämmern in einem fort, um auch den letzten Zweifler davon zu überzeugen, dass der Kopf lebt und bei Bewusstsein ist.

Doch auch damit erschöpft sich die Macht des Autojektors nicht. Nun nämlich setzt Brjuchonenko zum sensationellen Finale an: Zunächst wird ein Hund anästhetisiert, dann öffnen die Chirurgen vorsichtig eine Vene und entziehen dem Tier das Blut. Die Nadeln, die die Vitalfunktionen auf Papier bannen, werden langsamer und langsamer, bis es zu einem letzten dramatischen Ausschlag kommt, als das Tier seinen finalen Atem keucht. Dann, nichts. Die Wissenschaftler stehen in ihrer Position wie erstarrt bereit. Eine ganze Weile rührt sich im Labor allein der zarte Zeiger einer Stoppuhr. Sieben, acht, neun qualvolle Minuten vergehen. Mit Beginn der zehnten Minute betätigt jemand einen Schalter, und der Autojektor erwacht zu neuem Surren. Nun fließt mit Sauerstoff angereichertes Blut in den Kadaver, der hartnäckige Rhythmus der Pumpen bringt das Herz langsam wieder in den Takt. Erneut vergehen Minuten, dann zuckt der Hund, als ob er niesen müsste: Nun spuckt das Respirogramm ein Muster aus kleinen beständigen Wellen aus. Puls und Atmung werden kräftiger, entsprechend auch die Kurven, die sie auf Papier zeichnen, dann schalten die Wissenschaftler die primitive Herz-Lungen-Maschine aus. Dem Tier wurde ein zweites Mal das Leben geschenkt.

Experiments in the Revival of Organisms schließt mit der vollständigen Genesung des Patienten. Am Ende sehen wir, wie er schwanzwedelnd ein ganzes Rudel anderer Hunde begrüßt, sämtlich, so wird uns versichert, glücklich Wiederauferstandene. Also, worauf warten Sie?

RÜCKKEHR AUS DEM TOD

Die Wurzeln dieser wundersamen Hunde-Auferweckung reichen bis ans Ende des 15. Jahrhunderts. In England, Frankreich, Spanien und Flandern hatte die Pest Zehntausende hinweggerafft. Und während die Leichen in feuchten Massengräbern verrotteten, schimmelte auf den sumpfigen Feldern darüber das Getreide – ihm machte ungewöhnlich kaltes und nasses Wetter den Garaus. Die Verantwortung für dieses Unheil lag, so der gerade veröffentlichte *Malleus Maleficarum*, bei den Hexen. Aufgestachelt von der päpstlichen Bulle *Summis desiderantes* errichteten die hungernden Dörfler Scheiterhaufen und verbrannten die vermeintlich Schuldigen. Ein bitterer Wind trug den Rauch weit über das verderbte Land. Der Tod lag, wortwörtlich, in der Luft.

Denn tatsächlich war das mittelalterliche Europa längst dem Tod geweiht, und mit ihm sein religiöser und politischer Führer Papst Innozenz VIII. Als er im Sterben lag, entschieden sich die verzweifelten Ärzte für eine Bluttransfusion. Etwas Vergleichbares war noch nie gewagt worden, und so wurde der Papst in gewissem Sinne zu seinem eigenen Opfer. Die leidenschaftlich anti-intellektuelle Position der Kirche hatte nämlich die Publikation vieler wissenschaftlicher Schriften verhindert, so auch die grundlegenden Erkenntnisse über das menschliche Kreislaufsystem, die der arabische Gelehrte Ibn an-Nafis zweihundert Jahre zuvor gewonnen hatte. Innozenz' Ärzte hatten demnach keine Vorstellung, wie eine solche Transfusion durchzuführen sei. Also entnahmen sie drei Knaben ihr Blut und führten es dem Pontifex über den Mund zu. Die Jungen verstarben und mit ihnen der Papst.

Das blutige Ende des Innozenz war vermutlich ein Segen für Europa, denn schon dämmerte ein neues Zeitalter heran, eine Ära der freien Forschung und der Wissenschaft, wie sie der Papst nie geduldet hätte. Im Jahr seines Todes, 1492, schrieb sich ein gewisser Nikolaus Kopernikus an der Krakauer Universität für Astronomie und Mathematik ein, und Kolumbus setzte die Segel zu seiner Fahrt an das andere Ende der Welt. Auch die Kirche selbst wurde bald schon reformiert, woraufhin der Vatikan einen Großteil seiner weltlichen Befugnisse abtreten und sich ganz auf die geistigen Belange konzentrieren musste. Nun entrollte sich der Teppich von Leben und Tod in den Händen der Menschen und offenbarte ihnen seine Mysterien. Hierzu gehörte auch die Anatomie, die seit dem 2. Jahrhundert und Galenos von Pergamon im Dämmerschlaf gelegen hatte.

Einer der Ersten, der sich an Galenos' verknöcherte Traktate wagte, war der gefeierte Andreas Vesalius, 1514 in Brüssel geboren. Er unternahm zahlreiche Tierversuche, darunter auch Vivisektionen, bei denen er verfolgte, wie die Bewegungen von Herz und Arterien nachließen, während seine Versuchstiere erstickten. Auch lernte er, dass sich ein Tier wiederbeleben ließ. Dazu pustete er in ein Rohr, das er zuvor in die Luftröhre des Tieres eingeführt hatte – hier liegen die Ursprünge der Mund-zu-Mund-Beatmung. Doch der Funke der Erkenntnis zündete nicht, und die Forschungen des Vesalius blieben überwiegend folgenlos.

Bis zu diesem Zeitpunkt, und Galenos' Schriften bilden da keine Ausnahme, hatte die einhellige Meinung geherrscht, dass ein Wesen ohne Atmung oder Puls tot war – oder auf dem Weg dorthin. Der Spielraum zwischen beidem, zwischen Leben oder Tod, war nicht groß, und doch hatte Vesalius einen Keil in diesen Spalt getrieben. Im Jahre 1650 hatte sich diese Lücke schon so weit gedehnt, dass eine gewisse Anne Greene hindurchschlüpfen konnte.

Greene, eine junge Magd aus Oxfordshire, war ein Verhältnis mit Geoffrey Read, dem Enkel ihres Dienstherrn Sir Thomas Read, eingegangen. Als sie zweiundzwanzigjährig schwanger wurde, weigerte sich der junge Flegel, die Verantwortung zu übernehmen. Aus Angst vor der Schande verheimlichte Greene die Schwangerschaft und brachte das Kind allein zur Welt, doch es war eine Totgeburt. Und als ob ihr das Schicksal nicht schon übel genug mitgespielt hätte, wurde die Leiche entdeckt und Greene als Kindsmörderin verhaftet. Als mittellose junge Frau hatte sie so gut wie keine Chance. Die Read-Familie wollte um jeden Preis einen Skandal vermeiden und überließ sie der Gnade des Gerichts. Und das verurteilte Greene zum Tod durch den Strang.

Am Tag ihrer Hinrichtung sammelte sich eine große Menge vor dem Galgen. Die Emotionen kochten hoch. Als Greene die Leiter unter den Füßen weggestoßen wurde, stürzte sich der Mob auf die Gehenkte, schlug auf sie ein, zerrte an ihren Beinen, und als sie eine halbe Stunde später vom Strick geschnitten wurde, trampelten alle wild auf ihr herum. Doch es war nicht etwa Hass, der sich in all dieser Gewalt entlud, weit gefehlt. Vielmehr waren diese Ausbrüche ein Gnadenakt, um den Eintritt des Todes zu beschleunigen und die Leidenszeit der Anne Greene zu verkürzen. Der Hass der Menge richtete sich gegen die Reads, die ihre Magd einem solchen Los übereignet hatten.

Da sie als verurteilte Kindsmörderin galt, wurde Greenes Leichnam den Ärzten zur Sektion überlassen. Als der Sarg geöffnet wurde, bemerkten die anwesenden Ärzte Sir William Petty, Dr. Willis und Dr. Clarke eine schwache Bewegung der Brust und entschieden sich, eine Reanimation zu wagen. Greene war scheinbar noch am Leben. Die damals üblichen kräftigen Schläge zeigten ihre Wirkung: Greene begann zu atmen. Als Nächstes gossen ihr die Ärzte ein warmes Stärkungsmittel in den Mund und legten stramme Wickel um Arme und Beine, damit das Blut zu den lebenswichtigen Organen fließen konnte. Um den Körper zu wärmen, wurde Greene zu einer Kammerzofe in das Bett gelegt. Des Weiteren schröpften die Ärzte sie, führten einen Einlauf durch, wandten andere »diverse Heilmittel« an und vermerkten sorgsam den Verlauf ihrer Genesung.

Vierzehn Stunden später erlangte Greene das Bewusstsein wieder und begann zu sprechen. Ihr Gedächtnis kehrte nach mehreren Tagen zurück. Wieder zwei Tage später konnte sie erstmals feste Nahrung zu sich nehmen, und nach einem Monat hatte sie sich ganz von ihrer Hinrichtung erholt. Die Ungerechtigkeit und Härte der Strafe hatten eine enorme Welle des Mitgefühls ausgelöst, und so wurde Greenes Auferstehung von vielen als himmlischer Akt gesehen, als göttliche Bekräftigung ihrer Unschuld. Für die Reads muss dies eine sehr sonderbare Zeit gewesen sein. Zu Tausenden strömten die Menschen herbei, um der Genesenden zu gratulieren. Der Gouverneur der Stadt stellte zu Greenes Schutz sogar eine Wache auf, damit sich der Scharfrichter kein zweites Mal am Vollzug der Strafe versuchen konnte. Der Gouverneur erwirkte am Ende auch einen Gnadenerlass, und Greene kehrte an ihren Heimatort zurück: rittlings auf ihrem Sarg, den ein Fuhrwerk zog. In Steeple Barton sollte Greene dann heiraten, eine Familie gründen und etwa fünfzehn Jahre später friedlich verscheiden.

Der Fall Anne Greene war aufgrund der juristischen Umstände einzigartig, singulär aber war er nicht. Ein gutes Jahrzehnt zuvor, im Jahre 1549, hatte der englische König Edward VI. in Hinblick auf die Bedeutung gründlicher Anatomiekenntnisse verfügt, dass sämtliche Medizinstudenten der Universität Oxford an mindestens vier Sektionen teilnehmen sollten. Der Erlass führte zu einer gewaltigen Nachfrage an Leichen, und das zu einer Zeit, als das Angebot ohnehin schon stark beschränkt war. Der christliche Glauben jener Zeit legte die Auferstehung wörtlich aus, in physischer Gestalt, entsprechend fanden sich nur wenige dazu bereit, ihren Körper einer Wissenschaft zu stiften, die ihn zum Zwecke ihres Fortschritts zerstückelte. Dieser Mangel wurde erst 1626 durch eine Charta Charles I. behoben. Sie schrieb fest, dass die Rechte an den sterblichen Überresten sämtlicher Personen, die innerhalb eines 21-Meilen-Radius um Oxford herum hingerichtet wurden, an das Anatomische Institut der Universität fielen – nach damaliger Vorstellung hatte ein hingerichteter Straftäter im Jenseits ohnehin keinen Bedarf für seinen Körper. Im Jahre 1751 wurde der »Murder Act« erlassen, ein Gesetz, das u. a. das Begräbnis hingerichteter Mörder untersagte. Damit fand die Oxford-Regel landesweite Anwendung. Der Gesetzgeber versprach sich von der grässlichen Schmach, dass die Leichen entweder seziert wurden oder an der Hinrichtungsstätte zu Aas verkamen, eine reichlich abschreckende Wirkung. Und selbstverständlich eilten die Anatomie-Institute herbei und sammelten den Nachschub frischer Leichen ein, den ihnen das Statut beschert hatte.[6]

Im England der damaligen Zeit war die Schlinge die gebräuchlichste Hinrichtungsmethode. Hierbei wird die Luftröhre des Opfers zerdrückt und der Tod durch Strangulation bewirkt. (Der Standardfall und der lange Fall, bei denen dem Opfer das Genick gebrochen wird, kamen erst im späten 19. Jahrhundert auf.) Dieser ineffektiven Hinrichtungstechnik, gepaart mit der unverzüglichen Übereignung der Opfer an den Sektionstisch, verdanken wir ein Jahrhundert der Glücksfälle auf dem Gebiet der Reanimation. Mit der Zeit verringerte sich auch die Rolle des Zufalls, denn nun unternahmen die Ärzte bewusste Anstrengungen, ihre Probanden von den Toten aufzuerwecken.

Im Jahre 1745 stellte der Arzt William Tossach den Fall der erfolgreichen Wiederbelebung eines gewissen James Blair, »eines Minenarbeiters, bezwungen durch Rauch«, vor der Royal Society zu London vor. Unter den Hebammen jener Zeit war die Mund-zu-Mund-Beatmung gängige Praxis zur Rettung einer Totgeburt, und auf gleiche Weise hatte man

---

6 Ein Nachschub, der, so muss man wohl folgern, den Bedarf trotz alledem nicht deckte. Schließlich war seinerzeit auf den Friedhöfen der Leichendiebstahl ziemlich weit verbreitet. Übertroffen wurde diese Unsitte nur noch durch die Untaten des berühmt-berüchtigten Duos Burke und Hare, das nicht einmal wartete, bis der Sensenmann zuschlug, sondern dieses selbst erledigte und die Leichen ihrer unschuldigen Opfer an die Medizin veräußerte.

Blair ins Leben zurückgeholt. Die gelehrten Herren der Royal Society jedoch waren keinesfalls beeindruckt und beharrten ärgerlich darauf, dass »das Leben endet, sobald der Atem erlischt«. Entweder war man tot oder nicht.

Glücklicherweise schenkten die meisten Ärzte diesem Verdikt kein Gehör und versuchten sich auch weiterhin daran, Opfer von Ertrinken, Hängen oder Erstickung wiederzubeleben. So wurde zwei Jahre nach Tossachs Erfolgsgeschichte der Kleinkriminelle Patrick Redmond sechs Stunden nach seinem »Tod« durch den Strang reanimiert. Als er noch am gleichen Abend volltrunken in ein Theater torkelte, um seinem Retter zu danken, entstand eine gewaltige Panik, da viele im Publikum auch der Hinrichtung beigewohnt hatten.

Im Verlaufe des 18. Jahrhunderts wagten sich die Mediziner mit immer größerem Selbstbewusstsein daran, den Grenzverlauf zwischen Leben und Tod neu zu ziehen. An Strangulierten, Ertrunkenen oder Erstickten erprobte man erste Formen einer künstlichen Beatmung – in der Regel wurde nach dem nächstbesten Blasebalg neben dem Kamin gegriffen –, um den Atemstillstand (dem vorrangigen und, wenn es nach der Royal Society gegangen wäre, einzigen »Marker« für den Eintritt des Todes) rückgängig zu machen. Um 1791 war die Zahl der Ärzte, die sich an der neuen Medizin der Reanimation versuchte, bereits so stark angewachsen, dass ein gewisser Edward Coleman eine Dissertation über die »ruhende Atmung« verfasste. Die Doktorarbeit erläutert die in Colemans Augen besten Methoden der Lebensrettung und tadelt explizit all jene Ärzte, die einem Opfer Luft in die Lunge pumpen, ohne sich vorab zu vergewissern, ob die Luftwege blockiert sind – ein typischer Anfängerfehler.

DER FUNKE DES LEBENS

Im Grunde wurde das Leben von George Foster erst nach dessen Tod so richtig spannend. Die Vorgeschichte war wenig erquicklich: Foster wurde, nachdem man seine Frau und sein Kind tot in einem Kanal gefunden hatte, als Mörder verdächtigt und verurteilt. An einem frostigen Januarmorgen im Jahre 1803 wurde er zum Galgen des Londoner Newgate Gefängnisses geführt und »in die Ewigkeit gestoßen«. Der leblose Körper wurde vom Strick geschnitten und verschwand im Royal College of Surgeons, dem Sitz des Berufsverbands der Chirurgen, wo ihn der italienische Arzt Giovanni Aldini nicht etwa mit dem Blasebalg, sondern mit Kupfer, Zink und Salzsole erwartete.

Aldini, vierzig Jahre vor seinem Versuch an Foster in Bologna geboren, hatte die Universität seiner Heimatstadt bereits mit zwanzig Jahren abgeschlossen und bald darauf eine Arbeit bei seinem Onkel Luigi Galvani begonnen, der im Jahre 1771 eine erstaunliche Entdeckung machen sollte: Schloss er die Beine eines Froschs an Metalldrähte an, konnte er sie tanzen lassen. Galvani nannte diesen Lebensfunken »tierische Elektrizität«, eine, wie er glaubte, belebende Kraft, die im Gehirn erzeugt würde, durch die Nerven bis in die Muskeln floss und diese mit Energie versorgte.[7] Um die Jahrhundertwende herum bereiste Aldini, mittlerweile Professor, ganz Europa, um die Entdeckung seines Onkels gegen

---

7 Im Grundsatz stammen diese Vorstellungen von Franz Mesmer, der das gesamte All als von dieser unsichtbaren Energie durchdrungen dachte. Man muss sich das ähnlich wie das Prinzip der Midi-Chlorianer aus dem *Star-Wars*-Universum vorstellen, die den Jedi-Rittern »die Macht« verleihen. Mesmer selbst werden wir ausführlich in Kapitel vier begegnen.

die Theorie der bimetallischen Elektrizität zu verteidigen, die von Galvanis Rivalen Alessandro Volta stammte und besagte, dass der Frosch nur eine Nebenrolle spielte – nicht das Biologische, sondern das Metallische sei das Ausschlaggebende. Bei seinen Vorträgen schloss Aldini die elektrischen Säulen Voltas (eine Urform der Batterie) an allerlei Tiere an und demonstrierte so auf recht lebhafte Weise, wie die Elektrizität durch einen Körper fließt und dabei Bewegungen der Muskeln auslöst. In London aber entschied sich Aldini, das Experiment seines Onkels nicht an Froschbeinen, sondern am Leib des jüngst gehenkten George Foster zu vollziehen.

Einen Bericht über die Vorkommnisse verdanken wir dem *Newgate-Kalender: Der Missetäter Blutiges Verzeichnis*, das seinem Ruf als Bulletin aller schauerlichen Vorkommnisse innerhalb der Gefängnismauern nur allzu gerecht wird. Kaum waren die elektrischen Sonden an den Leichnam angeschlossen, »zuckten die Wangen des Hingerichteten, und die angrenzenden Muskeln verzerrten sich fürchterlich; sogar ein Auge öffnete sich. In einem nachfolgenden Versuch hob und verkrampfte sich die rechte Hand, Beine und Schenkel gerieten in Bewegung.« Foster war erfolgreich »galvanisiert« worden.

Auf manche der anwesenden verdienten Wissenschaftler und neugierigen Laien muss es tatsächlich gewirkt haben, als würde der Tote zu den Lebenden zurückkehren, und offenbar war der Eindruck so entsetzenerregend, dass Mr Pass, der Pedell des Colleges, Berichten zufolge vor Schreck verstarb. Foster jedoch war und blieb gleichermaßen tot. Dafür hatten seine Freunde schon gesorgt, als sie unter dem Schafott an seinen Beinen gezogen hatten, um seinem Leiden ein rasches Ende zu bereiten. Dennoch weist der kirchengetreue *New-*

gate-Kalender nachdrücklich darauf hin, dass Foster im Falle einer Wiederbelebung ein zweites Mal zu exekutieren gewesen wäre, da die Strafe eindeutig vorsehe, dass »der Verurteilte bis zum Eintreten des Todes hängen solle« – gleich, wie viele Versuche das erfordert hätte.

Die Zahl der Verurteilten, die nach ihrer Hinrichtung reanimiert wurden, stieg immer weiter an und stellte Juristen und Ethiker vor Probleme: War eine Person, die ihre Hinrichtung überlebte, erneut zu hängen? Manche argumentierten, die Strafe sei vollzogen worden, also dürfe man vom Verurteilten nicht erwarten, die Konsequenzen nachlässigen Henkerhandwerks zu erdulden. Andere befanden, die Strafe sei eben gerade nicht vollzogen worden, wenn das Gericht doch eindeutig festgelegt habe, dass eine Person bis zum Eintritt des Todes zu hängen habe, dabei aber nicht gestorben sei. Wir wissen von mindestens einem Chirurgen, der dieses Dilemma anno 1752 eigenhändig löste: Als er seinen Operationssaal vorübergehend verlassen hatte, saß danach der wegen Mordes verurteilte und hingerichtete Ewan Macdonald aufrecht auf dem Sektionstisch. »Der Chirurg, dessen Berufseifer sein Maß an Menschlichkeit übertraf«, so ein nüchterner Bericht, »griff nach einem Hammer und schlug Macdonald damit tot.« Daraufhin konnte die Leichenöffnung wie geplant vonstatten gehen.

Aldini war sich der juristischen Komplikationen bewusst, die sich aus der Reanimation eines Toten ergeben konnten, und setzte seinen Experimenten immer sehr genaue Rahmen. So ging es ihm, als er die Voltasche Säule an Fosters Leichnam anschloss, ausschließlich darum, die Existenz der tierischen Elektrizität zu belegen. Sein Ziel war »nicht die Re-Animation, sondern lediglich der Gewinn eines praktisches Wissens über die Frage, ob und inwieweit der Galvanismus Anwendung finden könnte … um unter ähnlichen Umständen tatsächlich Menschen wiederzubeleben«.

Keine Frage, die Folgen wären unabschätzbar gewesen, hätten sich Aldinis Hypothesen bewahrheitet. Immerhin entwickelten seine Konvertiten zahlreiche Techniken, bei denen Elektrizität zur Linderung von Leiden wie Lähmungen oder Rheumatismus wie auch von psychischen Störungen zum Einsatz kam. Die Erregbarkeit des menschlichen Körpers mittels tierischer Elektrizität führte außerdem zu dem Schluss, dass sich mithilfe dieses machtvollen Stimulus nicht nur Opfer von Erhängen, sondern auch von Ertrinken wiederbeleben lassen müssten.

Fälle einer erfolgreichen Reanimation durch Elektrizität waren damals schon bekannt. Im Jahre 1774 war es einem unerschrockenen Helden gelungen, ein kleines Mädchen mittels eines elektrischen Schocks ins Leben zurückzuholen. Dies geschah Mitte Juli, als in einem Haus im Londoner Soho alle Fenster zu Hitze und Gestank der Stadt hin offen standen. Die dreijährige Catherine Sophia Greenhill kam dem Rand zu nahe und stürzte auf die Straße. Die Eltern glaubten ihr Kind tot und riefen nach dem Arzt, der erfolglos versuchte, die kleine Catherine Sophia wiederzubeleben. Nach zwanzig Minuten schien alle Hoffnung vergebens. Da bot ein Nachbar, ein Mr Squires, seine Dienste an. Squires, eine Art Hobbytüftler, besaß eine sonderbare elektrische Apparatur, mit der er Stromschläge durch den leblosen Körper jagte, jedoch ohne Wirkung. Dann geschah das Wunder: Als Mr Squires den Strom durch Herz und Brustraum fließen ließ, zeigte sich ein schwacher Puls; das Mädchen seufzte, ein flacher Atem setzte ein. Dann übergab sich das Kind, als ob es aus einem Stupor erwachen würde, und verharrte mehrere Tage in einem Zustand der Erschütterung. Nach einer Woche aber war das

Kind wieder ganz es selbst, »Gesundheit und Gemüt in bester Verfassung«.[8]

Auch wenn die kleine Catherine Sophia augenscheinlich durch einen Stromschlag im Brustraum wiederbelebt wurde, dürfen wir wohl eher annehmen, dass das Kind aufgrund einer schweren Kopfverletzung ins Koma gefallen war und mitnichten einen Herzstillstand erlitten hatte. Dennoch kursierte die Geschichte seiner Rettung rasch, und bald schon

---

8 Das Vorkommnis fand Eingang in das Jahresregister der Royal Humane Society, die ursprünglich als Society for the Recovery of Persons Apparently Drowned (Gesellschaft zur Rettung scheinbar Ertrunkener) gegründet worden war. Der Arzt William Hawes hatte das Verzeichnis seinerzeit angelegt, um darin Fälle einer gelungenen Reanimation von Unfallopfern zu dokumentieren. Hawes war von der Wirksamkeit der damals bekannten Wiederbelebungsmethoden derart überzeugt, dass er jedem eine Belohnung versprach, der einen Ertrunkenen innerhalb eines angemessenen Zeitrahmens zu ihm brachte. Die Gesellschaft publizierte Methoden zur Reanimation, sorgte für lebensrettendes Gerät an den Ufern der Themse und für Lebensretter an beliebten Badestellen und lobte Preise für den mutigen Einsatz bei der Rettung von Opfern durch Ertrinken oder Ersticken aufgrund giftigen Rauchs in Minen, Öfen, Kanälen oder Brunnen aus. Manche dieser Ratschläge haben den Test der Zeit bestanden. So sahen die Richtlinien für jene frühen Ersthelfer unter anderem vor, das Opfer aufzuwärmen, kräftig zu reiben und per Tubus oder Mund-zu-Mund-Beatmung die Reanimation vorzunehmen. Andere Methoden hingegen sind aus der Mode gekommen. Dazu gehören der damals so beliebte Aderlass sowie eine Behandlungsform, die in den Geschichtsbüchern wahrlich am besten aufgehoben ist: die »innere Verabreichung von Stimulanzien« – in weniger kryptischen Worten, das Tabakklistier. Im Idealfall nahm man hierzu einen Blasebalg, zur Not genügte aber auch eine gewöhnliche Pfeife. Allerdings wird nirgends vermerkt, ob diese im Anschluss an ihren Besitzer zurückzugeben war.

versuchten sich andere mittels Elektrizität an (beinahe) Verstorbenen. Bereits im darauffolgenden Jahr führte der dänische Tierarzt Peter Christian Abildgaard eine Reihe von Experimenten an Hühnern durch, die er per Stromschlag tötete und durch einen zweiten wiederbelebte. Dem aus den Niederlanden stammenden Arzt Daniel Bernoulli gelang es, mit einem elektrischen Zappen ertrunkene Vögel zu reanimieren. Alexander von Humboldt erweckte bewusstlose Vögel zum Leben, indem er einen Strom durch den gesamten Körper fließen ließ. Die Inspiration hierzu stammte möglicherweise von einer Reise nach Südamerika, in deren Verlauf er beim Fangen von Zitteraalen selbst einen schweren Schlag erlitten hatte. Der Italiener Felice Fontana hingegen musste feststellen, dass seine Lämmer und Hühner an den verabreichten Stromstößen augenblicklich verendeten oder in einen »Zustand unabänderlicher Erstarrung« fielen – ein weniger beglückendes Ergebnis.

Und während sich Aldini bei seinem Experiment noch gehütet hatte, sich an eine Wiederbelebung des gehenkten George Foster (oder des verstörten Mr Pass) zu wagen, so waren andere Pioniere auf dem Gebiet der Reanimation sehr wohl bereit, die Vögel hinter sich zu lassen und sich auf ambitioniertere Versuchstiere zu verlegen. Fünfzehn Jahre später machte sich der schottische Arzt Andrew Ure daran, Aldinis Versuch auf spektakuläre Weise nachzustellen. Ure hatte 1801 seinen Abschluss in Humanmedizin in Glasgow gemacht, eine Zeit lang als Arzt bei der Armee gedient und schließlich eine Professur für Naturgeschichte und Chemie an Andersons Institution erhalten, der späteren Glasgower University of Strathclyde. Ure galt als brillanter Redner, auch ermutigte er die Männer und Frauen der Arbeiterschicht, seinen Vorlesungen beizuwohnen, dennoch wurde ihm eine »streitlustige und gehässige Veranlagung« bescheinigt, und Zerwürfnisse mit Kollegen waren an der Tagesordnung.

Ures Interesse am Galvanismus hatte sich an den Forschungen seines Zeitgenossen Dr. Wilson Philip entzündet, der jahrelang die Auswirkungen der Elektrizität auf die Physiologie untersucht hatte. Bei einem Experiment hatte Philip an einem Kaninchen jenen Nerv durchtrennt, der Botschaften vom Gehirn an Lunge und Magen leitet; Philip behauptete, er könne die normalen Körperfunktionen wieder in Gang setzen, indem er eine Batterie an den beschädigten Reizleiter anschloss. Ure hatte den Bericht mit großem Interesse gelesen und suchte nun seinerseits nach einer Gelegenheit, sich am Stromfluss zu versuchen.

Eine solche ergab sich, als Dr. James Jeffray, gerühmter Professor für Anatomie an der Glasgower Universität, ihn einlud, im Rahmen einer Sektion die Leiche zu galvanisieren.[9] Die Hauptrolle in dem makabren Theaterstück fiel einem Matthew Clydesdale zu, einem »mittelgroßen, athletischen und ausgesprochen muskelösen Mann von etwa dreißig Jahren«, der am 4. November 1818 als Mörder hingerichtet worden war. Nach einer Stunde am Galgen übergab die Polizei den Leichnam an den anatomischen Hörsaal der Universität. Dort, unter den Skeletten all der Kriminellen, die von der Decke baumelten, bereiteten Ure und Jeffray ihr Experiment vor.

Zunächst bauten sie eine Batterie aus mehreren etwa zehn Zentimeter großen übereinandergestapelten Metallplatten. Ein gesunder Mensch kann problemlos eine Ladung ertragen, wie sie von etwa acht solcher Plattenpaare ausgeht; für den

---

9 Das nachhaltigste Vermächtnis James Jeffrays ist wohl die Erfindung der Kettensäge, die er aus dem Prinzip der Uhrenkette weiterentwickelt hatte: Mit deren Hilfe hatte er abgestorbene Glieder amputiert.

fraglos ungesunden Clydesdale hatte Ure die schier unglaubliche Zahl von 270 Plattenpaaren vorgesehen. Als Nächstes legten die Ärzte das Rückenmark und mehrere Hauptnerven frei und schlossen Elektroden an Hals und eine Ferse ihrer Leiche an, das Bein zuckte daraufhin so heftig, dass es einen der Umstehenden beinahe zu Boden getreten hätte. Dann stimulierte Ure die Nerven des Zwerchfells und verlieh dem Leichnam so den Anschein »heftigen Atmens«, und als der Strom schließlich an das Gesicht des Mannes angelegt wurde, »geriet jeder Muskel in Zuckung und erzeugte ein ganz und gar furchteinflößendes Mienenspiel: Wut, Entsetzen, Verzweiflung, Angst und ein grässliches Lächeln vereinten sich in ihrem abscheulichen Ausdrucke auf dem Gesicht des Mörders«. Das Publikum war schockiert, ein Mann fiel in Ohnmacht, mehrere Anwesende eilten zur Tür. Davon gänzlich unbeeindruckt schritten Ure und Jeffray zum großen Finale: Sie stimulierten die Armnerven, woraufhin sich Clydesdales Finger streckten und wie anklagend auf mehrere Personen aus der versammelten Menge wiesen.

Für Jeffray ging es bei diesem Experiment lediglich darum, den Einfluss der galvanischen Kräfte auf das Nervensystem des Menschen zu demonstrieren; Ure jedoch begeisterte sich für das Potenzial dieser neuen Wissenschaft, die in seinen Augen dazu dienen könnte, die beinahe oder gar vollständig Toten wiederzubeleben. Ure verstieg sich gar zu der Behauptung, Clydesdales Herzschlag hätte wieder eingesetzt, »hätte man ihn nicht seines Blutes beraubt« – da, gemäß der üblichen Vorgehensweise, vor der Sektion die Körperflüssigkeiten abgelassen worden waren. Ure konnte sein Verlangen, die Toten zurückzubringen, kaum noch zügeln, und sei es nur ein Mal:

»Wir sind beinahe willens, uns vorzustellen, dass …
es die Wahrscheinlichkeit gibt, Leben wiederherzustellen. Dieses Vorkommnis, so unwillkommen es
auch bei einem Mörder sein mag, und womöglich im
Widerstreite mit dem Gesetz, wäre dennoch in diesem einen Falle verzeihlich, da es der Wissenschaft
zu Ehre und Nutzen gereichen würde. Es ist denkbar,
dass im Falle eines augenscheinlichen Todes durch Ersticken an schädlichen Gasen etc., sofern es zu keiner
organischen Läsion gekommen ist, ein umsichtig aus-
geführtes galvanisches Experiment – falls überhaupt
irgendetwas dies bewirkt – die Tätigkeit der lebens-
notwendigen Funktionen wiederherstellt.«

Ures verschleierte Bitte stieß jedoch auf taube Ohren.[10]

Nun sollte man glauben, dass die Geburt der Reanimations-
medizin für das georgianische England ein großer Trost gewesen wäre, da sie im Falle eines plötzlichen Ablebens eine
zweite Chance versprach. Zumindest könnte man mit dem
Argument einem potenziellen Zombie sein Dasein schmack-
haft machen. Tatsächlich aber hatten die Fortschritte in der
Medizin des 18. Jahrhunderts den gegenteiligen Effekt: Sie

---

10 Der Liebäugelei mit dem Galvanismus folgten andere Interessen. Ure
    verfasste ein erfolgreiches Wörterbuch der Chemie, dann einen weni-
    ger gerühmten Band zur Geologie, in dem er die damaligen wissen-
    schaftlichen Erkenntnisse mit der biblischen Sintflut zu versöhnen
    suchte. In seinem dritten Werk, *Die Philosophie der Manufaktur*, ver-
    teufelt er die Gewerkschaften und argumentiert, Fabrikbesitzer seien
    ihrem Wesen nach Philanthropen. Ure verwarf darin auch die Vor-
    stellung, dass Temperaturen von bis zu 66° Celsius schädlich seien
    und führte die Gesundheitsprobleme unter Fabrik- und Mühlenar-
    beitern auf einen »ungebührlichen Appetit auf Speck« zurück.

befeuerten die Angst vor einer verfrühten Beerdigung. Die zahlreichen und ausgesprochen drastischen Berichte über all die Toten, die wieder vollends genesen waren, machten die Öffentlichkeit erst in großem Stile auf die Möglichkeit aufmerksam, dass es für manchen vielleicht zu schnell unter die Erde ging. Wer wollte schon erkranken und in einem Sarg erwachen? Und so begab es sich, dass das *Gentleman's Journal* im Jahre 1788 seine Leser dazu aufrief, sich des Todes auf folgende Weise zu vergewissern:

»Wenn unsere Natur schon vor dem Gedanken an den Tod als solchem zurückschreckt, mit welchem Entsetzen muss sie dann der Vorstellung begegnen, dass der Tod durch Unaufmerksamkeit herbeigeführt wird, man in einem geschlossenen Sarg erwacht! Solch eine Erwägung vermag das Gehirn kaum in Momenten der Sicherheit und kühlen Erwägung zu erdulden… Wenn sich nun aber die Elektrizität als Spezifikum gegen den Scheintod erweist, so muss es wohl als Mord gelten, einen Toten ohne einen derartigen Versuch zu beerdigen. Wer wollte noch zögern, diese Praxis anzuwenden, denn wer wollte riskieren, in einem Sarg zu ersticken, wenn dies ein derart simples Experiment verhindern kann?«

Den Augenblick des Todes zu bestimmen ist selbst mit heutigen technischen Mitteln eine höllisch vertrackte Angelegenheit. Ohne sensible Apparate wie den Elektrokardiographen mussten die Ärzte früherer Zeiten den größtmöglichen Nutzen aus den verfügbaren diagnostischen Geräten ziehen, und diese waren nicht gerade zahlreich. Das Stethoskop, damals in Form eines hölzernen Hörrohrs, mit dem man auf die Geräusche des Körpers lauschte, war gerade erst erfunden worden. Aber ein schwaches Herz schlägt zart und wird leicht überhört. Tatsächlich war die Putreszenz, die Verwesung, seinerzeit das einzig untrügliche Anzeichen für den Tod. Und so wurden im 19. Jahrhundert Totenhäuser eingerichtet, in denen die Leichen mehrere Tage verblieben, bis der charakteristische Gestank der Verwesung wahrzunehmen war. Manche Gäste hatten auch eine Klingel an Zeh oder Finger, auf dass die kleinste Bewegung einen der Wächter alarmiert hätte. Es mag ja nach einer entsetzlichen Beschäftigung klingen, in einer übelst riechenden Lagerhalle darauf zu warten, dass eine Leiche aufersteht, doch wie mag es erst den armen Zungenziehern und Brustwarzen-Zwickern ergangen sein – auch ihre Tätigkeiten gehörten zu den gängigen Schutzmaßnahmen gegen das lebendige Begraben – die von Leiche zu Leiche gehen und überprüfen mussten, ob sich nicht auf diesem Wege jemand auferwecken ließ.

Vor diesem Hintergrund entwickelte sich der Galvanismus bei den Ärzten des frühen 19. Jahrhunderts zu einer regelrechten Modeerscheinung. Wer als Mediziner etwas auf sich hielt, verfolgte Berichte über neue Experimente und nutzte einen speziellen Gehstock mit Fächern für Batterien, die man im Notfall zu einer Art primitivem Defibrillator zusammensetzen konnte. Doch während der Strom auf die willkürlichen Muskeln eine gewaltige Wirkung hatte, erwies sich die glatte Herzmuskulatur der Elektrizität gegenüber als deutlich weniger empfindlich. Ohne stringentes Behandlungsprotokoll aber war der Galvanismus kaum mehr als ein Bühnentrick. Das Publikum jedenfalls begegnete der Technik mit reichlich gemischten Gefühlen. Unter Nicht-Medizinern ging die Angst um, dass ein allzu eifriger Hobby-Galvanist womöglich ihren friedlichen Tod stören könnte, und manche nähten sich sogar ein Schild in die Kleidung, die eine Verabreichung von Stromstößen im Falle einer Bewusstlosigkeit untersagte – im Grunde der Vorläufer unserer heutigen Patientenverfügung.

Der Galvanismus war wohl mehr Quacksalberei denn moderne Medizin. Bis, ja, bis Sergei Brjuchonenko entschied, es sei – wieder einmal – an der Zeit, die Toten aufzuwecken.

DIE TOTEN RUSSEN KOMMEN

Brjuchonenko, den wir schon als den Mann kennen, der isolierte Hundeköpfe am Leben erhalten hatte, machte 1914 seinen Abschluss an der medizinischen Fakultät der Moskauer Universität, gerade rechtzeitig, um als Rekrut der Imperialen Russischen Armee die Schrecken des Ersten Weltkriegs zu erleben. Im Anschluss an die Russische Revolution arbeitete er mehrere Jahre in einem großen Krankenhaus. Damals reifte das Feld der Physiologie rasch heran, und Brjuchonenko fand seine Aufgabe in der Untersuchung der komplizierten Funktionsweisen der Organe. Dafür aber mussten die einzelnen Organe ihre Aufgabe auch außerhalb des Körpers erfüllen, und so machte sich Brjuchonenko in einem Labor, in dem es an Platz und Ausstattung mangelte, daran, Organe am Leben zu erhalten.

Auf dem Treffen des Zweiten Kongresses der Russischen Pathologen im Mai 1925 demonstrierte Brjuchonenko schließlich die Früchte von drei Jahren Arbeit: die erste Herz-Lungen-Maschine, die er speziell für seine Hundeköpfe konstruiert hatte. Mithilfe zweier elektrischer Pumpen beförderte das primitive Lebenserhaltungssystem verbrauchtes Blut aus dem Kopf in eine Glaskammer, wo es aufgewärmt, mit Sauerstoff angereicht und dann dem Tier wieder zugeführt wurde. In jenen frühen Tagen war der »Autojektor« noch nicht hermetisch verschlossen, und so koagulierte irgendwann das Blut, und das System versagte. Dennoch gelang es Brjuchonenko, einen Hundekopf etwa einhundert Minuten lang am Leben zu erhalten. Seine Erfolge stießen jedoch kaum auf Widerhall, von der Presse wurden sie ganz ignoriert. Im darauffolgenden Jahr führte er seinen Autojektor ein weiteres Mal vor und unterstrich, welche Fortschritte er und sein Kollege Sergei Čečulin bei der Verlängerung der Lebensspanne ihrer Versuchstiere erzielt hatten. Wieder blieben die Ergebnisse ohne Resonanz.

Ein halbes Jahr später brachen die sowjetischen Medien endlich ihr Schweigen, und nachdem die Geschichte einmal in der Welt war, war sie nicht mehr aufzuhalten. Die Nüchternen unter den Technikern sahen schon, wie Chirurgen künftig ein krankes Herz reparierten, während die Apparatur den Patienten am Leben erhielt; die Verstiegenen unter den Träumern sahen in Brjuchonenkos Labor schon die Geburtskammer einer dampfenden Unsterblichkeitsmaschine. Zugleich entzündete sich der öffentliche Ärger an den Bedingungen, unter denen Brjuchonenko sein Lebenserhaltungssystem hatte erdenken müssen, und so sah sich der Direktor des Chemisch-Pharmazeutischen Instituts gezwungen, die Zuwendungen für Brjuchonenkos Forschungen auf dreißigtausend Rubel zu erhöhen. Das Geld stammte aus dem Volkskommissariat für Gesundheit, dem höchsten Gremium für medizinische Forschung der ehemaligen UdSSR.

Dank dieser neuen Mittel konnte Brjuchonenko im darauffolgenden Jahr gleich fünf Papiere über unterschiedliche Aspekte der Autojektor-Experimente verfassen, die er auf dem Kongress der Sowjetischen Physiologen im Jahre 1928 vorstellte – und diesmal dauerte es auch nicht, bis sich eine aufgeregte Presse auf die Forschung stürzte, genoss Brjuchonenko doch die volle Rückendeckung des sowjetischen Staatsapparats. Bald schon zirkulierten auch an den amerikanischen Universitäten Gerüchte, wonach es den Russen gelungen sei, Tote aufzuerwecken. Schon im Februar 1929 vermerkt die Hausarbeit eines Studenten am Massachusetts Institute of Technology, Brjuchonenko und Čečulin hätten einen isolierten Hundekopf dreieinhalb Stunden lang mit »einer sonderbaren Vorrichtung aus Glas und Kunststoffschläuchen« am Leben erhalten. Im gleichen Monat steht im *Time-Magazin:* »In den USA treffen vage Informationen ein, wonach russische Wissenschaftler Leichen wiederbelebt haben sollen.« Als George Bernard Shaw davon erfuhr, scherzte er: »Ich fühle geradezu die Versuchung, mir selbst den Kopf abschneiden zu lassen, damit ich weiterhin Stücke und Bücher diktieren kann, ohne durch Krankheiten gestört zu werden, ohne dass ich mich an- und ausziehen muss, ohne dass ich zu essen brauche, ohne dass ich überhaupt irgendetwas anderes zu tun habe, als Meisterwerke der dramatischen Kunst und Literatur zu produzieren.«

Die Fähigkeit, ein Tier mittels Herz-Lungen-Maschine am Leben zu erhalten, verschob die Vorstellung vom Leben in eine deutlich mechanistischere Richtung. Metaphysischen Konzepten einer Trennung von Lebendem und Totem – wie sie sich etwa im Bild der christlichen Seele oder im *nanm* des Voodoo äußern – drohte im Angesicht der modernen Medizin das Aus. Wenn der einzige Unterschied zwischen Leben und Tod im Vorhandensein eines Herzschlags bestand, müsste dann nicht ein Leichnam, der von einer Maschine belebt wurde, als lebendig gelten? Und warum sollte eine Maschine nicht an die Stelle eines gebrochenen Herzens treten?

Allerdings war es eine Sache, einen Kopf am Leben zu erhalten, einen Toten aufzuerwecken jedoch eine ganz andere. Brjuchonenko war nicht der erste Russe, der sich dieser

Aufgabe gestellt hatte. Bereits im Februar 1902 hatte Aleksei Aleksandrovič Kuljabko vom Physiologischen Labor der damals Zaristischen Akademie der Wissenschaften in Sankt Petersburg das Herz eines Kaninchens, das vierundvierzig Stunden zuvor ein letztes Mal geschlagen hatte, erneut in Gang gesetzt und sein Verfahren an anderen Tieren bis zu fünf Tage post mortem wiederholt. Im darauffolgenden Jahr beschaffte er sich das Herz eines drei Monate alten Säuglings, der zwei Tage zuvor an einer Lungenentzündung verstorben war. Unter Zuhilfenahme der Locke'schen Flüssigkeit – einer Lösung aus Natriumchlorid, Kalziumchlorid, Kaliumchlorid, Natriumhydrogencarbonat und Dextrose, die der Brite Frank Spiller Locke entwickelt hatte, um das fortwährende Schlagen exzidierter Herzen zu gewährleisten – ließ Kuljabko das Herz des Säuglings wieder schlagen. Im Jahre 1907 entwickelte er dann Vorrichtungen für einen extrakorporalen Kreislauf, mit dessen Hilfe er abgetrennte Fischköpfe reanimierte.[11] In den Jahren 1910 bis 1913 gelang es wiederum einem Russen, dem »Chemo-Pharmazeuten« Fёdor Andreyev, einen durch Stromschlag getöteten Hund wiederzubeleben, indem er ihm eine Mischung aus Kochsalz und Adrenalin injizierte und das Herz einem Elektroschock aussetzte. Andreyev sollte später zum Leiter jenes Krankenhauses werden, in dem Brjuchonenko die Jahre nach dem Krieg verbrachte, und sicherlich dürfte Andreyev den jungen Kollegen ermutigt haben, das gemeinsame Interesse an der Reanimation mit Nachdruck zu verfolgen.

Als Brjuchonenko 1929 seine Hundeköpfe an den Autojektor anschloss, hatten die Fischköpfe für Aleksei Kuljabko

---

11 Leider kam diese Errungenschaft hundert Jahre zu früh, um von der Popularität des animatronischen, singenden Fisches Big Mouth Billy Bass zu profitieren.

ausgedient. Kuljabko plante da schon weit Ambitionierteres: den heimlichen Versuch, einen Menschen wiederzubeleben. Unterstützt wurde er dabei von Fëdor Andreyev, mehreren Assistenten und einem Mann, der am Vortag bei einer Operation verstorben war. Die Wissenschaftler legten die Leiche auf einen Operationstisch und verbanden die Blutgefäße mit einer großen Zahl von Pumpen, die dem Körper Locke'sche Flüssigkeit und Adrenalin zuführen sollten. Daraufhin hob sich die Brust des Mannes mit einer solchen Macht, aus seiner Kehle drang ein derart feuchtes Todesröcheln, dass Kuljabkos Assistenten voller Entsetzen aus dem Raum flohen. Kuljabko und Andreyev brachten das Herz zwanzig Minuten lang zum Schlagen, dann versagte es. Doch als Brjuchonenkos geköpfte Hunde es endlich in die Presse schafften, konnte sich Andreyev den Hinweis nicht verkneifen, dass die Wissenschaft über diesen Punkt längst hinausgeschritten sei. Reportern gegenüber äußerte er: »Das Prinzip wurde längst erfolgreich demonstriert. Es muss nur noch eine Technik entwickelt werden, die ein Mediziner auch praktisch anwenden kann.«

Kuljabko aber – womöglich doch aus Entsetzen vor dem eigenen Experiment oder aus Furcht vor der öffentlichen Reaktion, sollte die Kunde von wiederbelebten Menschen nach außen dringen – verlegte sich bei seinen weiteren Experimenten ganz nach Brjuchonenkos Vorbild wieder auf die Hunde. Dabei erwies sich eines seiner vierbeinigen Versuchsobjekte als ausgesprochen zäh: Ein Hund wurde, nachdem er ein erstes Mal vergiftet und wiederbelebt worden war, angeblich ein weiteres Mal vergiftet, mehrere Monate dem Tod überlassen und dann ein zweites Mal erfolgreich reanimiert. Brjuchonenko wiederum hatte von Kuljabkos Experimenten am Menschen gehört und war entschlossen, es nun selbst zu wagen.

Er verpflichtete hierzu Sergeë I. Spasokukotej, dessen Fachgebiet die experimentelle Chirurgie war und der in der Sowjetunion am Aufbau eines flächendeckenden Netzes von Blutbanken beteiligt gewesen war. Im Jahre 1934 versuchte sich Brjuchonenko dann unter völliger Missachtung des Rechts zur Selbstbestimmung eines Menschen – Ähnliches gilt für seinen Umgang mit den Gesetzen der Natur – an der Wiederbelebung eines Mannes, der Selbstmord verübt hatte. Drei Stunden nachdem sich das Opfer erhängt hatte, öffnete der Arzt eine Arterie und eine Vene und schloss beide an den Autojektor an. Nach und nach entzog die Maschine dem Leichnam das kalte Blut und pumpte es warm und mit frischem Sauerstoff zurück. Die Wissenschaftler warteten über Stunden, begleitet nur vom Surren der Maschine, bis sich der Körper des Toten langsam erwärmte. Schließlich gesellte sich ein weiteres, schwaches Geräusch dazu: ein Herzschlag. Und auch diesmal entfuhr der Kehle ein gurgelndes Todesröcheln. Die Augenlider öffneten sich flatternd, der Mann sah auf die schockierten Ärzte ringsumher, »so, als befände er sich im Stupor«. Doch die Reanimation dauerte nur zwei Minuten, die Experimentatoren, durch ihr Tun »über die Maßen entsetzt«, schalteten die Pumpen sofort wieder aus und erlaubten dem Patienten die Rückkehr in den Tod. Fortan beschränkten sich auch Brjuchonenkos Experimente wieder ganz auf Hunde.

DIE WIEDERKUNFT DES LAZARUS

In einem Labor, ganz ähnlich dem Brjuchonenkos, stehen drei Männer in weißen Kitteln über einem kleinen Foxterrier. Sie legen ihm eine Maske über das Maul, die der Lunge Stickstoff und Äther, aber keinen Sauerstoff zuführen wird. Der Hund krampft unter der Gabe der Anästhetika, dann gibt er auf; wenige Minuten später ist er tot. Weitere Minuten vergehen, in denen die Männer mit Injektionsgläsern und Schläuchen hantieren und auf irgendein Signal warten. Nach genau vier Minuten jagt einer der Ärzte dem Hund eine Adrenalinspritze tief ins Herz. Dann wird die erstickende gegen eine Maske ausgetauscht, die an eine Sauerstoffflasche angeschlossen ist, und der Hund zu einer Wiege gebracht. Daraufhin werden eine Vene intubiert und eine Lösung aus Hundeblut, Kochsalz und Heparin (einem Blutgerinnungsmittel) in den Hundekörper eingeleitet. Ein konzentrierter Dr. Robert Edwin Cornish lauscht mit seinem Stethoskop nach dem Flüstern eines Herzschlags. Nach mehreren Minuten erklingt ein Triumphschrei: »Lazarus lebt!«

Natürlich war es seinerzeit undenkbar, dass die Sowjets die Amerikaner auf welchem Gebiet auch immer schlagen sollten, und im Fall der Reanimation war Dr. Cornish der Anwärter auf die Heldenrolle. Dabei war er von magerer Statur, hatte tiefliegende Augen, fahle Haut und strubbeliges dunkles Haar; doch er galt als Wunderkind und hatte 1922 mit gerade achtzehn Jahren schon seinen Abschluss in Berkeley gemacht und wurde nur vier Jahre später promoviert. Im Laufe seines Lebens hatte sich Cornish auf so manchem Feld betätigt, er hatte Linsen verfeinert, damit Lebensretter und Taucher unter Wasser besser sehen konnten, ein Traktat über Ernährung verfasst, mit der fraktionierten Destillation experimentiert und eine Zahncreme auf den Markt gebracht. Während seiner Zeit in Berkeley hatte man ihn zur Verteidigung eines Jurastudenten herangezogen, dem vorgeworfen wurde, er habe in betrügerischer Absicht und nach der erlaubten Frist seinem Heft für die Abschlussprüfung noch Notizen hinzugefügt: Cornish konnte nachweisen, dass sich die chemische Analyse der Tinte, wie sie die Anklage vorgelegt hatte, anfechten ließ: »Wir sollten den Schlussfolgerungen hinsichtlich des Alters der Schrift, wie sie aus dieser Untersuchung gezogen werden, mit äußerster Skepsis begegnen.« Über das weitere Schicksal jenes Studenten ist nichts bekannt, Cornish aber hatte damit seine Fähigkeiten als Wissenschaftler unter Beweis gestellt.

Zu seinem Vermächtnis jedoch sollten seine Versuche auf dem Gebiet der Reanimation werden. Die ersten Anläufe, im Alter von gerade dreißig Jahren, waren bereits entsprechend ambitioniert. Am 4. Februar 1933 betrat ein zweiundsechzigjähriger Maler das Central Emergency Hospital in San Francisco und verlangte nach einem Arzt. Eine halbe Stunde später fand man ihn tot auf; er hatte einen Herzstillstand erlitten. Der Verstorbene wurde in eine Kiste voller Eis gelegt; viereinhalb Stunden später traf der farblose Dr. Cornish ein, um das Opfer zu reanimieren. Der Verstorbene wurde mit Heizkissen bedeckt und auf eine große Wippe gelegt, mit der Cornish den Toten auf und ab bewegte, damit sich das Blut im Körper verteilte und eine Art künstlicher Kreislauf zustande kam.[12] Der Versuch erstreckte sich über anderthalb Stunden. Zwischendrin »schien sich das Gesicht mit einem Male zu erwärmen, ein Lebensfunke kehrte in die Augen zurück, und im Weichgewebe zwischen Luftröhre und Sternum war Bewegung sichtbar«. Jedes Wippen führte zu weiterem Pulsieren, der Hals pochte in einem Rhythmus von rund siebzig Schlägen pro Minute. (Seltsamerweise hatten weder Cornish noch der Gerichtsmediziner, der das Experiment verfolgte, ein

---

12 Der Brite Dr. Frank C. Eve entwickelte etwa zur gleichen Zeit und von Cornish unabhängig eine ähnliche Vorrichtung. Durch die Verlagerung der Organe entsteht Druck auf das Zwerchfell und damit eine künstliche Atmung. Das Verfahren wurde besonders bei Kindern, die unter Asphyxie litten, angewandt. »Schaukelnde« Brutkästen waren bis in die 1960er-Jahre hinein gebräuchlich.

Stethoskop zur Hand, um zu überprüfen, ob das Herz wirklich *schlug*.) Cornish versuchte eine Herzdruckmassage, um eine künstliche Atmung zu erzeugen, doch die vor Kälte steifen Rippen wollten nicht nachgeben. Am Ende erkaltete das Gesicht erneut, die Augen sanken zurück in den Schädel und verloren ihr Licht. Das einzig verlässliche Resultat all dieser Mühen lautete nach Cornishs eigener Einschätzung: Der Körper hat sich nicht erwärmt.

Cornish hatte dennoch Feuer gefangen. Als vierzehn Tage später der Leichnam des zweiundzwanzigjährigen Mechanikers G. J. K. aus den eisigen Wassern der San Francisco Bay gefischt wurde und die Feuerwehr ihre Rettungsversuche nach drei Stunden aufgab, trat Cornish in Aktion. Diesmal hatte er Heizdecke und zahlreiche Heizkissen dabei, um den Toten zu erwärmen, musste jedoch feststellen, dass er, da es keinen Kreislauf gab, den Körper an den Stellen direkt unterhalb der Kissen geradezu »kochen« würde, sollte es ihm nicht gelingen, den gesamten Leichnam auf einmal zu erwärmen. Cornish ließ sich nicht beirren. Der Leichnam des Mechanikers verbrachte vier lange Stunden auf der Wippe, doch die unterkühlten Venen verweigerten den Dienst: Durch sie floss kein Blut. Schließlich setzte die Totenstarre ein und machte den Versuchen ein Ende. Cornish vermerkte noch, dass die Leichenstarre zuerst an den Stellen eingesetzt hätte, an denen der Leichnam durch die Heizkissen Verbrennungen davongetragen hatte. Einen Herzschlag konnte Cornish an keinem Punkt registrieren.

Diese beiden Fehlschläge brachten ihn immerhin zu der Einsicht, dass er eine zuverlässigere und sanftere Methode zur Erwärmung seiner Leichen finden musste. Ein warmes Wasserbad mochte die gesuchte Lösung sein, allerdings stellte ihn das vor neue Probleme, denn dann würde das Gewicht des

Wassers auf dem Körper lasten und den Effekt der Wippe negieren.

Als Cornish seine dritte Chance bekam, an einem Toten zu hantieren, wählte er den Kompromiss: Erst tauchte er den Körper in ein warmes Bad, dann schnallte er ihn triefnass auf das Brett. Sein Versuchsobjekt, ein Landvermesser Ende zwanzig, war ganze sechs Stunden zuvor durch einen Stromschlag ums Leben gekommen, dennoch zeigte das Gesicht bald eine leichte Färbung, was bedeutete, dass das Blut durch den Körper floss. Doch wiederum versagten die Heizkissen. Diesmal allerdings versengten sie nicht dem Mann das Fleisch, im Gegenteil – diesmal gelang es nicht, die Körpertemperatur aufrechtzuerhalten. Cornish griff nach seinem Stethoskop und hoffte auf das Flüstern eines Herzschlags. Doch da war nichts. Frustriert setzte er die Versuche aus, um seine Strategie zu überdenken.

Natürlich wusste Cornish, dass Aleksei Kuljabko und andere sowjetische Wissenschaftler ein Herz außerhalb des Körpers reanimiert und am Leben erhalten hatten. Wenn man ein Herz, das seit Stunden tot und noch dazu vom Körper isoliert war, mittels Lockescher Flüssigkeit zum Schlagen bringen konnte, dann sollte das, so Cornish, doch auch bei einem Herzen funktionieren, das noch im Körper war. Schon seit Beginn des 20. Jahrhunderts war bekannt, dass eine mechanische Druckerhöhung in den Arterien genügte, um einen Herzschlag zu provozieren. Entsprechend, folgerte Cornish, musste es in seinem Versuchsaufbau einen oder sogar mehrere fehlerhafte Schritte geben, und so führte er, ganz Wissenschaftler, eine Reihe von Versuchen durch, um herauszufinden, welche das wohl waren.

Da er sich kein weiteres Mal von der Kälte bezwingen lassen wollte, verlegte er die nachfolgenden Experimente in ein Labor, in dem eine Temperatur von mindestens 35° Celsius herrschte, die menschliche Körpertemperatur. Dadurch wurde seine Arbeit ziemlich schweißtreibend. Im Juli 1913, also mitten im Hochsommer, erhielt er den Kadaver eines Hundes, der im städtischen Tierheim vergast worden war. Zur Messung des Blutdrucks legte Cornish ein Quecksilbermanometer an die Oberschenkelarterie des Tieres an. Es registrierte große Schwankungen, wenn der Hund auf der Wippe geschaukelt wurde – was bewies, dass die Bewegung Einfluss auf den Blutdruck hatte. Noch am selben Tag injizierte er ein leuchtend blaues Pigment – für die Farbenfans: Niagara Himmelblau 6B – und obendrein ein wenig Lockesche Flüssigkeit in die Oberschenkelarterie eines toten Schafs. Nach fünfundzwanzig Minuten auf der Wippe zeigte sich die blaue Farbe in den Blutproben, die er dem Schaf aus verschiedenen Blutgefäßen entnommen hatte – was ein weiteres Mal bewies, dass die Wippe das Blut tatsächlich zirkulieren ließ. Weitere Versuche belegten, dass die Schaukelbewegung auch eine künstliche Atmung hervorrief und der Sauerstoff, den der Körper auf diese Weise inhalierte, vom Blut durch den Körper transportiert wurde. Jeder einzelne Schritt schien zu funktionieren. Und trotzdem erwachten die Tiere nicht von den Toten.

Schließlich gab Cornish seine Hoffnung auf, die Toten allein mithilfe der Wippe zu reanimieren. Nun stand er vor der Frage, was er übersah. Vielleicht, so seine Überlegung, konnte das schlummernde Nervensystem nicht ohne eine, wie auch immer geartete, Stimulation wieder anspringen. Zwar hatte Cornish auch die Berichte über die Wirkung »elektrischer Nadeln« gelesen, die man – als eine Art frühen Schrittmacher – in ein Herz eingeführt hatte, doch das Verfahren war noch lange nicht erprobt. Und so entschied sich Cornish für eine Technik, die eine deutlich längere Erfolgsbilanz aufzuweisen hatte: Jiu-Jitsu.

Es wird Zeit für Kampfsport.

DIE HEILENDEN FÄUSTE DES DR. IVIE

In den frühen 1900er-Jahren war der berühmte japanische Kampfsportlehrer Kanō Jigorō auf Tournee gegangen und hatte weltweit seine Künste vorgeführt. Auch trat er dafür ein, dass Judo, das er aus dem Jiu-Jitsu entwickelt hatte, Aufnahme in die olympische Bewegung fand. So gelangte Judo als erste japanische Kampfkunst zu breiter Popularität. Cornish und manch anderer Mediziner aber interessierten sich vor allem für eine Unterart des Judo, die als Katsu oder Kuatsu bekannt ist.[13]

Im Ursprung war Kuatsu entwickelt worden, um Judo-Schüler aufzuwecken, die versehentlich bewusstlos geschlagen oder gar getötet worden waren. Hierbei verabreicht ein erfahrener Praktizierender dem Opfer an bestimmten Nervenpunkten, Knochen und Gelenken – etwa an Oberlippe, Schläfe, Schlüsselbein, Fußrücken, Hals, Wirbelsäule oder Bauchfell – mehrere kurze Schläge und eine kräftige Massage, was (idealerweise) dramatische Wirkung zeigt. Die erste ins Deutsche übersetzte Einführung ins Thema, *Das Kano Jiu-Jitsu (Jiudo)* von H. Irving Hancock und Katsukuma Higashi, die bereits 1906 erschien, vermerkt hierzu:

---

13 Der Ausdruck Kuatsu lässt sich auf vielfältige Weise übersetzen. In unserem Kontext dürfte er wohl »Wach auf!« bedeuten, ein Ausruf, mit dem beispielsweise im Zen-Buddhismus das Erwachen angezeigt oder provoziert wird – und nicht, auch diese Übersetzung ist möglich und korrekt, »gebratenes Fleisch«.

»Manche Schläge machen den Gegener bewusstlos oder führen seinen Tod herbei. Abendländer sind wohl der Meinung, weil einer, den ein tödlicher Schlag getroffen hat, wieder zum Leben zurückgebracht werden kann, er sei überhaupt nicht wirklich getötet worden. Trifft einen aber ein solcher Jiu-Jitsu-Schlag in der richtigen Weise, so wird der Lebensprozess mechanisch zum Stillstand gebracht. Nur bei sofortiger Anwendung der von der Kunst des Kuatsu gelehrten Kunstgriffe vermag man diesen Prozess durch entsprechende mechanische Gegenmaßnahmen wieder in Gang zu bringen und so das Leben wiederherzustellen.«

Im Anschluss hieran werden Dehnübungen mit dem oder der Verletzten gemacht, und sobald das Opfer wieder bei vollem Bewusstsein ist, wird es behutsam durch den Raum geführt.

In Japan hatte sich der Anwendungsbereich des Kuatsu von Anfang an auch auf Fälle etwa von Ertrinken oder Sonnenstich erstreckt, also auf Personen, die nicht Opfer eines körperlichen Angriffs geworden waren. Das erregte auch andernorts Aufmerksamkeit. 1938 schreibt ein gewisser Lieutenant Colonel John Wolfram Cornwall vom Indian Medical Service einen Brief an das *British Medical Journal*, in dem er auf den potenziellen Nutzen des Verfahrens hinweist und seine Kollegen dazu auffordert, Kuatsu dort zu erproben, wo »die üblichen Methoden« versagen. Doch für die Praxis des Kuatsu sind fundamentale anatomische Kenntnisse vonnöten, und falsch angewendet, oder bei Personen, die nicht wirklich schwer verletzt sind, ist sie außerordentlich gefährlich. Aus diesem Grund wird die Technik gewöhnlich auch nur sehr fortgeschrittenen Jiu-Jitsu-Praktizierenden vermittelt. Doch keine Bange, die ihr Zombies schaffen wollt: Ein gewisser Dr. William Horace Ivie glaubte, er hätte die Kunst auch ohne formale Schulung ausreichend verstanden, um sich an Robert Cornishs toten Schafen zu versuchen.

Am 27. Juli 1933 verlor ein 36 Kilogramm schweres Schaf sein Leben durch Stickstoff. Eine halbe Stunde später wurde mit der Reanimation begonnen. Nach zehn Minuten auf der Wippe führte Ivie an dem Tier das Kuatsu aus. Es ist nicht überliefert, für welche der sieben Formen Ivie sich entschied – obwohl es gewiss nicht die Nr. 6 war, ein Faustschlag auf den Fuß, der ausschließlich Personen mit einer Hodenverletzung vorbehalten ist und bei einem Paarhufer vermutlich ziemliche Schmerzen verursachen dürfte. Ob er Kuatsu Nr. 3 wählte, bei dem man das Knie zwischen die Schulterblätter drückt? Oder Nr. 5, eine Kopfmassage? Oder Nr. 7, nach Hancock und Higashi »das wichtigste Wiederbelebungsmittel des Kuatsu«, das »bei irgendeiner durch Körperverletzung herbeigeführten Ohnmacht oder einem ebensolchen scheinbaren Tode« anzuwenden ist? Hierbei wird ein heftiger Schlag auf einen ganz bestimmten Punkt des mittleren Rückgrats ausgeübt – Ivie hätte also, flapsig formuliert, versucht, das Schaf ins Leben zurückzuprügeln. Wie auch immer. Er scheiterte mit dem Kuatsu wie auch Cornish mit der Wippe.

Da das Kuatsu nicht gehalten hatte, was er sich davon versprochen hatte, wandte sich Cornish zur Stimulation des Nervensystems nun doch einer Gerätschaft neueren Datums zu, nämlich genau jener unerprobten Technik, die er zuvor verworfen hatte. Aus dem Peralta Hospital besorgte er sich einen hochempfindlichen Elektrokardiographen sowie die Technikerin, Gunhild Hansen, die den Apparat bedienen konnte. Dann verschaffte er sich einen »Hymanotor«, einen per Kurbel betriebenen Schrittmacher mit einer »elektrifizierten Nadel«, den der New Yorker Kardiologe Albert Hyman 1932 entwickelt hatte. Fatalerweise aber kam es zwischen dem offen liegenden Elektromagneten des Hymanotors und dem Elektrokardiographen wie auch bei Berührung oder Bewegung des Körpers auf der Wippe zu Interferenzen. Hansen registrierte einen einzigen Herzschlag oder zumindest das, was sie dafür hielt. Der Hymanotor war gleichermaßen nutzlos.

Dass die Wippe für Menschen entwickelt worden war und Cornish seine Schafe gerne mit dem Rücken auf das Brett schnallte, machte das Verfahren auch nicht leichter und führte nicht unbedingt zu idealen Versuchsbedingungen. Denn so wurden die Körper der Tiere unnatürlich lang gestreckt, und manches Schaf nahm dabei Schaden. Also entwarf Cornish als Nächstes eine Wippe für Vierbeiner, bei der die Schnallen anders angeordnet waren, sodass die Tiere nun nicht mehr überdehnt, sondern gestaucht wurden. Schließlich hatten sie ein Leben lang mit allen vier Füßen auf dem Boden gestanden, und sicher wollten sie die nicht im letzten Moment gen Himmel recken. Aus Cornishs Notizen geht hervor, dass sich der Herzschlag bei den Schafen, die lebend auf die Wippe gebunden wurden, stark beschleunigte, allerdings findet sich dort auch ein versöhnlicher Verweis, wonach seine Versuchstiere keinesfalls gelitten hätten.

Nach den Fehlschlägen mit Kuatsu und Hymanotor befand Cornish, dass immerhin seine Methodik fehlerfrei sei. Er war überzeugt, dass es zur Reaktivierung eines isolierten Herzens ausreichte, Lockesche Flüssigkeit hindurchzupumpen, und er hielt es für wahrscheinlich, dass dieser Prozess auch »die Erregbarkeit der Nerven aufs Neue bewirken« würde. Doch es wollte ihm nicht gelingen, auf künstlichem Wege Kreislauf und Atmung anzustoßen. Er musste die Methoden zur Stimulierung der Nerven verbessern – ihm fehlte der Lebensfunke.

»Wir dürfen wohl in jedem Fall davon ausgehen, dass ein erneutes Ankurbeln des Herzens von Säugetieren lediglich die entsprechende Technik erfordert«, schrieb er und klang sehr nach seinem sowjetischen Kollegen Andreyev.

Zwei Jahre später sollte Cornish auf die entsprechende Technik stoßen.

In einem unveröffentlichten Bulletin aus dem Jahre 1933 spricht er sich für eine duale Herangehensweise aus: Man müsse dem Blut des Toten wieder die ursprüngliche Vitalität verleihen und untersuchen, auf welche Weise das Nervensystem stimuliert werden könnte. Zwei Jahre später war er zu neuerlichen Versuchen entlang dieser beiden Prämissen bereit. Aus unbekannten Gründen verlegte sich Cornish nun auf Hunde – vermutlich aber war ein kleiner Foxterrier handhabbarer als ein stures Schaf.

In einem Anfall von Optimismus taufte Cornish all seine Versuchstiere Lazarus. Das Schicksal von Lazarus I. ist uns nicht überliefert, und Lazarus II. erlangte niemals wieder das Bewusstsein. Cornish hatte den Kreislauf mittels Wippe aufrechterhalten und eine Mund-zu-Schnauze-Beatmung an dem Tier, das sechs Stunden vor dem Experiment verendet war, durchgeführt. Wippe, Beatmung sowie zahlreiche Infusionen aus Blut, Kochsalzlösung, Heparin und Adrenalin führten immerhin zu einer teilweisen Reanimation. Der Hund lag acht Stunden lang im Koma, »winselte, hechelte, bellte, als würden ihn Alpträume drücken«, dann bildete sich ein tödliches Blutgerinnsel.

Blutgerinnsel im Hirn traten häufig auf in jenen Tagen, und es war noch nicht geklärt, ob ihre Ursache Ersticken oder der Prozess der Reanimation war.

Gerinnungshemmer wie Heparin waren zwar schon im Einsatz, doch die Dosis war eine Gratwanderung – denn ist sie zu hoch, tritt Blut über die kleinen Gefäße aus, und ein fataler Blutdruckabfall ist die Folge.

Das nächste Versuchstier überlebte nur fünf Stunden nach seinem achtminütigen Tod. Streng genommen wäre dies Lazarus III. gewesen – allerdings ist fraglich, ob Cornish seinen Hunden überhaupt Nummern zuwies. Möglicherweise hat er das bewusst vermieden, damit der letzte, erfolgreiche Lazarus die Erinnerung an alle vorherigen Fehlschläge überschreiben konnte.

Der Durchbruch kam mit dem darauffolgenden Hund, der in der Literatur als Lazarus III. aufgeführt wird. Seinem Lebenscocktail hatte Cornish eine neue Zutat beigegeben – Gummi arabicum, das als Verdickungs- oder Bindemittel in Softgetränken und der Patisserie eingesetzt wird, aber eben auch in Blutersatzmitteln Anwendung findet, um den Blutdruck aufrechtzuerhalten. Lazarus III. hatte zwölf Tage lang im Koma gelegen, am dreizehnten Tage aber kroch er langsam über seine Matte. (Zu jener Zeit wurde auch die Presse auf die Versuche aufmerksam, und ab da geriet die Nummerierung der Hunde durcheinander.) Obwohl Lazarus III. in der Lage war, sich aufzusetzen, zu fressen, nach Fliegen zu schnappen und zu bellen, war Cornish nicht zufrieden. »Etwas anderes als ein Schwachkopf wird aus diesem Hund wohl nicht mehr werden«, so sein knurriger Kommentar. Dabei lernte der knochige weiße Terrier sogar noch aufzustehen, doch der seltsam schlurfende Gang und der leere Zombie-Blick blieben ihm erhalten. Der Hund hatte durch seine kurze Begegnung mit dem Tod irreparable Schäden davongetragen.

Beim nächsten Angang verbesserte Cornish seine Methodik. Lazarus IV. kehrte nach einem fünfminütigen Tod delirant, aber stabil ins Leben zurück. Er erholte sich bedeutend rascher als die früheren Lazarusse und konnte bereits nach vier statt nach dreizehn Tagen allmählich wieder sitzen, fressen, schnappen, bellen. Eine solche Reanimation war eine Feier wert.

Cornish hielt mit seinen Leistungen nicht hinter dem Berg und lud regelmäßig Journalisten in sein Labor. Die Presse stürzte sich auf die Geschichten und hechelte dem Schicksal eines jeden neuen Lazarus hinterher. Im Jahre 1934 konnte der Regisseur und Produzent Eugene Frenke sogar Universal Pictures davon überzeugen, Cornishs Experimente für die große Leinwand aufzubereiten, was in der eher dürftigen Kino-Adaption *Life Returns* (Das Leben kehrt zurück) resultierte, die sich auch dokumentarischer Bilder bedient. Die Reaktionen auf Cornishs Tun waren jedoch nicht nur positiv – schließlich waren seine Versuchstiere ausschließlich Hunde. Schweine, wie Cornish unverblümt zu den zahlreichen Protesten äußert, hätten ihm wohl weniger Probleme bereitet: »Schweine sind dem Menschen in puncto Verdauungssystem und Blutkreislauf ohnehin viel ähnlicher, und die Schweinelobby ist auch deutlich kleiner als die Hundelobby.« Auch der Verwaltungsdirektor der University of California war über die fortwährende und reißerische Berichterstattung nicht gerade glücklich und legte Cornish nahe, sein Labor auf dem Campus aufzugeben. Das hinderte den jungen Wissenschaftler jedoch nicht daran, weitere Experimente mit Lazarus V. durchzuführen, dies allerdings in seinem Heim und sehr zum Unbehagen seiner Nachbarn.

Im Anschluss daran erwog Cornish, seine nächsten Versuche an einer Gruppe von Versuchsobjekten durchzuführen, deren Lobby im Verhältnis zu den Hundefreunden auch recht klein sein dürfte: die exekutierten Straftäter. Cornish ersuchte bei den Gouverneuren dreier Staaten – Nevada, Arizona und Colorado – um die Erlaubnis, seine Reanimationstechnik an

Hingerichteten aus der Gaskammer zu erproben. (Offenbar glaubte er, dass bei diesen Opfern die Chance auf eine Wiederbelebung am größten war, was erklären würde, warum er sich nicht an die Regierung seines Heimatstaates Kalifornien gewandt hatte: Dort war der Strick die beliebteste Hinrichtungsmethode.) Doch seine Anfragen wurden sämtlich abgelehnt. Kein Staat wollte sich in den juristischen und ethischen Morast vorwagen, wie er sich im Falle von Cornishs Erfolg ergossen hätte.[14]

Cornish versuchte sein Glück erneut im Jahre 1947. Ihn hatte ein Brief aus dem kalifornischen Staatsgefängnis San Quentin erreicht, in dem der als Mörder verurteilte Thomas McMonigle darum bat, die Prozedur »im Interesse der Wissenschaft« an ihm durchzuführen. Cornish suchte den Gefängnisdirektor auf und brachte sein Anliegen mit dem Argument vor, dass er schon mehrfach versucht habe, Opfer einer Kohlenmonoxidvergiftung zu reanimieren, jedoch nie rasch genug zu den Opfern vorgedrungen sei. Bei McMonigle

---

14 Tatsächlich war Cornish nicht der Erste, der ein solches Anliegen vorgetragen hatte. Major Delos A. Turner, der Erfinder der Gaskammer, hatte in einem kalkulierten Spiel versuchen wollen, das erste Opfer seiner Vorrichtung, Gee Jon, wiederzubeleben. Turner war natürlich davon überzeugt, dass der Versuch scheitern würde, und genau das wollte er der Welt beweisen. Der Staat Nevada wies auch diesen Vorstoß ab, eigentlich eine für alle glückliche Lösung (wenn man von Gee Jon absieht). Doch bereits 1908 – in New Jersey wurde der elektrische Stuhl eingeführt – hatte ein besorgter Bezirksarzt, Frank G. Scammell, den Verurteilten John Mantasanna im Anschluss an dessen Exekution reanimieren wollen. Scammell glaubte, dass nicht der Stuhl das Leben der Todeskandidaten beenden würde, sondern das Messer des Gerichtsmediziners, bei der anschließenden Autopsie. Auch ihm hatten die Behörden aus Angst vor einem möglichen Gelingen und den daraus resultierenden Problemen die Erlaubnis vorenthalten.

aber sei das quasi unmittelbar nach Feststellung des Todes möglich. Clinton Duffy, der Direktor, wies Cornish mit dem Hinweis ab, dass es allein eine halbe Stunde dauern würde, die Kammer zu entlüften, weitere dreißig Minuten seien als Sicherheitspuffer vorgesehen. »Sie können das nur bewerkstelligen«, so Duffy zu Cornish, »wenn Sie sich neben McMonigle setzen, dann sind Sie gleich vor Ort.« Worauf Cornish »Vielleicht mache ich das ja!« erwidert haben und aus dem Büro gestürmt sein soll. Trotzdem wandte er sich noch zwei Mal, jedoch vergeblich, an Clinton Duffy, und so bewegte sich am 20. Februar 1948 ein in Tränen aufgelöster Thomas McMonigle »wie ein Fisch in Richtung Aquarium« auf die grünliche Gaskammer zu. Duffy in seinen Memoiren: »Ich blieb an diesem Morgen ein wenig länger als gewöhnlich, doch nichts ging schief, Thomas McMonigle blieb tot. Aber ich habe mich oft gefragt, ob es geklappt hätte, ob er zurückgekommen wäre.«

Als Cornishs Intentionen an die Öffentlichkeit drangen, meldeten sich gleich die ersten Freiwilligen. Laut Cornish hätten sich über fünfzig Personen (»überwiegend alleinstehende Männer«) bereit erklärt, zu sterben und wiederaufzuerstehen. Manche lockte offenbar die Möglichkeit, einen bahnbrechenden Beitrag zur Wissenschaft zu leisten, andere hofften auf Vergütung. Ein Gentleman aus Kansas brachte die Summe von 300 000 US-Dollar ins Spiel. Aufzeichnungen über derartige Versuche gibt es nicht. Auch wandte sich Cornish bald darauf anderen Fragestellungen zu und gab, beklagenswerterweise, die Reanimation ganz auf.

REISEN IN DAS TOTENREICH

Wäre es Cornish aber gelungen, McMonigle zurückzuholen, was hätte dieser uns erzählen können, welche Zukunft hätte sein zweites Leben ihm eröffnet? Hätte er einen phantastischen Lichttunnel beschrieben oder die Leiden der gerechten Strafe? Hätte er seine Verbrechen bereut, oder wäre er zu Cornishs Jünger geworden und hätte das Testament der Reanimation gepredigt?

Immerhin haben wir das Zeugnis des Einbrechers John Smith, der den Beinamen »Der halb-gehängte Smith« erhielt, nachdem er im Jahre 1705 eine Viertelstunde am Strick gebaumelt hatte und dann von einem Arzt wiederbelebt worden war:

> »Ich erinnere mich an einen großen Schmerz, den das Gewicht meines Körpers mir verursachte. Meine Lebensgeister waren in hellem Aufruhr, sie drängten empor, und als sie mein Haupt erreichten, erschien ein grelles Licht, das einem Blitz gleich aus meinem Haupt hinauszudrängen schien. Da verging die Pein. Als ich abgeschnitten wurde, verspürte ich in meinem Haupt ein derart quälendes Prickeln, dass ich die, die mich befreit hatten, hätte hängen mögen.«

Allen, die in der Todesstrafe eine wirksame Abschreckung sehen, sei an dieser Stelle gesagt, dass Smith trotz (üb)erlebter Hinrichtung noch zwei Mal wegen Einbruchs belangt wurde und ihm dabei jedes Mal die Todesstrafe drohte. (Im ersten Fall wurde er freigesprochen, bei seinem zweiten Verfahren wurde er verurteilt und nach Australien deportiert.)

Selbstverständlich müssen wir Berichte von Nahtod-Erlebnissen nicht im Jahre 1705 suchen – schließlich werden wir momentan geradezu von Büchern überschwemmt, in denen uns Patienten schildern, wie sie über dem Operationstisch geschwebt sind und sich auf ein helles Licht zubewegt haben. Dennoch haben sich nur wenige freiwillig an eine Todeserfahrung herangewagt. Zu dieser kleinen Gruppe gehört der französische Dichter und Schriftsteller René Daumal.

Daumal, 1908 geboren, war seinem Alter schon als junger Mann sehr weit voraus. Er war noch keine zwanzig, da publizierte er seine Gedichte bereits in renommierten Zeitschriften und hatte sich auch schon selbst Sanskrit beigebracht, weil er die buddhistischen Lehrtexte in seine Muttersprache übertragen wollte. Ganz jugendlicher Rebell, überwarf sich Daumal mit den Surrealisten ihrer strengen Gruppenbildung wegen und verband sich mit Freunden zu den sogenannten Simplisten, aus denen später die Gruppe und Zeitschrift *Le Grand Jeu* (Das Große Spiel) hervorging. Daumal begeisterte sich für buddhistische Vorstellungen des Transzendenten, experimentierte mit verschiedenen Formen des Bewusstseins und versuchte stets, eine Textform für diese Erfahrungen zu finden.

Das berüchtigtste unter all seinen Abenteuern aber ist das »Fundamentale Experiment«, der Versuch, einen Blick hinter die Grenze zu erhaschen, mittels Gift in wiederholten und beinahe-tödlichen Dosen. Schon mit sechzehn hatte er, allerdings erfolglos, versucht, den Schlaf zu überlisten und wach zu bleiben, denn er hatte im Schlaf eine Analogie zum Tod gesehen. Doch die Analogie genügte ihm nicht mehr. »Ich versetzte meinen Körper in einen Zustand, der dem physiologischen Tod so nahe wie möglich kommen sollte, konzentrierte aber all meine Aufmerksamkeit darauf, bei Bewusstsein zu bleiben und mir alles einzuprägen, was sich zeigte«, so Daumal. Sein Mittel der Wahl war Tetrachlormethan, eine hochgiftige, mit Chloroform verwandte Chemikalie. Mit ihr tränkte er

Tücher, die er sich auf das Gesicht drückte, bis die Betäubung einsetzte. Daumal vertraute darauf, dass ihm die Hand vom Gesicht gleiten würde, sollte er über den Punkt der Bewusstlosigkeit hinausirren, er dadurch wieder frei atmen und, von einem grässlichen Kopfschmerz abgesehen, zu sich kommen würde. In der Textsammlung *Powers of the Word* (Die Macht der Worte) ist zu lesen, was Daumal an der Grenze zum Tod gesehen hatte:

> »Alles, was mir ›die Welt‹ in meinem gewöhnlichen Zustand war, war noch da, doch es schien, als hätte man sie ihrer Substanz beraubt; sie war plötzlich nur noch Phantasmagorie, in gleichem Maße leer, absurd, präzise sowie notwendig. Aber die ›Welt‹ erschien mir deshalb in ihrer Unwirklichkeit, weil ich mit einem Mal eine andere, über die Maßen realere Welt betreten hatte, unmittelbar und ewig, ein Strahlen aus Wirklichkeit und Evidenz, durch das ich wie eine Motte vor der Flamme taumelte. In diesem Moment verspürte ich Gewissheit, doch an diesem Punkt muss die Sprache sich bescheiden und das Erlebte lediglich umschweben.«

Was immer der junge Daumal bei seinem Experiment gesehen hatte, es ließ sich nicht in Worte übertragen, und so wurde der Schleier des Todes nicht gelüftet.

Mit den Jahren erlosch Daumals Leidenschaft für den Tod – er suchte sich neue Betätigungsfelder. Doch da hatte das Tetrachlormethan seine Lunge schon dauerhaft geschädigt, was die Tuberkulose, die ihn im Alter von gerade sechsunddreißig Jahren in die jenseitige Welt beförderte, gewiss begünstigt hat.

Die heutigen Ausflügler in das Totenreich verfügen sogar

über eine eigene Zeitschrift: das im Peer-Review-Verfahren publizierte und vom Psychologen Kenneth Ring gegründete *Journal of Near-Death Studies* (Zeitschrift für Nahtod-Studien). Und es herrscht wahrlich kein Mangel an Wissenschaftlern, die ein Licht auf das Thema zu werfen hoffen. So publizierte *The Lancet* im Jahre 2001 eine Studie mit 344 Niederländern, die erfolgreich wiederbelebt worden waren. 18 % der Patienten erinnerten sich an eine Nahtoderfahrung (NTE), wie die Wissenschaft Licht- und Tunnelerlebnisse, Begegnungen mit verstorbenen Familienmitgliedern und Freunden oder andersgeartete »Einblicke« ins Jenseits nennt. Das Unheimliche an den Befunden ist, dass die Wahrscheinlichkeit einer Nahtoderfahrung bei Patienten, die dreißig Tage nach einer Wiederbelebung verstorben waren, signifikant höher als bei anderen Befragten lag. Es war der einzige Unterschied – die Dauer der Bewusstlosigkeit oder des Herzstillstands, die Medikation und auch das Maß der Todesangst unterschieden sich bei dieser Gruppe nicht von den Daten der Patienten, die keine Erinnerung an NTE hatten. Die Autoren der Studie weisen ausdrücklich darauf hin, dass *alle* Patienten, die als klinisch tot gegolten hatten, von solchen Erlebnissen berichten müssten, wäre NTE allein auf physiologische Ursachen zurückzuführen (etwa auf eine Art Fehlzündung im Gehirn aufgrund des Sauerstoffmangels).

Mit dem Nahtoderlebnis geht häufig auch eine außerkörperliche Erfahrung (AKE) einher – das Gefühl, man hätte den eigenen Körper verlassen und würde ihn von oben betrachten. Die meisten Überlebenden eines Herzstillstands haben keine Erinnerung an ihre flüchtige Begegnung mit dem Tod, doch etwa 10 % verfügen über detaillierte Erinnerungen aus dieser Zeit, die von den jeweiligen Medizinern verifiziert werden konnten. Streng genommen dürfte es in einem solchen Moment überhaupt keine Gehirnaktivität geben, erst recht sollte der Patient nicht in der Lage sein, seine Umgebung eingehend wahrzunehmen und sich einzuprägen, und doch behaupten viele, sie hätten über dem eigenen Körper geschwebt und auf die Ärzte geschaut, die verzweifelt um ihr Leben kämpften.

Dr. Sam Parnia, Kardiologe auf der Intensivstation des Universitätskrankenhauses von Southampton, Großbritannien, wollte genauer wissen, was im Geist von Nahtodpatienten vorgeht. In Zusammenarbeit mit fünfundzwanzig Krankenhäusern in den USA und Großbritannien ließ er auf den Reanimationsstationen Bilder platzieren, die man nur von der Decke aus sehen kann. Der Plan war brillant, hatte aber einen Haken: Naturgemäß gibt es nur sehr wenige Patienten, die einen Herzstillstand erstens überleben und zweitens sich so weit erholen, dass sie zu ihren kognitiven und emotionalen Erfahrungen befragt werden können. Entsprechend hatte Parnia einige Mühe, genügend Testpersonen zu finden, damit seine Befunde als statistisch signifikant gelten können. Das letzte Update des Projekts stammt vom April 2011, als Parnia und seine Kollegen ihre Versuche auf Krankenhäuser in Brasilien und Indien ausgedehnt hatten. (Die Studie ist mittlerweile abgeschlossen und kann unter dem Link http://www.horizonresearch.org/Uploads/Journal_Resuscitation_2_.pdf eingesehen werden. Anm. d. Ü.)

LEICHENBLAU

Das Lebenselixier war in Reichweite – doch die sowjetischen Pioniere auf dem Gebiet der Reanimation ahnten es nicht: Sie ließen es sich während des Kalten Kriegs durch die Lappen gehen. Es verbarg sich im fahlblauen Inkarnat des toten Messias auf Peter van der Werffs *Grablegung Christi*, eines jener in

Schloss Rheinsberg gelagerten Gemälde, die die Rote Armee gegen Ende des Zweiten Weltkriegs beschlagnahmt hatte. Um zu klären, wie sich das Elixier in einem flämischen Gemälde verstecken konnte, müssen wir ins Darmstadt des frühen 18. Jahrhunderts reisen, wo der damals noch nicht zum radikalen Pietisten und Alchemisten gewandelte Johann Konrad Dippel versuchte, die Geheimnisse der Sterblichkeit zu ergründen.

Dippel, 1673 als Sohn eines lutherischen Geistlichen in vierter Generation geboren, galt als brillanter, aber schwieriger Mensch. Er reüssierte auf nahezu jedem Gebiet, auf dem er sich versuchte, besaß jedoch das gleichermaßen ausgeprägte Talent, andere zu erzürnen – entsprechend verlief sein Leben zwischen diesen Polen. Nach einem Zwischenspiel als Prediger und Privatdozent in Straßburg fand Dippel zu seiner eigentlichen Berufung: Ein Pastor hatte ihm die Alchemie-Leitfäden *Experimenta* von Raimundus Lullus und Wilhelm Postels *Velamen apertum* in die Hand gedrückt. Dippel, befeuert durch sein unerschütterliches Selbstbewusstsein und in der Überzeugung, dass er innerhalb eines Jahres mithilfe seines Studiums und dieser beiden Bücher Blei in Gold verwandeln würde, erwarb sogleich ein Haus – auf Kredit. Zu seinem Pech aber scheiterten seine alchemischen Versuche, und das nach achtmonatiger Vorbereitungszeit. Als ihn die Geldgeber bedrängten, entschloss sich Dippel zur Flucht.

In der Folge verlegte er sich auf die Iatrochemie, die nach neuen Arzneien sucht. Und gäbe es eine bessere Medizin als das Elixier des Lebens? Dippels Ausgangsstoff war Hirschhorn. Dieses verbrannte er in einer sauerstoffarmen Umgebung, gab die Knochenkohle in einen Destillationsapparat und extrahierte daraus eine übel riechende dunkle Flüssigkeit. Im Glauben, dass dieses Mittel jedes Leiden heilen könne, vermarktete er es als »Dippelsches Thieröl«. Bald nach dessen Entdeckung begann Dippel in Holland ein Studium der Medizin und wurde vorübergehend sogar Leibarzt König Friedrichs I., was ihm zu Einfluss und Bekanntheit verhalf. Und obwohl Tieröle eigentlich schon zu Dippels Zeit aus der Mode kamen, fand sein Elixier bis ins 19. Jahrhundert in den Arzneibüchern noch regelmäßig als Nervenstimulans und krampflösendes Mittel Erwähnung.

In den Jahren der Geweih-Köchelei teilte sich Dippel das Labor mit dem Farbenhersteller Heinrich Diesbach. Als Diesbach eines Tages eine größere Menge Karmesinrot herstellen wollte, fehlte ihm dazu ein beständiges Alkali, also borgte er sich ein wenig von dem Kalisalz, mit dem Dippel zuvor sein wundersames Elixier geklärt hatte, und gab es seiner Mischung bei. Zum großen Erstaunen des Farbenmachers zeigte sich daraufhin ein leuchtend blaues Pigment, tiefer und gesättigter als jedes Blau, das er zuvor gesehen hatte. Zufällig hatte er so eine der ersten synthetischen Farben der Welt erschaffen, Preußischblau, auch Berliner Blau genannt.

Das neue Pigment war ein phänomenaler Erfolg. Es war nicht nur von nie gesehener Intensität (darin, das sollte hier kurz erwähnt werden, Niagara Himmelblau 6B nicht unähnlich), sondern erwies sich auch als farbbeständig und war erschwinglicher als sein nächster Konkurrent, Ultramarinblau. Die Pariser Künstler rissen sich darum. Das Pigment wurde bis nach Japan exportiert, wo es Katsushika Hokusai für seinen berühmten Holzschnitt *Die große Welle vor Kanagawa* wählte. Auch ist es das Blau aus Blaupausen, Silberblau und Wäscheblau. Und das erste Gemälde, dessen Palette nach heutigem Wissensstand Preußischblau enthält, war Pieter van der Werffs *Grablegung Christi*. Dass Dippels Elixier Eingang in ein Kunstwerk finden sollte, das so eng mit dem Thema der Auferstehung und des ewigen Lebens verknüpft ist, ist von geradezu poetischer Schönheit.

Van der Werffs *Grablegung* hatte die Jahrhunderte über in Schloss Sanssouci gehangen, war aber während des Zweiten Weltkriegs als Teil der Königlichen Sammlungen nach Schloss Rheinsberg ausgelagert worden, um den Bombenangriffen durch die Alliierten zu entgehen. Als Rheinsberg an die sowjetischen Truppen fiel, wurde die Sammlung gen Osten verbracht und in russischen Museen präsentiert, sozusagen direkt vor Brjuchonenkos Nase, bis sie 1958 an ostdeutsche Museen zurückgegeben wurde.

Dippels Erfolg auf dem Gebiet der Chemie wie auch sein Ruf als Theologe überschatteten jedoch seine Beiträge zur Medizin. Immerhin publizierte er zu Lebzeiten mehr als sechzig, zum Teil aufrührerische Traktate zu Fragen der Philosophie und Religion und wurde in diesem Kontext sieben Jahre wegen Verleumdung eingekerkert. Von daher überrascht es nicht, dass bald schon Gerüchte von gräulichen Experimenten die Runde machten – wonach er in seinem Elternhaus nahe Darmstadt versuche, die Seele von einem Leichnam in einen anderen zu übertragen. Der elterliche Wohnsitz befand sich, es ist fast zu schön, um wahr zu sein, auf dem Gelände der Burg Frankenstein.

Ist der Wahrheitsgehalt von Berichten über angebliche Wiederbelebungen Verstorbener durch Brjuchonenko und Kuljabko profunder als das Blau, das wir Dippels Thieröl zu verdanken haben? Es besteht kein Zweifel, dass es in der Sowjetunion eine ganze Reihe von Experimenten auf dem Gebiet der Reanimation gegeben hat. In den Archiven finden sich zahlreiche authentifizierte Fotografien von isolierten Hundeköpfen, die einer neugierigen Zuschauerschaft auf Schalen dargeboten werden, als handele es sich um das zeitgenössische Re-Enactment des Martyriums Johannes des Täufers. Auch ebnete die Erfindung des »Kunstherzens«, mit dessen Hilfe Organe außerhalb des menschlichen Körpers am Leben erhalten werden können, der Herzchirurgie den Weg. Brjuchonenko gehörte zu den führenden Persönlichkeiten am Forschungsinstitut für Experimentelle Chirurgie, an dem 1957 in der Sowjetunion die erste Operation am offenen Herzen durchgeführt wurde, vermutlich unter Verwendung einer ähnlichen Herz-Lungen-Maschine, wie Brjuchonenko sie für seine Hunde entwickelt hatte. Im Jahre 1965 wurde ihm posthum der Lenin-Preis verliehen, eine der bedeutendsten Auszeichnungen der früheren Sowjetunion. Brjuchonenkos reanimierte Köpfe und Herzen sind Tatsache. Viele halten seinen Film schlicht für sowjetische Propaganda. Das ist zweifellos richtig; schließlich entstand er während des Zweiten Weltkriegs, und die Alliierten entwickelten – und demonstrierten – fortwährend neue Technologien, mit denen sie den Krieg zu gewinnen hofften. Natürlich befanden sich darunter auch Mittel und Wege, die Soldaten vor dem Tod auf dem Schlachtfeld zu bewahren. Das bedeutet jedoch nicht, dass es sich bei dem Inhalt des Films um reine Fiktion handeln muss: Die Experimente waren ohne Frage für die Kamera gestellt, dennoch waren sie für die Arbeit des Labors repräsentativ. Und noch heute steht im Moskauer Bakulev Wissenschaftszentrum für Kardiovaskuläre Chirurgie ein Prototyp des Autojektors, der für den Einsatz am Menschen bestimmt war.

Trotz allem bleibt die Frage, ob man mithilfe des Autojektors wirklich einen Menschen von den Toten auferwecken könnte. Denn schon neunzig Sekunden nach Eintritt des klinischen Todes nimmt das menschliche Gehirn Schaden; ohne Sauerstoff und Nährstoffe stirbt es als erstes Organ im Körper ab. Und so jagen wir wohl vergeblich der Vorstellung hinterher, wonach Brjuchonenko ein Säugetier, ob Hund oder Mensch, wiederbelebt haben soll, das seit Stunden, wenn nicht Tagen tot war. Ebenso fern liegt die Annahme, dass seine Versuchstiere, mag ihre Begegnung mit dem Tod auch noch so kurz gewesen sein, keine irreparablen Schäden davongetragen haben sollen – dieser Behauptung werden für alle Zeiten der schlurfende Gang und der tote Blick von Robert Cornishs bedauernswertem Lazarus entgegenstehen.

3

K.-O.-TROPFEN
& CO.

Der Biene gleich in Trebisund,
Die um die schönsten Blüthen irrt,
Gift saugend aus unschuld'gem Rund,
Bis Tolltrank dann ihr Honig wird!

Thomas Moore, *Lalla Rukh* (1817)

WEDER DEN *BOKORS* DER KARIBIK noch den Medizinern unserer Raumfahrt-Ära ist es bislang gelungen, Menschen von den Toten zu erwecken, aber vielleicht können sie ja die Kontrolle über ein fremdes Bewusstsein erringen – und wäre ein lebender Zombie nicht mindestens so gut wie ein toter? Immerhin hatte der Ethnobiologe Wade Davis im Zuge seiner eigentlich in eine andere Richtung zielenden Forschungen an Zombipulvern festgestellt, dass diese dissoziative Halluzinogene enthalten – Substanzen, die das Gefühl bewirken, man wäre von der Außenwelt oder gar der Realität insgesamt losgelöst. Wenn derlei Extrakte und Techniken existieren, sind die *Bokors* mit Sicherheit nicht die Einzigen, die darum wissen.

Die Geschichte liefert uns zahlreiche Belege. So konnten der Sage nach die Bienen von Trapezunt eine jede Frau und einen jeden Mann in den Wahnsinn treiben. Tatsächlich führte anno 401 v. u. Z. Xenophon nach einer Schlacht in Persien zehntausend griechische Söldner durch das Gebiet der heutigen Türkei. In ihrem Hunger plünderten Xenophons Truppen die Stöcke der Wildbienen, die in den dortigen Wäldern lebten. Der Honig war süß und köstlich, vor allem war er zuckerhaltig und hätte den Soldaten die nötige Energie für den Rückmarsch liefern sollen. Doch eine Tollheit rang sie nieder. Manche waren nur leicht betroffen und stolperten umher, als wären sie betrunken; andere hatten weniger Glück: Ihre Kräfte ließen derart nach, dass sie sich mit ihrer Rüstung nicht mehr auf den Beinen halten konnten. Hunderte, wenn nicht gar Tausende, streckte es nieder, ein Anblick wie auf den

Schlachtfeldern, die Xenophons Männer gerade hinter sich gelassen hatten – doch es war kein Feind in Sicht.

Was also machte aus den Bienen von Trapezunt derart Verderben bringende Geschöpfe? Sie unterscheidet wenig von anderen ihrer Art: Sie sind weder größer noch angriffslustiger als andere Bienen, und auch ihr Stich ist nicht gefährlicher als der irgendeiner anderen Honigbiene. Insgesamt wirken die Bienen von Trapezunt keinen Deut anders als gewöhnliche Honigbienen, und dieser Eindruck täuscht nicht. Die Bienen nämlich sind nicht die Quelle für das Ungemach, es ist der Honig: Er mag zwar wie gewöhnlicher Honig aussehen und schmecken, doch er ist hochtoxisch. Der Honig von Trapezunt ist ein Narkotikum, das Erbrechen, Stupor, Schwäche, Halluzinationen, Lähmungen und (manchmal) sogar den Tod zur Folge hat.

Die Sage um die schonungslose Macht dieses ganz besonderen Seims fand sich ein weiteres Mal im Jahre 67 u. Z. bestätigt, als der römische General Pompeius der Große seine Armee an den südlichen Ufern des Schwarzen Meers entlangführte. Die Ortsansässigen legten Waben entlang der Route aus, denen die Römer gewiss nicht widerstehen würden. Und wirklich setzte das Gift die Römer schon bald außer Gefecht, und ihre Feinde nutzten den Schlummer, um sie abzuschlachten.

Im Anschluss an die Niederlage des Pompeius wurde es gängige Kriegslist, seine Feinde mit dem giftigen Honig zu ködern. Im Jahre 946 u. Z. attackierten und töteten Gefolgsleute der Regentin Olga von Kiew ein Bataillon von fünftausend Russen, nachdem sie ihnen Honigwein offeriert hatten – Fässchen mit fermentiertem Honig aus Trapezunt. Fünfhundert Jahre später traf ein Kontingent tatarischer Soldaten ein ähnliches Schicksal, als russische Soldaten, womöglich im Gedenken an die Niederlage ihrer Vorfahren, ein »verlassenes« Lager mit Fässern voller Met präparierten.[15]

Die Bienen von Trapezunt trifft an dieser Aufrüstung keine Schuld. Die Wirkung des Honigs wird durch Acetylandromedol ausgelöst, einem Toxin aus dem Nektar der gelb blühenden Rhododendron-Art *Azalea pontica*, die in der Region flächendeckend vorkommt. Acetylandromedol ist in vielen Rhododendron-Gewächsen nachweisbar, und überall, wo ein gemäßigtes Klima herrscht und entsprechende Pflanzen heimisch sind, gibt es Vorfälle mit Tollhonig. Giftiger Honig kann auch entstehen, wenn Bienen toxische Pflanzen wie Rosmarinheide, Berglorbeer, Gerberstrauch, Korkholz oder Oleander anfliegen; außerdem hört man immer wieder Bedenken, dass auch die Nähe zu Mohnfeldern oder Cannabisfarmen drogenhaltigen Honig produzieren könne. Jedenfalls haben schon die Imker der Römischen Antike ein wachsames Auge darauf gehabt, welche Pflanzen in der Umgebung ihrer Stöcke wuchsen.

Doch nicht nur Imker wissen um die Kapitulation der menschlichen Vernunft. Mit der richtigen Speise kann man eine ganze Stadt in den Wahnsinn treiben, falls Ihnen nach so etwas der Sinn steht.

---

15 An dieser Stelle sollte darauf hingewiesen werden, dass der Genuss von Honig aus Trapezunt nicht grundsätzlich zum Tod führt. Der sogenannte *miel fou* (Tollhonig) fand lange Zeit reißenden Absatz bei Schankleuten, die ihn in ihre Getränke mixten. Im Mittelalter exportierte die Ursprungsregion des Honigs jährlich fünfundzwanzig Tonnen, die den Gehalt eines manchen Trunks noch steigerten.

ZERFRESSENE GEHIRNE

Im Oktober 1950 wurden der Allgemeinarzt Dr. Donald Johnson und seine zweite Ehefrau Betty aufgrund einer rapiden und dramatischen Verschlechterung ihrer geistigen Verfassung in die Psychiatrie des Oxforder Warneford-Krankenhauses eingewiesen. Das Paar hatte in einem Hotel logiert, dem Marlborough Arms Inn in Woodstock, etwa acht Meilen vom Krankenhaus entfernt. Dort waren beide von einer ihnen unerklärlichen, jedoch wachsenden Angst befallen worden. Donald Johnson war der festen Überzeugung, die Telefone seien verwanzt, und seine Post würde abgefangen; Betty Johnson hingegen klagte, dass ihr das Portrait eines lachenden Reiters fortwährend und höchst anzüglich zuzwinkern würde. Schnell wuchsen sich diese kleinen Verstörtheiten zu einer regelrechten Paranoia aus. Die Hotelangestellten machten sich immer größere Sorgen um das Paar, besonders wegen Donald Johnsons »torkelnder Bewegungen und seltsamer Anfälle automatischen Sprechens«. Das Paar wurde in Gewahrsam genommen und in die Psychiatrie eingewiesen.

Betty, der es nach einigen Tagen wieder besser ging, wurde daraufhin entlassen, Donald aber verharrte in einem »Zustand mentaler Erregtheit« und wurde von »sexuellen Einbildungen der derbsten und intimsten Art« gepeinigt. Zudem stand er unter dem Eindruck, dass politische Widersacher, Kommunisten womöglich, ihn als Geisel genommen hätten und ihn töten wollten. Dann trat ein radikaler Gesinnungsumschwung ein – plötzlich waren ihm seine Kidnapper gewogen, angeblich unterzog man ihn einer geheimen Ausbildung für eine hochrangige Regierungsposition. An der Aktion waren seiner Meinung nach auch die anderen Insassen beteiligt, ihnen allen stand eine Mission in Zentralasien bevor. Ein andermal war er überzeugt, dass ihn ein Posten bei den Vereinten Na-

tionen erwarten oder er zum Gemahl für Prinzessin Marga-
ret gerüstet würde. In Momenten der Klarheit klagte Donald,
dass er vergiftet worden sei, man ihm irgendeine Substanz
eingeflößt habe, die ihn um den Verstand brachte. Niemand
schenkte seinen Vorwürfen Gehör, und als er den Verdacht
seiner Frau gegenüber äußerte, zischte sie nur: »Sag so was
bloß nicht. Die lassen dich hier nie raus«, und dann, im strengen Tonfall der leidgeprüften Ehefrau: »Hör endlich mit diesem Unsinn auf.« Als Donald Johnson aufging, dass Ehe und
Beruf litten, fasste er den Entschluss, gesund zu werden, und
nach sieben Wochen in der geschlossenen Abteilung wurde er
als vollständig geheilt entlassen.

Donald Johnson sollte ein Leben lang der Überzeugung
bleiben, dass er einem Giftanschlag zum Opfer gefallen war.
Kaum hatte er Warneford verlassen, suchte er Rat bei einem
Kollegen in der geschichtsträchtigen Londoner Harley Street.
Der Spezialist musste einräumen, dass Johnsons Symptome
Ähnlichkeit mit einer Intoxikation durch *Datura* (Stechapfel),
Opium oder »indischen Hanf« aufwiesen – mit sogenannten Freizeitdrogen also. Johnson bestand darauf, dass er wil-
lentlich keine dieser Drogen konsumiert habe. Wer ihn vergiftet hatte, und aus welchem Grund, blieb ein Rätsel. Und
obwohl Johnson keinen konkreten Hinweis darauf hatte, dass
tatsächlich eine der genannten Drogen für seinen Aufenthalt
in der Psychiatrie verantwortlich war, entwickelte er sich zu
einem leidenschaftlichen Gegner jeglichen Drogenkonsums.
Im Jahre 1951 fand sein Misstrauen illegalen Drogen gegenüber neue Nahrung, als die Zeitung *Sunday Graphic* eine düs-
tere Prophezeiung aussprach: Der Haschisch-Wahn sei eine
Gefahr für die nationale Gesundheit und »die größte soziale
Bedrohung, die dieses Land je erlebt hat«, hieß es reißerisch.

Dann stieß Johnson im selben Jahr in der August-Ausgabe

des *Lancet* auf mehrere dringliche Berichte aus dem französischen Pont-Saint-Esprit. Die Einwohner des Städtchens waren gleichsam über Nacht dem Wahnsinn anheimgefallen, sie sprachen wirr, litten unter Halluzinationen und Anfällen, es kam sogar zu gewalttätigen Übergriffen. Das war Johnsons Schrecken, an einem neuen Ort. Die Berichte entsprachen exakt seinen Erlebnissen. Die Manie von Pont-Saint-Esprit jedoch hatte Hunderte befallen; an ihrem Ende sollten vier Todesopfer und zahlreiche Fälle permanenten Wahns stehen. Johnson grub tiefer.

Einen Monat später stieß er im *British Medical Journal* auf einen Artikel, in dem drei Ärzte – Dr. J. Gabbai aus Pont-Saint-Esprit und zwei Kollegen aus den Krankenhäusern der Region – Einzelheiten darlegten. Alle Betroffenen waren demnach am selben Tag, dem 15. August, einem bis dahin unidentifizierten Toxin ausgesetzt gewesen, auch wenn sich die Symptome bisweilen erst achtundvierzig Stunden später gezeigt hatten. Das erste Anzeichen war eine plötzliche Angst, auf die körperliche Beschwerden wie Brechreiz, Bauchschmerzen und Durchfall folgten. Erreichte das Gift das Nervensystem, verspürten die Opfer wechselweise Hitze- und Kältewellen. Der Herzschlag verlangsamte sich und wurde schwächer, der Blutdruck sank so stark, dass es zur Ohnmacht kam. Bei Berührung fühlten sich die Patienten kalt an. Sechs Tage nach der Einnahme des Giftes traten Muskelkrämpfe auf, die Extremitäten wurden eisig kalt, die Pupillen waren geweitet, die Haut kribbelte schmerzhaft. In manchen Fällen schlug das Herz so schwach, dass die Ärzte keinen Puls mehr fühlen konnten. Seltsamerweise aber verbesserten sich die körperlichen Reflexe der Kranken. Doch das Sonderbarste sollte erst noch kommen.

Obwohl die Opfer stark geschwächt waren, fanden sie keinen Schlaf mehr. Die Insomnie wurde sogar das bestimmende Charakteristikum des Ausbruchs, denn sie war das häufigste Symptom. Tagelang litten die Dorfbewohner unter ihrem Wachsein; zudem schwitzten sie stark, und nicht nur den Ärzten, auch den Patienten selbst fiel der seltsame Geruch ihrer feuchten Laken auf. Die Opfer sprachen plötzlich unaufhörlich, die Bewegungen wurden unkoordiniert. Sie strampelten in ihren Betten herum, weil ihnen angeblich Insekten über die Haut krabbelten. Der Traum, normalerweise auf das Reich des Schlafs beschränkt, drängte heimatlos in die Welt des Tages. Manche der Patienten litten unter hochgradig verstörenden Halluzinationen. Dr. Gabbai hierzu:

>Logorrhoe, agitierte Psychomotorik und absolute Insomnie waren in allen Fällen die Vorboten der mentalen Affektion. Zum Abend hin tauchten Halluzinationen auf, die an die Symptome von Alkoholmissbrauch erinnerten. Besonders häufig kam es zu Trugbildern von Tieren und Flammen. Die Visionen waren sämtlich flüchtig und unbeständig. Auf sie folgte bei vielen Patienten ein traumähnliches Delirium. Dieses schien ein systematisiertes zu sein, es kam zu Halluzinationen von Tieren und zu Selbstvorwürfen, manchmal war es auch mystischer oder makabrer Natur.«

Um die Patienten aus diesem Wahn zu lösen, schrien die Pfleger sie an, schüttelten sie, doch die Alpträume kehrten stets nur Sekunden später wieder. Wurde ein Patient fixiert, steigerte sich die Panik. Auch der Postbote des Ortes, Leon Armunier, wurde auf seiner Runde von Visionen übermannt, er sah Feuer und Schlangen, die sich um seine Arme wanden. Er kam nach Avignon, in eine Zwangsjacke und ein Zimmer zu drei jungen Männern aus dem Dorf, die unter ähnlichen Symptomen litten und man an ihre Betten gefesselt hatte. Noch sechzig Jahre später berichtete Armunier einem Reporter der BBC: »Meine Freunde hatten durch das Fenster fliehen wollen. Sie haben wild um sich geschlagen ... und geschrien, und dann das Quietschen der Metallbetten unter ihren Sprüngen ... Der Lärm war infernalisch. Lieber sterbe ich, ehe ich so etwas ein zweites Mal erlebe.« Zwei Dorfbewohnern gelang es tatsächlich, auf der Flucht vor imaginären Tieren durch ein Klinikfenster zu entkommen.

Derart heftige Symptome traten erst zehn bis zwölf Tage im Anschluss an die ersten Berichte auf. Gabbai schätzt, dass ein Viertel der rund 150 Patienten, die einen Arzt aufsuchten, von massiven Wahnvorstellungen geplagt wurde. Viele Opfer aber hatten nur leichte Beschwerden, eine kurzfristige Beeinträchtigung der Verdauung, und mussten nicht einmal ärztliche Hilfe in Anspruch nehmen.

Damals einigten sich die meisten Experten darauf, dass nur ein Ergotismus als Ursache infrage kam, eine Vergiftung mit Mutterkorn, die auch unter dem Namen Antoniusfeuer bekannt ist. Der parasitäre Mutterkornpilz (*Claviceps purpurea*) befällt Roggen und andere Gräser mit offenen Blüten und bildet dunkle granulöse Sklerotien an der Stelle des eigentlichen Korns aus. Werden befallene Ähren zu Mehl verarbeitet, gelangen die toxischen Alkaloide ins Brot und verursachen Krämpfe und Muskelspasmen. Die Franzosen reden vom *pain maudit* – vom »verfluchten Brot«. Bei manchen Patienten verringert ein Ergotismus die Blutzufuhr in die Extremitäten, die daraufhin erkalten, in schweren Fällen kann es zu Wundbrand kommen. Die meisten Ausbrüche treten in Phasen kühlen, feuchten Wetters auf.

Der Mutterkornpilz gehört zu den ältesten bekannten

Kornkrankheiten. Bereits eine assyrische Schrifttafel aus dem Jahre 600 v. u. Z. beschreibt ihn als »bösartige Pustel auf der Getreideähre«. Ein weiterer schwerer Ausbruch muss sich im Jahre 857 u. Z. im Rheintal ereignet haben. So vermerkt ein Chronist, dass »eine große Plage in Gestalt geschwollener Blasen die Menschen mit einer abscheulichen Fäulnis verzehrte, so dass sich die Glieder lockerten und noch vor dem Tode abfielen«. Wahrlich ein verfluchtes Mahl. Im Jahre 1676 stellte der französische Botaniker Denis Dodart dann endlich den Zusammenhang zwischen dem Pilz und dem Ausbruch des Antoniusfeuers her. Im 19. Jahrhundert traten kaum noch Fälle auf, da die Farmer ihr Getreide nun auf das Pilzwachstum hin kontrollieren konnten, doch die Gefahr ist auch heute nicht gebannt. Noch 1975 ließen sich in Indien achtundsiebzig Fälle, bei denen der Ergotismus in seiner konvulsiven Form mit Delirium und Halluzinationen aufgetreten war, auf verunreinigte Gerste zurückführen; zwei Jahre später verstarben siebenundvierzig Menschen aus der Wollo-Provinz, Äthiopien, durch einen Pilzbefall des Hafers. Auch eine Wundbrandepidemie in der äthiopischen Arsi-Zone wurde auf Ergotismus zurückgeführt.

Doch bei der Klärung der Vorfälle von Pont-Saint-Esprit war eine Vergiftung mit Mutterkorn nur eine Theorie. Einige Ärzte mutmaßten, dass Quecksilber, durch unsachgemäßen Gebrauch von Pestiziden in Nahrung und Wasserquellen gelangt, für die Symptome verantwortlich sei, andere glaubten, dass mit Fungiziden behandeltes Getreide nicht ausgesät, sondern gemahlen worden sei, wieder andere, dass die örtlichen Silos von Schimmel befallen oder illegale Zusatzstoffe zum Bleichen von Mehl verwandt worden seien. Fast alle aber sahen den Schuldigen im Brot. Ausgerechnet ein »Lebensmittel« hatte die Menschen in Zombies verwandelt.

Donald Johnson ärgerte sich über die Berichte in den Fach-zeitschriften. Er glaubte an eine andere Ursache und machte sich auf nach Pont-Saint-Esprit, um Betroffene wie auch de-ren Ärzte zu befragen, und durchkämmte den Ort nach neuen Hinweisen. Denn der wahre Schuldige, so hatte er beschlos-sen, war nicht Brot, sondern Hanf, der in der Gegend wild an den Feldrändern wuchs – Abkömmlinge illegaler Plantagen oder Erben einer in Vergessenheit geratenen Feldfrucht (im-merhin hatte Hanf jahrhundertelang als Rohstoff für hoch-wertige Fasern gedient). Damit hatte Johnson einen ohnehin schon kriminalisierten Übeltäter, der sich für eine Anklage und Verurteilung geradezu anbot. Johnson entschied sich, seinen sensationellen Befund über die Presse zu verbreiten. 1952 sagte er dem *Daily Mirror*: »Es besteht überhaupt kein Zweifel, dass der Ort deshalb dem Wahnsinn anheimgefallen ist, weil er unter den Einfluss von Marihuana geraten ist ... Es liegt nahe, dass es versehentlich mit dem Getreide abgeerntet wurde.«

Bis zu seiner Pensionierung blieb Johnson ein entschiede-ner Gegner von Cannabis und anderen Freizeitdrogen. Seine Haltung war dennoch vielschichtig – im Gegensatz zu vie-len zeitgenössischen Moralpredigern ging es ihm, wie man es von einem Arzt erwarten sollte, vorrangig um die gesund-heitlichen Folgen des Drogenkonsums. Von 1954 bis 1964 war Johnson auch politisch aktiv und vertrat als konservativer Ab-geordneter den Wahlbezirk Carlisle im britischen Parlament. In dieser Funktion engagierte ausgerechnet er sich gegen ein geplantes Verbot von verschreibungspflichtigem Heroin, aber auch für Verbesserungen bei den Aufnahmeprotokollen und der Führung psychiatrischer Kliniken. Auch genossen für sein Empfinden Pharmazeutika ein viel zu hohes Ansehen gegen-über traditionellen Heilmitteln wie dem Bittersalz, gleichzeitig aber kämpfte er gegen den Vorschlag der britischen Regierung, Wunderheiler in das Rahmenwerk des National Health Service, des staatlichen Gesundheitssystems, einzugliedern. Zweifelsohne war Johnson ein wohlmeinender, wenn auch eigensinniger Charakter mit einem leicht übersteigerten Selbstwertgefühl. So findet sich unter den sage und schreibe fünf Büchern, auf die er seine Autobiografie ausgedehnt hat, auch der 1967 verfasste Band *A Cassandra at Westminster* (Die Kassandra von Westminster), eine durchaus ernst gemeinte selbstreferentielle Anspielung auf die trojanische Seherin, deren Prophezeiungen auch niemand Glauben schenken wollte und die sich am Ende doch sämtlich und schmerzlich bestätigen sollten.

AGENTEN IM DROGENRAUSCH

Eines der Toxine aus dem Mutterkornpilz – Ergotamin – ist eine unmittelbare Vorläufersubstanz von LSD, und dieser Tatsache entspringt auch eine weitere drogenwahnsinnige Theorie, die die Vorkommnisse von Pont-Saint-Esprit erklären soll. Im Jahre 2009 behauptete nämlich der US-amerikanische Journalist und Autor Hank Albarelli, er sei im Besitz von Beweisen für ein geheimes Experiment mit LSD, das man unweit der Ortschaft durchgeführt habe. Unter den Dokumenten, die Albarelli ausgegraben hat, befindet sich die angebliche Abschrift eines Gesprächs, das 1954 zwischen einem CIA-Agenten und einem Vertreter des Chemieunternehmens Sandoz stattgefunden haben und in dessen Verlauf dem Forscher nach diversen Drinks herausgerutscht sein soll: »Das ›Geheimnis‹ von Pont-Saint-Esprit ist doch – dass es nicht am Brot lag… Das hatte nichts mit Mutterkorn zu tun.«

Sandoz, das Unternehmen, in dem im November 1938 zum

ersten Mal Lysergsäurediethylamid synthetisiert worden war, war zur damaligen Zeit der weltweit einzige Produzent von LSD. Die Entdeckung beruht auf einem Zufall: Albert Hofmann hatte als junger Chemiker die gemeinsamen Charakteristika von Mutterkorn und Blaustern untersucht, der da schon seit Langem in der traditionellen Medizin Anwendung fand. Fünf Jahre später, inmitten des Zweiten Weltkriegs, sollte Hofmann dann die mächtige Wirkung der Droge entdecken.

Zwar fiel Albarellis Theorie nicht gerade auf fruchtbaren Boden, doch lässt sich kaum bezweifeln, dass sich die CIA tatsächlich ziemlich bald für LSD interessierte. In der Agency herrschte große Angst, dass sowjetische Wissenschaftler über Mitteln und Wegen brüten könnten, sogenannte Schläfer zur Infiltration US-amerikanischer Institutionen zu erschaffen, Spione, die man einer derart raffinierten Gehirnwäsche unterzogen hatte, dass ihnen ihre Tätigkeit nicht einmal bewusst war. Die CIA war fest entschlossen, diesem vermeintlich doppelten Spiel der Russen den Boden zu entziehen und es lieber selbst zu wagen. Also wurde 1953 das Forschungsprogramm MKULTRA ins Leben gerufen, mit dem Ziel, Techniken zur Bewusstseinskontrolle zu entwickeln.

In der aufgeheizten und paranoiden Atmosphäre des Kalten Kriegs gebar MKULTRA dank großzügiger finanzieller Mittel, vollständiger Intransparenz und mangelnder staatlicher Aufsicht einen Fiebertraum, der den bizarren Schreckensbildern der Einwohner von Pont-Saint-Esprit in nichts nachstand. Das Programm erstreckte sich auf insgesamt achtzig Institutionen, darunter Colleges, Labore, Krankenhäuser, Gefängnisse und Bordelle. Auch rekrutierte die CIA Mitglieder der US Army's Special Operations Division (der ehemaligen Division für Spezialoperationen) aus Fort Detrick, Maryland, um die Wirkung von LSD zu untersuchen. Doch die Agenten gaben die

Droge auch an Unbeteiligte aus, gewöhnlich ohne deren informierte oder auch ganz ohne deren Einwilligung. Ein Patient einer psychiatrischen Einrichtung in Kentucky erhielt ein halbes Jahr lang täglich LSD. An der Operation Midnight Climax waren Prostituierte aus New York und San Francisco beteiligt, die für die CIA arbeiteten und ihre Freier an Orte brachten, wo die ahnungslosen Männer heimlich unter Drogen gesetzt und durch Einwegspiegel beobachtet wurden. Einige Agenten verstiegen sich sogar dazu, Freunden und Kollegen die Droge in den Drink zu mischen, was zu einem der größten Skandale im Zusammenhang mit MKULTRA geführt hat: dem Fall Frank Olson.

Olson war als Wissenschaftler in einem Labor für biologische Kriegsführung der US-Army tätig. In einem Erholungsheim in Deep Creek Lake, Maryland, wurde ihm ein Glas Cointreau gereicht, das mit LSD versetzt war. Den offiziellen Berichten zufolge vertrug er die Droge ausgesprochen schlecht. Olson plagten Verfolgungswahn und Depressionen, am Ende erlitt er einen Nervenzusammenbruch. Man schickte Olson zu einem Psychiater nach New York, dem gegenüber er den Wunsch geäußert haben soll, die Forschung an bakteriologischen Waffen aufzugeben und ein neues Leben zu beginnen. Kurze Zeit später stürzte sich der dreifache Familienvater aus seinem Hotelzimmer im zehnten Stock. Als später die Umstände seines Todes offenbar wurden, gab die CIA zu, Olson ohne dessen Wissen unter Drogen gesetzt zu haben, und zahlte der Familie im Zuge einer außergerichtlichen Einigung eine Entschädigung von 750 000 US-Dollar. Seither ranken sich wilde Verschwörungstheorien um den exakten Ablauf der Ereignisse. So vertritt eine Partei die Auffassung, Olson sei tatsächlich selbstmordgefährdet gewesen, die andere, dass ihn sein vermeintlicher Mangel an Loyalität das Leben gekostet habe.

Ab 1964 wurde das MKULTRA-Programm allmählich reduziert, ein Jahrzehnt später ganz eingestellt. Beweise für die Existenz des Projekts kamen überhaupt erst während einer Untersuchung über illegale Informationsbeschaffung in Folge der Watergate-Affäre ans Licht, die das eigens hierfür berufene »Church Committee« leitete, den Sonderausschuss des US-Senats. Im Rahmen von MKULTRA hatte die CIA nicht nur mit LSD experimentiert, sondern auch mit der Wirkung von Beschallung, Schlafentzug, sexueller Erpressung, Hypnose, einer Vielzahl anderer Drogen und allerlei sonstigen Mittelchen aus dem Arsenal der Spionagekunst. Vermutlich wird das wahre Ausmaß des Programms niemals offenbar, da der damalige CIA-Direktor Richard Helms nach dessen Beendigung die Vernichtung allen Materials angeordnet hatte – sehr zum Leidwesen all derer, die zu erfahren gehofft hatten, ob die CIA nun eine Zombie-Droge gefunden hatte oder nicht.

REKRUT MIT LEIB UND SEELE

Bewusstseinsverändernde Drogen gehören seit Anbeginn der Geschichte (und womöglich seit Anbeginn der Menschheit) zu unserem Leben. Mit ihrer Hilfe enträtselt der Mystiker die Zukunft und der Schamane die Gegenwart. Trotzdem nehmen sich sämtliche Versuche, unser Wissen über die Wirkungsweise von Drogen mit präzise definierten psychiatrischen Zielen zu vereinen, gemessen an unserem Vermögen, die entsprechenden Pharmazeutika ihrer körperlichen Wirkung wegen einzusetzen, geradezu kläglich aus.

Seit alten Zeiten wurde beispielsweise Mutterkorn – daher auch sein deutscher Name, Anm. d. Ü. – als wehenauslösendes und gefäßverengendes Mittel angewandt, als natürliche Medizin bei Geburt und postnatalen Blutungen. Dennoch ist es bislang niemandem gelungen, die beunruhigenden Effekte einzudämmen, die der Schimmelpilz auf den Geist ausübt. Das gilt für viele Halluzinogene – für den ergebnisoffenen Orakelspruch sind sie dienlich, doch als Wahrheitsserum, Gedächtnisblocker, Mittel zur Gedankenkontrolle oder gar Zombifizierung taugen sie nicht. Was natürlich nicht heißt, dass so etwas nicht längst versucht wurde.

Eine Theorie zum Ursprung des englischen Begriffs »assassin«, Attentäter, leitet den Ausdruck von seinem persisch-arabischen Äquivalent *hashshashin* her, wörtlich übersetzt »Haschisch-Esser«. Deren Anführer Hasan-i-Sabbah, der Alte vom Berge, ließ Marco Polos Berichten zufolge die neuen Rekruten Haschisch konsumieren und führte sie dann in einen Festungsgarten voll der wundersamsten Dinge. Jegliche Art von Frucht gedieh dort, die Dächer waren mit Gold gedeckt, Milch und Honig, Wasser und Wein flossen in Strömen. Frauen, so schön, wie die Männer sie noch nie gesehen hatten, und geübt darin, sie zu erfreuen, empfingen die Novizen. Die Frauen in dem Garten wussten jedes Instrument zu spielen und besaßen zauberhafte Stimmen. Den total bedröhnten Männern muss dieser sehr planvoll angelegte Garten wie der Himmel vorgekommen sein, den ihnen der Koran verspricht. Wenn sie irgendwann erschöpft einschliefen, brachten Hasan-i-Sabbahs Gefolgsleute sie in die Außenwelt zurück, wo sie durchfroren und hungrig wieder zu sich kamen, in der festen Überzeugung, dass ihr Meister ihnen einen Einblick in das Leben nach dem Tod gewährt hätte. Nun, wo sie wussten, welches Paradies sie im Jenseits erwartete, folgten sie jedem Befehl, bereitwillig und ohne Furcht vor dem Tod.

Die Assassinen, oder zumindest jene Getreuen Hasan-i-Sabbahs, auf die sich der Name bezieht, sind historisch verbrieft. Es handelt sich hierbei um die Gruppe der Nizari-Ismailiten, die sich vom schiitischen Kalifat der Fatimiden abgespalten hatten. Im Grunde ähnelte ihr Vorgehen dem christlichen Templerorden – jener militanten Sekte, die sich zur Stärkung der Kreuzzüge durch die katholische Kirche gegründet hatte, später aber im Geheimen operierte.

Zweifellos wird die Verheißung und Illusion des Nirwana unter dem Einfluss von Cannabis die Furchtlosigkeit und Loyalität der Assassinen gestärkt haben, die Droge war dennoch nur das Mittel, die Hingabe der Männer zu verfestigen, hervorgebracht hat sie sie nicht. Außerdem muss man Hasan-i-Sabbahs himmlischen Garten und seine Neigung zur Gabe von Haschkeksen wohl eher dem Bereich der unterhaltsamen Fiktion zuschreiben. Mike Jay, der zahlreiche Bücher über die soziale Rolle von Drogen verfasst hat, verweist denn auch auf eine weniger farbige Übersetzung des arabischen Wortes *hashshashin*: Im 12. Jahrhundert war es wohl der gebräuchliche Begriff für »Gesetzlose« und »Gesindel«. Dennoch, so Jay, ist damit keinesfalls ausgeschlossen, dass nicht doch irgendwelche Drogen im Spiel waren, denn leicht dürfte sich ein Trupp von Meuchelmördern nicht kontrolliert und befehligt haben.

Der wissenschaftliche Name für die Gattung Datura verdankt sich dem Hindi-Wort *dhatura*, Stechapfel. Die dornige runde Baumfrucht ist mit der Schwarzen Tollkirsche, dem Bilsenkraut und Tabak verwandt, die alle unterschiedlich stark toxisch sind, aber auch mit so gewöhnlichen und weit verbreiteten Feldfrüchten wie Kartoffeln, Tomaten oder Peperoni.

Pflanzen der Gattung Datura wurden aufgrund ihrer dissoziativen Eigenschaften schon seit der Antike kultiviert, und zu den Nutznießern ihrer Wirkung gehören die alten Griechen ebenso wie die Ureinwohner des amerikanischen Kontinents, etwa die Azteken oder die Navajo-Stämme. (An dieser Stelle der Hinweis, dass der Konsum der Droge schwere körperliche Nebenwirkungen mit sich bringt.) Die Pflanze enthält halluzinogene Alkaloide, allen voran Atropin und Scopolamin, eine wirkmächtige Substanz, die bei vielen Beruhigungsmitteln Anwendung findet, aber auch bei Arzneien gegen Reiseübelkeit oder Seekrankheit. Im 19. Jahrhundert rief man mithilfe einer Scopolamin-Morphium-Mischung den sogenannten Dämmerschlaf hervor, zur Linderung der Geburtsschmerzen. Das Ziel war allerdings nicht die schmerzfreie Geburt, sondern die *erinnerungsfreie* Geburt. Frauen, die ihr Kind unter dem Einfluss dieser Drogen auf die Welt gebracht hatten, konnten sich das Erleben später nicht mehr ins Gedächtnis rufen. Als man feststellte, dass das Mittel schädliche Auswirkungen auf das Neugeborene hatte, wurde es aus dem Verkehr gezogen. So verwundert es nicht, dass die Unterarten von Datura eine ganze Reihe sprechender Beinamen erhalten haben: Tollkraut, Mondblüte, Teufelskraut, Engelstrompete, Teufelsapfel.

Doch die Pflanze wurde auch für weit schändlichere Zwecke eingesetzt. In einer Ausgabe der *World Press Review* aus dem Jahre 1994 berichtet die Journalistin Anne Proenza von einer Epidemie von Raubüberfällen in Bogotá, bei denen Drogen massiv im Spiel waren. In den 1970er-Jahren hatten kolumbianische Gangs damit begonnen, die wesentlichen Toxine des *borrachero*-Baumes zu extrahieren, einer Datura-Art, deren lokale Bezeichnung sich mit »Berauscher« übersetzen lässt.[16] Ein Extrakt dieser Pflanze, ein weißes Puder, das als *Burundanga* bekannt ist, ist geschmacks- und geruchsneu-

---

16 Der Name kommt von dem spanischen Begriff *emborracharse*, wörtlich »trunken werden«. Die Konquistadoren glaubten, dass jeder, ob Mensch oder Tier, der im Schatten dieses Baumes ruhte, in den Wahnsinn getrieben würde.

tral und zudem leicht wasserlöslich – was für Menschen mit
krimineller Gesinnung ausgesprochen nützliche Eigenschaften sind. Den ahnungslosen Opfern wurde *Burundanga* ins
Essen oder Getränk gemischt, und wenn die Überfallenen
Stunden oder auch Tage später wieder zu sich kamen, besaßen sie keinerlei Erinnerung an das Geschehene. Wer Glück
hatte, verlor dabei lediglich seine Wertgegenstände und sein
Wochenende. Laut Proenza mussten sich jedes Wochenende
zwischen fünfzehn und zwanzig Opfer einer *Burundanga*-Ver-
giftung in der Notaufnahme des Kennedy-Krankenhauses in
Bogotá behandeln lassen.

Das, wie gesagt, wenn man Glück hatte. Denn solange jemand unter dem Einfluss der Droge stand, befand er oder sie
sich in einem der Zombifizierung recht ähnlichen Zustand
und führte aus, was immer der Kidnapper auch verlangte.
Hierzu ein Zitat aus Proenzas Artikel, das von einem Dr. Ca-
milo Uribe aus der Toxikologie des Universitätskrankenhauses
von Bogotá stammt:

> »Das Opfer tut, was ihr oder ihm gesagt wird, und
> vergisst im Anschluss sowohl, was geschehen ist, als
> auch, wer die Angreifer waren. Wir haben es hier mit
> einer perfekten chemischen ›Hypnose‹ zu tun, bei der
> alle Formen von Verbrechen möglich sind. Vergewal-
> tigung und sexueller Missbrauch treten am häufigsten
> auf, doch es sind sogar noch schwerere Verbrechen
> denkbar. Manche nutzen es auch als eine Art Wahr-
> heitsserum ähnlich wie Natriumpentothal, das wäh-
> rend des Zweiten Weltkriegs zum Einsatz kam.«

Uribe wusste einige Vorfälle zu schildern, bei denen die Droge
im Spiel gewesen war. So war etwa ein »bekannter Diplomat«

aus einer vornehmen Bar in Bogotá verschwunden und Tage später am Flughafen von Santiago de Chile mit einer ihm unbekannten Frau und einem Koffer voller Kokain wieder aufgetaucht. Ein Senator und seine Ehefrau waren eine ganze Nacht lang in Gesellschaft einer Diebesbande durch die Stadt gefahren und hatten an verschiedenen Geldautomaten gewaltige Summen von ihrem Konto abgehoben. Eine junge US-Amerikanerin wurde völlig verwirrt und ohne jegliches Zeitgefühl aufgegriffen. Tests ergaben, dass während eines Wochenendes mindestens sieben verschiedene Männer mit ihr Sex gehabt haben mussten. Sie selbst hatte an die Übergriffe keinerlei Erinnerung.

Bislang scheint sich der Einsatz von Datura überwiegend auf Kolumbien zu beschränken, was nicht an einer beschränkten Verfügbarkeit des Stechapfels liegen kann. Und schon 1985 hatten die kriminellen Banden die Zusammensetzung der Droge modifiziert und nutzten anstelle von Scopolamin das in der Pflanze enthaltene Benzodiazepin, ein Sedativum, das deutlich leichter zu gewinnen ist und seitdem zur Betäubung der Opfer eingesetzt wurde. Mischt man beide Wirkstoffe, erhält man eine besonders starke Form des *Burundanga*. In der toxologischen Abteilung des Instituts für Forensische Wissenschaften in Bogotá steht eine Vitrine mit Getränken und Genussmitteln, in denen *Burundanga* nachgewiesen wurde. Zu den »vergifteten Äpfeln« gehören Schokolade, Kaugummis, Bonbons, *Aguardiente* (»Feuerwasser«, ein hochprozentiger Schnaps) und sogar eine verschlossene Coca-Cola-Dose, bei der eine Injektionsnadel durch den Deckel gestochen wurde.

Dennoch hält Mike Jay sich bei der These, die Extrakte des Stechapfels würden sich zur Zombifizierung eignen, sehr zurück. Nicht ohne Grund haben Josef Mengele und seinesgleichen oder auch die CIA Substanzen wie Scopolamin und verwandte Alkaloide als Wahrheitsserum oder Mittel zur Bewusstseinskontrolle verworfen. Die dissoziative, desorientierende sowie das Gedächtnis beeinträchtigende Wirkung mag eine willkommene Bereicherung des Instrumentenkoffers eines Verhörspezialisten sein, trotzdem lässt sich das Verhalten desjenigen, der unter dem Einfluss der Droge steht, nicht durchgängig kontrollieren. Nach Jay »ist der Begriff der Enthemmung sehr viel treffender. Die Betroffenen handeln auf eine Art und Weise, die sie im Nachhinein bereuen«. Gleiches könnte man über die Wirkung des *Aguardiente* sagen, dem ja gelegentlich auch noch *Burundanga* beigemischt wurde.

Die Angst, unwissentlich unter Drogen gesetzt zu werden, ist ziemlich weit verbreitet, doch die sensationsheischenden Storys über Verbrechen, die unter dem heimlichen Einfluss solcher Substanzen begangen und erlitten werden, sind weitaus zahlreicher als die Zahl der tatsächlichen Vorkommnisse. Auch wenn in zahlreichen Ketten-E-Mails immer wieder davor gewarnt wird, dass mit Drogen imprägnierte Kreditkarten dazu benutzt würden, ahnungslose Opfer auszurauben – keine dieser Behauptungen hat sich je als wahr erwiesen. Trotzdem finden sich auch in den vielen Internetforen, auf denen sich europäische Backpacker austauschen, Echos von Geschichten »des Freundes eines Freundes«, der bei einer Prostituierten gelandet war, die ihre Brustwarzen mit Drogen präpariert hatte, und Ähnliches in dieser Art. Das *British Journal of Criminology* wusste zu berichten, dass bei einer Umfrage die Hälfte aller Teilnehmer angegeben habe, eine Bekannte sei Opfer von K.-o.-Tropfen geworden, obwohl weder der Polizei noch anderen Institutionen Beweise für einen derart verbreiteten Einsatz von Vergewaltigungsdrogen bei sexuellen Übergriffen oder anderen Verbrechen vorliegen. Der Autor der Studie, Dr. Adam Burgess, resümiert: »Viele junge Frauen scheinen ihre Ängste vor den Folgen des Konsums dessen, was wirklich in der Flasche ist, auf die Substanzen zu verlagern, die ihnen gerüchteweise Fremde dort hineintun könnten.« Wenn man Medizinern glauben darf, teilen junge Männer diese Ängste übrigens nicht.

Die Furcht, dass eine Droge die Kontrolle über den eigenen Verstand übernehmen könnte, ist nur natürlich – genau dazu sind die meisten Freizeitdrogen da. Wer Drogen nimmt, *will* der Außenwelt entfliehen – sich selbst, Zeit, Raum, Ursache und Wirkung auf andere Weise erleben – mit anderen Worten, er will Wirklichkeit und Berechenbarkeit entkommen. In einem Kommentar für den *Guardian* kommt Jay daher zu dem Schluss: »Vielleicht lässt sich der hartnäckige Mythos der Bewusstseinskontrolle noch am ehesten mit einer Art Verdrängungshaltung erklären. Solange wir mit Handlungen konfrontiert sind, die uns eigentlich zu einer unerträglich düsteren Sichtweise der menschlichen Natur zwingen müssten, wird wohl auch die Erklärung ›Daran waren Drogen schuld‹ vorgebracht und akzeptiert.« Wir ergreifen also gern die Gelegenheit, eine Manipulation durch chemische Substanzen vorzuschieben, wenn wir damit von der Verantwortung für unappetitliche Handlungen oder Gedanken befreit sind.

Doch was, wenn wir uns nicht hinter der Ausrede »Daran waren Drogen schuld« verstecken können?

BRANDSTIFTER

Ausgerechnet die größten Erfolge auf dem Gebiet der Bewusstseinskontrolle wurden nicht mittels Drogen erzielt; sie waren das Werk weit geringerer Herrscher über das menschliche Verhalten. Im Jahre 1963 veröffentlichte der berühmte US-amerikanische Psychologe Stanley Milgram das Ergebnis des womöglich kontroversesten Experiments der Verhaltenspsychologie: Die meisten Menschen sind Autoritätspersonen gegenüber in hohem Maße hörig. Bei besagtem Experiment wurden Freiwillige angewiesen, unsichtbaren Teilnehmern – Schauspielern, die als Versuchspersonen agierten – einen leichten Stromschlag zu verpassen. Die meisten Freiwilligen befolgten die Anweisungen und erhöhten trotz der Schmerzensschreie ihrer »Opfer« beständig die Voltstärke. Milgram hatte den Eichmann-Prozess verfolgt, und das Experiment war die Suche nach einer Erklärung für die Gräuel des Zweiten Weltkriegs. Und es bewies, so Milgram, dass der Gehorsam Autoritäten gegenüber eindeutig dazu genutzt werden konnte, gewöhnliche Menschen zu ganz und gar inhumanem Verhalten zu bewegen.

Ein halbes Jahrhundert später war es auch genau dieser Hang zur Autoritätshörigkeit, der es einem einzelnen Mann erlaubte, mehrfach und unmittelbar auf die amerikanische Psyche zu zielen. Am 9. April 2004 erhielt Donna Summers, stellvertretende Filialleiterin eines McDonald's-Restaurants in Mount Washington, Kentucky, den Anruf eines angeblichen Polizisten. Ein Kunde, so der Fremde am Telefon, habe den Diebstahl eines Portemonnaies angezeigt. Dem folgte die Beschreibung der Verdächtigen. Der Anrufer behauptete zudem, er habe Summers' Vorgesetzte, Lisa Siddons, an der anderen Leitung. Seine Beschreibung traf auf die achtzehnjährige Louise Ogborn zu, eine Mitarbeiterin, die an dem Abend freiwillig Überstunden machte – ihre Mutter war erkrankt und hatte erst kürzlich ihren Job verloren, das Mädchen brauchte also jeden Dollar.

Ogborn wurde in das enge Büro der Managerin gerufen, wo Summers sie auf Anweisung des vermeintlichen Polizisten einer Leibesvisitation unterzog. Das Mädchen musste sich bis auf eine kleine dreckige Schürze ausziehen. Dann teilte Summers dem Anrufer mit, dass sie sich wieder um ihre Gäste kümmern müsse, woraufhin der Fremde sie einen anderen Angestellten wählen ließ, der auf Ogborn aufpassen und am Telefon bleiben sollte. Die Wahl fiel auf den siebenundzwanzigjährigen Jason Bradley, der angewidert den Raum verließ, als ihn der Anrufer aufforderte, er solle Ogborn die Schürze entwenden. Doch auch das machte dem Verhör kein Ende.

Als Summers wieder ans Telefon kam, fragte der Fremde, ob sie nicht noch jemandem zutrauen würde, die Verdächtige im Auge zu behalten. Beide einigten sich auf einen Anruf bei Ogborns Verlobtem Walker Nix Junior, der nicht einmal zum Personal des Restaurants gehörte. Als Nix eintraf, überredete ihn der Anrufer, von Ogborn immer bizarrere Dinge zu verlangen: Sie musste sich vollständig ausziehen, auf und ab springen, schließlich missbrauchte Nix die junge Frau körperlich und sexuell. Während all dessen kam Summers mehrfach in den Raum, doch sie machte dem Martyrium des Mädchens kein Ende. Es war, als ob sie unter Hypnose gestanden und jegliches Bewusstsein für die Realität der Situation verloren hätte.

Ein dritter Mann, der auf Ogborn aufpassen sollte, verweigerte sich den Forderungen des Anrufers. Da war der Fremde bereits geschlagene vier Stunden am Telefon. Erst da kam Summers auf die Idee, dass der Mann am anderen Ende der Leitung womöglich gar kein Polizist war. Sie rief ihre Chefin an und riss sie aus dem Schlaf – Siddons hatte mit der ganzen Angelegenheit nichts zu tun. Auf den Überwachungsvideos aus dem Büro der McDonald's-Filiale sieht man, wie mit wachsender Erkenntnis des Ausmaßes und der Art dessen, was dort vorgefallen war – was dort zugelassen wurde –, auch die Zahl der ins Büro eilenden leitenden Angestellten wächst.

Dann wurde die eigentliche Polizei gerufen, die Minuten später eintraf.

Ogborns Verlobter Walker Nix wurde wegen tätlicher sexueller Belästigung für schuldig befunden und zu fünf Jahren Gefängnis verurteilt. Donna Summers erhielt eine Bewährungsstrafe wegen Freiheitsberaubung. Der Anruf wurde zu einem Supermarkt in Florida zurückverfolgt, wo die polizeilichen Nachforschungen zur Verhaftung des siebenunddreißigjährigen David Stewart führten, einem Wächter im Dienst eines privaten Gefängnisbetreibers. Stewart wurde wegen Amtsanmaßung und Aufforderung zur Unzucht angeklagt. Er hatte sich auf Unternehmen mit strikten Verfahrenscodes konzentriert und war so offenbar an Personen geraten, die eine hohe Bereitschaft aufweisen, sich Autoritäten zu unterwerfen und nicht gewohnt sind, in ihnen fremden Situationen eigenständig zu agieren.

Schon vor dem geschilderten Zwischenfall hatte es eine regelrechte Schwemme fingierter Anrufe bei anderen Fast-Food-Restaurants gegeben: Aus der Zeit von 1995 bis 2004 sind siebzig ähnlich gelagerte Fälle aus zweiunddreißig US-Staaten registriert. Ein Anrufer überzeugte den fünfundfünfzigjährigen Hausmeister einer McDonald's-Filiale in Georgia, bei einer neunzehnjährigen Kassiererin eine Leibesvisitation einschließlich einer Untersuchung der Körperöffnungen vorzunehmen. In North Dakota wurde der Leiter eines Burger King-Restaurants dazu verleitet, eine siebzehnjährige Angestellte einer Leibesvisitation zu unterziehen. In Phoenix traf es eine Kundin von Taco Bell, die eine Leibesvisitation durch den Manager über sich ergehen lassen musste. Auf Grundlage all dieser früheren Übergriffe zeigte Ogborn ihre Arbeitgeber an, weil sie es versäumt hätten, sie adäquat zu schützen. Das Anwaltsteam von McDonald's argumentierte, der Anruf sei eine Betrugsmasche, um eine hohe Entschädigung herauszuschlagen, das Mädchen habe aus diesem Grund bewusst mitgespielt. Das Gericht schloss sich dieser Sicht nicht an. Louise Ogborn erhielt eine Entschädigung in Höhe von sechs Millionen US-Dollar.

David Stewart jedoch wurde in allen Punkten freigesprochen. Die Beweise reichten nicht, um zweifelsfrei zu belegen, dass er der fragliche Anrufer war. Doch seit Ogborns Fall durch die Medien ging, haben die falschen Anrufe offenbar aufgehört.

DIE MACHT DES GEISTES

Als Franz Mesmer Mitte des 18. Jahrhunderts durch Zufall die Macht der Hypnose entdeckte, umwob er sie mit einem solchen Firlefanz – theoretisch wie auch praktisch –, dass es einem Schausteller zur Ehre gereicht hätte. Mesmer, von Haus aus Physiker und Astronom, glaubte, das Universum sei von einer Lebensenergie durchdrungen, deren Gezeitenfluss belebende Macht hätte. Gerieten im Körper Ebbe und Flut in Aufruhr, sei dies die Ursache für allerlei Krankheit. Er, und nur er allein, so Mesmers Behauptung, besäße die Fähigkeit, diesen Fluss zu manipulieren, indem er den Patienten »mesmerisierte« und dadurch heilte.

Wenn der Große Mesmer einen Patienten in Trance versetzen wollte, blickte er ihm stundenlang in die Augen und rückte seinem Gegenüber dabei so nahe, dass sich die Knie berührten. Gleichzeitig rieb er ihm die Hände und übte Druck auf die Brust aus. All das fand bei düsterer Beleuchtung statt, samt Spektralmusik per Glasharmonika. Später entwickelte Mesmer ein wannenartiges kreisförmiges Gefäß, von dem Eisenstangen ausgingen, um mehrere Patienten zugleich mit »animalischem Magnetismus« zu behandeln.

Die Hypnose leidet bis heute unter ihrer Anziehungskraft für allerlei Selbstdarsteller und Wunderdoktoren, doch man muss zu Mesmers Ehrenrettung sagen, er hatte demonstriert, dass der Geist – sofern er für Suggestion zugänglich ist – einen tiefgreifenden Einfluss auf den Körper haben kann. Doch wie tief reicht dieser Einfluss wirklich? James Esdaile, ein junger Chirurg im Dienst der East India Tea Company in Kalkutta, musste anno 1845 die schmerzhaft geschwollenen Hoden eines Insassen aus dem benachbarten Gefängnis behandeln. Damit die angestaute Flüssigkeit ablaufen konnte, schnitt Esdaile das Skrotum an einer Seite auf, was für den Patienten eine ziemliche Tortur war.[17] Damit der Eingriff auf der anderen Seite des Skrotums nicht ganz so schmerzhaft würde, entschied sich Esdaile, seinen Patienten mittels eines selbst erdachten Rituals zu mesmerisieren. Er dunkelte den Raum ab und hielt stundenlang die Hände über den Erkrankten. Die Chirurgie à la Mesmer war ein voller Erfolg, und bald schon strömten Patienten von nah und fern herbei, um sich einer »schmerzlosen« Operation zu unterziehen. Mit dem Aufkommen medikamentöser Anästhetika verlor sich das Verfahren, obwohl Esdaile nach eigener Aussage über dreihundert Eingriffe an mesmerisierten Patienten vorgenommen haben will.

Was passiert in einem hypnotisierten Gehirn, wenn es Bewusstseinszustände erzeugt, unter denen man keinen Schmerz empfindet, Zwiebeln isst, als wären es Äpfel, oder Farben sieht, wo keine sind? All das liegt weniger an der Art und Weise, wie wir die Welt wahrnehmen, sondern wie wir diese Wahrneh-

---

17 Im Kalkutta jener Tage war die auch als Elephantiasis bekannte Filariasis eine häufige Klage. Verursacher sind winzige parasitäre Würmer. Nicht bekannt ist, ob die Patienten damals an der »okkulten Form« (die es tatsächlich gibt) gelitten haben.

mungen interpretieren. In einem Beitrag der Wissenschafts-
journalistin Sandra Blakeslee für die *New York Times* findet
sich eine detaillierte Schilderung der neuralen Prozesse, die
beim Anblick einer Rose im Gehirn ablaufen:

> »Die Photonen, die von der Blume reflektiert werden,
> erreichen zunächst das Auge. Dort werden sie in ein
> Muster umgewandelt, das zur Erkennung der groben
> Form der Blume an den primären visuellen Cortex
> weitergeleitet wird. Als Nächstes wird das Muster an
> eine – funktionell – höhere Region geschickt, in der
> die Farbe erfasst wird, daraufhin an die nächsthöhere,
> in der die Identität der Blume sowie das weitere spe-
> zifische Wissen zu dieser bestimmten Pflanze enko-
> diert werden… Einem jeden Sinn sind Bündel von
> Nervenfasern zugeordnet, die die sensorischen In-
> formationen weitertragen. Das Überraschende ist das
> Ausmaß der Aktivität beim sogenannten Feedback in
> die andere Richtung, also dem Fluss von oben nach
> unten. Es sind rund zehn Mal mehr Nervenfasern da-
> ran beteiligt, Informationen nach unten zu tragen, als
> umgekehrt.«

Dieser Abwärtsfluss der Informationen, also die Einordnung
der Sinneseindrücke, ist so stark, dass er den ursprünglichen
Input bisweilen überschreibt. In der Regel ermöglicht es uns
dieser Vorgang, aus unvollständigen oder widersprüchlichen
Informationen ein Sinnvolles zu machen, aber er lässt sich
auch zu anderen Zwecken ausbeuten. So beruhen die meisten Zaubertricks darauf, dass es dem Magier gelingt, sein
Publikum von bestimmten Annahmen zu überzeugen – dass
der gezeigte Stahlring fest ist oder die Kiste keine verborge-

nen Falltüren hat –, damit unser rationaler Verstand aus einer durchaus plausiblen Illusion eine scheinbar unplausible machen kann. Auf dieselbe Weise macht sich auch die Hypnose die Macht des Geistes über die Materie zunutze. Sie überlistet uns und bringt uns dazu, unsere Sinneseindrücke zu ignorieren.

Der Neurowissenschaftler Dr. Amir Raz hat diesen Überschreibungsprozess ganz wunderbar mithilfe eines Experiments demonstriert, das auf dem Stroop-Effekt basiert. Der nach dem Psychologen John Ridley Stroop benannte Effekt beschreibt die Verzögerung, die infolge einer Konfrontation mit widersprüchlichen Informationen eintritt. Beim klassischen Stroop-Test werden den Versuchsteilnehmern Karten gezeigt, auf denen farbige Worte stehen, wobei die Teilnehmer möglichst schnell die jeweilige Farbe nennen sollen. Das mag einfach klingen, doch wenn auf einer Karte der Begriff für eine Farbe steht (wenn dort etwa in blauer Farbe »Rot« steht), wird das Ganze sehr viel schwieriger. Die meisten stottern und stolpern und irren, weil das Erkennen des Wortes (eine höhere Gehirnaktivität) den Sinneseindruck der Farbe überschreibt.[18]

Für seine Testversion hypnotisierte Raz eine Gruppe von sechzehn Teilnehmern – die zur Hälfte nicht beeinflussbar, zur anderen jedoch hochgradig suggestibel waren – und erklärte, dass die farbigen Worte, die sie in Folge kurz sehen würden, reines Kauderwelsch seien. Diejenigen, die sich für die Hypnose zugänglich gezeigt hatten, schnitten bei dem Test deutlich besser ab. Sie ignorierten die Bedeutung des Wortes

18 Das funktioniert natürlich nur, wenn man die Worte auch versteht, daher sind Stroop-Tests eine gute Methode, um selbst in einer Fremdsprache versierte Spione ausfindig zu machen.

und konzentrierten sich allein auf die Farbe: Bei MRT-Scans zeigte sich, dass bei dieser Gruppe die Gehirnregion, die für das Lesen zuständig ist, weniger aktiv als bei der anderen Gruppe war. Glauben heißt Sehen.

Wie also konnte ein Mann, dessen einzige Waffen eine Glasharmonika und ein Hauch metaphysischer Schnickschnack waren, einen Schaden anrichten, wie es kolumbianischen *Burundanga*-Gangs und der CIA nur durch den Einsatz halluzinogener Cocktails gelungen war? Vielleicht liegt die Antwort in der Funktionsweise des menschlichen Geistes. Man muss ihn sich wohl weniger wie eine verschlossene Kiste vorstellen, die man – auf physischem oder chemischem Wege – aufbrechen muss, sondern wie ein offenes Spiel, wie ein System, das von außen fortwährend mit Informationen bombardiert wird und bereits durch minimale Manipulationen aus der Bahn geworfen werden kann. Diese uns angeborene Suggestibilität ist bei unseren Versuchen, die Welt zu verstehen, unabdingbar, doch sie macht unseren psychischen Schutzschild auch angreifbar. Denn wie Stanley Milgram schon vor über fünfzig Jahren zeigte, ist bereitwillige Mitwirkung die stärkste aller Drogen.

4

FERN-
STEUERUNG

Das Individuum ist wehrlos gegen
die direkte Manipulation des Gehirns.

José Delgado: *Physical Control of the Mind*
(1971, etwa: Die Physikalische Kontrolle des Geistes)

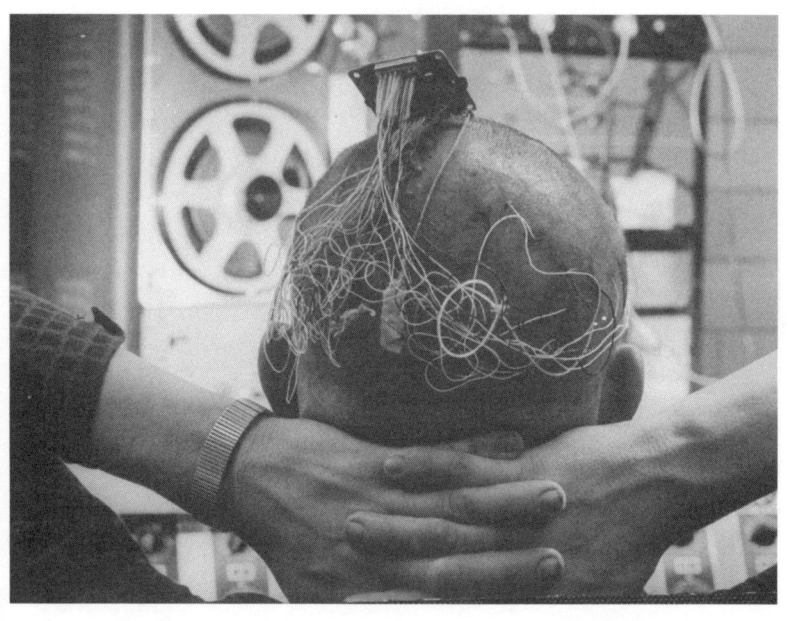

SUCHTE MAN NACH EINEM ANWÄRTER auf die Rolle des All-American Boy, dann wäre man bei dem jungen Charles Whitman, Jahrgang 1941, zweifelsohne richtig. Sein Vater war ein erfolgreicher Sanitärunternehmer, der seine Familie und seinen Betrieb mit gleichem Ehrgeiz führte. Der kleine Charles wurde von Kindesbeinen an auf Leistung gedrillt. Bei seiner Einschulung konnte er bereits Klavier spielen, und als er sich mit sechs Jahren einem Intelligenztest unterzog, landete er bei den oberen 0,1 Prozent des Landes. Mit zwölf hatte er den höchsten Rang bei den Pfadfindern inne und war damit der jüngste Eagle Scout weltweit, auch war er in seiner Pfarrkirche Messdiener. In der Highschool war er beliebt, er spielte Baseball und leitete das Football-Team. Sein Vater, ein Waffennarr, brachte ihm das Schießen bei. Mit sechzehn war Charles Meisterschütze.

Nach dem Schulabschluss ging Whitman zum Marine Corps. Er erhielt ein Militärstipendium, was ihm ein Studium an der University of Texas in Austin ermöglichte. Noch als Student heiratete er. Während seiner Unizeit brachte er einmal nach einem Jagdausflug ein totes Reh in seinen Schlafsaal – was gegen die texanischen Jagdbestimmungen war, Whitman dem Geistlichen der Basis gegenüber aber als »Teenager-Streich« abtat. Das Corps jedoch hielt eine Disziplinierung für angebracht, zog Whitman von seinen Studien ab und schickte ihn zur Grundausbildung nach Parris Island, South Carolina.

Whitman ließ sich dadurch nicht lange von seinem Studium abhalten. Er kehrte als Zivilist an die Universität zurück und finanzierte sich durch Teilzeitjobs: Er trieb Rechnungen ein, arbeitete bei einer Bank und als Gutachter für das Straßenbauamt. Auch war er wieder ehrenamtlich bei den Pfadfindern tätig. Nach außen hin wirkte er aktiv und sehr entschlossen, andere charakterisierten ihn als gottesfürchtig und redegewandt, als attraktiv und stets adrett gekleidet, »eine wahrlich herausragende Erscheinung«, so einer seiner Tutoren. Entsprechend groß war der Schock, als Whitman am 1. August 1966 mit einem Jagdgewehr den neunundzwanzigstöckigen Turm des Hauptgebäudes der Universität bestieg und von dort aus auf Passanten schoss, vierzehn tötete und zweiunddreißig verwundete. Das Massaker hörte erst auf, als die Polizei Whitman erschoss.

Das Rätsel, was diesen ungewöhnlichen, aber doch so verheißungsvollen jungen Mann zu einem solchen Blutrausch getrieben hatte, löste sich erst im Zuge der anschließenden Untersuchung. Denn entgegen aller Äußerlichkeiten hatte Whitman immer verzweifeltere Kämpfe mit sich selbst ausgefochten. Wutausbrüche hatten ihn geplagt, die sich mit zunehmendem Alter immer mühsamer beherrschen ließen. Während seiner aktiven Militärzeit hatte er bei einem Streit einem anderen Marine gedroht, ihm ein paar Spielschulden wegen »die Zähne auszuschlagen«. Außerdem war Whitman auf der Militärbasis wegen unerlaubten Besitzes einer privaten Waffe vor das Militärgericht gerufen, zu einem Monat im Bau verurteilt und mehrere Grade zum Gefreiten degradiert worden.

Während seiner Studienjahre hatte er offenbar wiederholt Notizen an sich selbst verfasst und sich ermahnt zu lächeln, sein Temperament zu zügeln, nicht zu fluchen und die Ruhe zu bewahren. »Du musst deine Wut beherrschen«, schärft er sich da ein. »Lass dich von ihr nicht zum Narren machen.« Auch hatte er sich wohl häufig mit seinen Kommilitonen auf leidenschaftliche, aber dennoch heitere Diskussionen über das

Wesen Gottes eingelassen. Doch stets drohte sein Zorn, die künstliche Fassade zu durchdringen. Bei einer Gelegenheit hatte Whitman dann die Beherrschung verloren und einen anderen Studenten wortwörtlich aus dem Seminarraum geworfen. Einige Male hatte er auch seine Frau misshandelt. Aus Entsetzen über einen solchen Verlust an Selbstkontrolle hatte er sich noch mehr bemüht, sein Temperament zu zügeln, und zu diesem Zweck ein Tagebuch mit langen Einträgen angelegt, das ihm offenbar half, seine Gedanken zu klären. Er hatte innige Liebeserklärungen an seine Frau verfasst, sie sei »das Beste in meinem Leben«, doch alles war vergebens.

Whitman wurde zunehmend von Kopfschmerzen geplagt, die auch das Excedrin, das er in großen Mengen schluckte, nicht mehr lindern konnte. Er litt an Schlaflosigkeit, deren Schübe ihn manchmal tagelang nicht ruhen ließen, und an Essattacken, durch die er stark zunahm. Sein Drang zur Gewalt wurde immer heftiger. Ende Juli 1966 suchte Whitman Hilfe beim psychiatrischen Dienst der Universität. Nach der einstündigen Sitzung vermerkte der behandelnde Arzt Dr. Maurice Heatley, Whitmans äußerliche Höflichkeit habe den darunter lauernden Abgrund an Feindseligkeit nur mühsam überdecken können. Whitman hatte Heatley, zwischen heißer Wut und Verzagen schwankend, von seiner Kindheit unter dem dominanten, fordernden Vater erzählt, ihm gestanden, auf welche Weisen er sein Temperament zu beherrschen suchte und angeblich auch, dass er den Wunsch verspüre, vom Turm der Universität aus in die Menge zu schießen. Der Arzt riet Whitman, in der folgenden Woche wiederzukommen. Doch da waren Whitman und mit ihm sechzehn Menschen bereits tot.

Denn es war nicht bei den vierzehn Opfern der Schießerei geblieben. Zuvor hatte Whitman seine Mutter in ihrem Penthouse überfallen, ihr den Schädel eingeschlagen und ein großes Jagdmesser in die Brust gerammt. Danach hatte er den Tatort gesäubert, die Leiche ins Bett gelegt und einen Entschuldigungsbrief platziert. Im Anschluss war Whitman nach Hause gegangen, zu seiner schlafenden Ehefrau ins Bett geschlüpft und hatte auch sie erstochen.

Whitmans Amoklauf unterscheidet sich von zahlreichen anderen tödlichen Schießereien, und zwar in einigen Details, die nach und nach erst an die Öffentlichkeit kamen. Der reuige Whitman hatte nicht nur schriftlich bekannt: »Ich kann keinen rationalen Grund für all das finden.« Er hatte auch darum gebeten, dass seine finanzielle Hinterlassenschaft einer Wohltätigkeitsorganisation für psychische Erkrankungen zugutekam. »Vielleicht kann die Forschung künftig Tragödien wie diese hier verhindern.« Die folgenden Zeilen stammen aus Whitmans Abschiedsbrief, den die Untersuchungsbeamten auf dem Dach fanden:

> »Ich verstehe mich derzeit selbst nicht. Eigentlich sollte ich ein ganz normaler junger Mann sein, dennoch bin ich seit einiger Zeit (seit wann, kann ich nicht genau bestimmen) das Opfer seltsamer und irrationaler Gedanken. Diese Gedanken kehren ständig wieder, und es kostet mich eine unglaubliche geistige Anstrengung, mich auf nützliche und zukunftsweisende Aufgaben zu konzentrieren. Ich habe meinen geistigen Aufruhr allein bekämpft, doch offenbar vergebens. Ich wünsche, dass nach meinem Tod eine Autopsie durchgeführt wird, um zu untersuchen, ob sich nicht irgendeine körperliche Auffälligkeit zeigt.«

Es sollte sich herausstellen, dass Whitmans Verdacht begründet war. Die Obduktion offenbarte einen Gehirntumor von der Größe eines Golfballs. Es war ein Glioblastom, ein besonders aggressiver, schnell wachsender Tumor, der fast immer tödlich ist. Er hatte sich an Whitmans Thalamus gebildet und drückte gegen die Amygdala.

Hatte dieser Zellklumpen Whitmans Gehirn die Kontrolle entzogen?

DAS GEHIRN IST SCHULD

Die Amygdala ist ein winziger mandelförmiger Neuronenknoten tief im Innern des Gehirns.[19] Die Botschaften aus dem sogenannten Mandelkernkomplex übermitteln unsere Motivationen; hier entstehen so grundlegende Gefühle wie Angst, Freude, Erregung oder Wut.

Diese Emotionen können so drängend und so mächtig werden, dass sie den Neocortex überlagern, der unsere exekutiven Funktionen steuert – unsere kognitive Kontrolle. Wird die rechte Amygdala auf künstliche Weise, etwa durch Elektroden, stimuliert, lassen sich Angst oder Wut schrittweise steigern, bis zu einem Punkt, ab dem die Versuchsperson diese Gefühle nicht länger kontrollieren kann. Brechen sich die Emotionen Bahn, richtet die Person in der Regel einen Angriff auf irgendeinen äußeren Stimulus. Üblicherweise wird nach einer Rechtfertigung für dieses Verhalten gesucht – irgendetwas muss für die Gefühle verantwortlich sein –, doch ab-

---

19 Die haitianischen *Bokors*, denen wir im ersten Kapitel begegnet sind, würden die Amygdala vermutlich als *gwo-bon anj* beschreiben, das grundlegende beseelende Prinzip, das all unsere Handlungen motiviert.

stellen kann die betreffende Person es nicht. Und selbst wenn die Elektrode abgeschaltet wird, bleiben die Emotionen bestehen, und das oftmals über einen bemerkenswert langen Zeitraum. Mittlerweile werden selbst Hypergraphie (krankhafter Schreibzwang) sowie ein ausgeprägter Hang zur Religiosität mit Fehlfunktionen in der Amygdala in Verbindung gebracht.

Der Hypothalamus ist ein kleiner Bereich im Gehirn der Wirbeltiere. Er liegt direkt über dem Hirnstamm und trägt entscheidend zur Regulierung einer Reihe komplexer Funktionen bei, darunter auch Schlafrhythmus und Hungergefühle. So können Verletzungen an bestimmten Teilen des Hypothalamus zur Polyphagie (gesteigertem Hunger und Essensdrang) führen. All diese Symptome einer gestörten Funktion von Amygdala und Hypothalamus passen zu dem Profil von Charles Whitman, das die University of Texas im Anschluss an die Schießerei erstellte, doch im Obduktionsbericht finden sich noch massivere Probleme.

Der Tumor hatte nämlich bereits den Frontallappen des Neocortex erreicht. Der Frontallappen ist für die Selbstkontrolle, das vorausschauende Planen und die Verarbeitung von Impulsen zuständig. Das sind wichtige Fähigkeiten, wenn man in der Lage sein will, eine Handlung so lange aufzuschieben, bis man deren Konsequenzen überdenken kann. Wird man auf der Straße angerempelt, dann bezwingt genau diese Fähigkeit zur Reflexion unseren Drang, mit der Faust zu reagieren.

Eine Schädigung des Frontallappens kann dramatische Folgen haben. Der vielleicht berühmteste Fall stammt aus der Mitte des 19. Jahrhunderts und ist mit dem des Phineas Gage verknüpft. Gage, ein Vorarbeiter im Dienst der US-amerikanischen Eisenbahngesellschaft, war für die Sprengung großer Felsen verantwortlich, die dem Gleisbau im Wege waren. Damals bohrte man ein Loch in den Felsen, gab Schießpulver hinein, legte eine Zündschnur an und drückte diese mit einer langen Eisenstange in das Pulver. Am 13. September 1848 ging dabei irgendetwas schief: Als Gage seine Stange in das Loch stieß, entzündete sich die Ladung. Durch den Druck der Explosion schoss die Stange empor, bohrte sich durch Gages Wange und Schädel hindurch und landete in einiger Entfernung auf dem Boden. Bemerkenswerterweise überlebte Gage. Doch seither, so berichten es seine Freunde, hatte sich seine Persönlichkeit verändert. Er benutzte grobe Schimpfwörter, zeigte sich eigensinnig, ungeduldig, unbeherrscht und selbstsüchtig. Angeblich entwickelte er auch eine Schwäche für Spiel und Prostituierte, Laster, denen er zuvor niemals gefrönt hatte. Vor dem Unfall hatte Gage als fleißiger und besonnener Facharbeiter gegolten, nun verhielt er sich wie ein Kind. Selbstredend war er arbeitsunfähig. Wie es scheint, hatte sich Gage versehentlich selbst lobotomiert, sich einen Großteil des Frontallappens der linken Hirnhälfte abgetrennt.

Allerdings lässt sich trotz der außergewöhnlichen Geschichte von Whitmans Amoklauf daraus keine schlüssige Anklage gegen den Krebs ableiten. Whitman hatte unter einem enormen Druck durch Studium und soziales Umfeld gelitten; das Biologische war sicher nicht der einzig wirksame Faktor. Die Fehlschläge in seiner militärischen Laufbahn sowie die Probleme im Studium, der dominante Vater und die für ihn traumatische Scheidung der Eltern hatten Whitman bis an die Grenze der Belastbarkeit getrieben. Es lässt sich auf zahlreiche andere Schießereien verweisen, die allein auf mentalen Stress zurückzuführen sind, doch wie der Gerichtsmediziner pflichtschuldig vermerkte, kann der Tumor als beeinflussender Faktor nicht ganz ausgeschlossen werden, und zweifelsohne hat Whitman eine Vielzahl von Symptomen an den Tag gelegt, die diese Theorie zumindest plausibel klingen lassen.

Whitmans bösartiger Tumor war eine Laune der Natur, Gages unfreiwillige Lobotomie eine Laune der Technik. Doch was, wenn jemand in der Absicht, die Persönlichkeit eines anderen zu verändern, an dessen Gehirn herumschnippeln würde? Ließe sich eine Armee aus willigen Zombies dadurch schaffen, dass man die höheren Gehirnfunktionen unterdrückt und zugleich die Kontrolle über die von Amygdala und Hypothalamus gesteuerten Instinkte übernimmt? Da müssen wir gar nicht spekulieren, denn das ist längst geschehen.

SCHNITT AUF DIE NERVENHEILANSTALT

Als das gespenstische Grauen von George Fosters tanzendem Leichnam die Fantasie der Menschen heimsuchte, hockte Eduard Hitzig mit mehreren Hunden in seiner engen Küche in Berlin: Dort begab sich der deutsche Neurologe – dem ein »unverbesserlicher Dünkel gepaart mit Eitelkeit, belastet noch durch Preußentum« bescheinigt wurde – daran, die galvanische Stimulation dem Rechtsbereich der Schaustellerei zu entreißen und in den Rang einer ehrwürdigen Wissenschaft zu erheben. Seine Ergebnisse, die er 1870 unter dem Titel »Über die elektrische Erregbarkeit des Großhirns« veröffentlichte, stellen einen Meilenstein auf dem damals noch neuen Gebiet der Neurobiologie dar.

Hitzig hatte mit seinem Mitarbeiter, dem Anatomen Gustav Fritsch, seit einiger Zeit schon Experimente an Hunden durchgeführt. Die beiden Forscher hatten Hundeschädel geöffnet und Teile der grauen Substanz mit einer dünnen Metallnadel stimuliert und so Muskelkontraktionen provoziert. Die Honoratioren der damaligen Universität zu Berlin waren außer sich. Sie untersagten die Versuche auf dem Universitätsgelände, und so waren die Forscher gezwungen, Zuflucht in

Hitzigs Heim zu suchen, wo die Hunde fortan auf einem kleinen Frisiertisch ihren Elektroschocks unterzogen wurden.

Hitzig und Fritsch vermerkten im Besonderen, welche Teile des Gehirns sie stimulierten und welche Reaktionen daraus folgten. Die vordringliche Frage der Neurologie jener Tage war die der »Lokalisation«: Hatten bestimmte Teile des Gehirns bestimmte Funktionen, oder war das Gehirn eine unspezifische Masse, ein Klumpen undifferenzierter Neuronen, die sich sämtlich sämtlichen Aufgaben widmeten? Hitzigs Kollegen waren bereits eifrig dabei, die Rolle der einzelnen Teile des Gehirns zu untersuchen. Experimente, die der französische Physiologe Jean Pierre Flourens an Kaninchen und Tauben durchgeführt hatte, hatten bewiesen, dass das Entfernen des Gehirnstamms zum Tod führt, während der faltige hintere Teil des Gehirns, das Zerebellum oder Kleinhirn, eine Rolle bei Gleichgewicht und motorischer Koordination spielt. Die Gehirnhälften seien »der Sitz der Empfindung und des Willens«, so das Fazit von Flourens. Er war zu der Überzeugung gelangt, dass sich die Funktionen der Hirnloben gleichmäßig über die gesamte Masse verteilten. Dazu hatte er aus den Gehirnhälften dünne Scheiben herausgeschnitten und dabei eine schrittweise Abnahme der mentalen Fähigkeiten beobachtet.

Für Hitzig und Fritsch war der Moment gekommen, in noch größere Tiefen vorzustoßen. Sie führten ihre Sonde von oben seitlich in das Hirn des Hundes auf dem Frisiertisch ein und vermerkten, wo und wie die Stimulation der linken Gehirnhälfte Bewegungen der rechten Körperhälfte provozierte. Auf diese Weise gelang es den Forschern, den primären Motorcortex, den Bereich in der Mitte des Gehirns, der die willentlichen Bewegungen steuert, kartografisch zu erfassen.

Beim Menschen liegt dieser Bereich ungefähr an derselben Stelle, die Neuronen sind also nicht entsprechend der Lage der übrigen Körperzellen angeordnet. Wollte man die Gestalt des Menschen so auf das Gehirn zeichnen, dass sich jeder Körperteil über den dafür zuständigen Neuronen befindet, erhielte man eine Figur, die quer über dem Kopf läge, wobei sich die Beine von oben in das Gehirn eingraben und der Körper nach unten hängen würde. Das Gesicht würde grotesk und losgelöst vom Kopf erscheinen, unterhalb einer gigantischen Hand.

Die betroffen Gehirnbereiche, die den einzelnen Körperteilen zugeordnet sind, unterscheiden sich auffallend, abhängig vom Ausmaß der jeweils benötigten feinmotorischen Kontrolle. Damit wir uns das besser vorstellen können, entwerfen wir den menschlichen Körper einmal so, dass jedes Glied größenproportional zu dem ihm zugeordneten Bereich des Cortex steht – die Wissenschaft spricht hierbei vom »motorischen Homunculus«. Das Ergebnis ist ein herrlich gruseliger Troll, der auf spindeldürren Beinchen steht und über dessen knochigen Körper sich ein riesenhafter Kopf bläht – oder vielmehr ein kleines Köpfchen mit gigantischem Gesicht. Die Augen des Homunculus sind tellergroß, der Mund gewaltig, die Lippen wulstig, die Zunge kolossal. Noch beeindruckender aber sind die Hände, sie sind so groß, dass der Homunculus damit seinen gesamten Körper umfassen könnte.[20]

Hitzig und Fritsch waren einen großen Schritt vorangekommen. Andere Neurobiologen aber hatten ein noch ehrgeizigeres Ziel – sie suchten den Sitz der Seele. Den motorischen Cortex zu stimulieren mochte ein Bein zu einem Tritt bewegen, doch

20 Ein Modell eines solchen motorischen Homunculus befindet sich auch im Londoner Naturhistorischem Museum. Es steht passenderweise neben seinem Bruder, dem sensorischen Homunculus, der in den Proportionen ähnlich, dafür aber, sagen wir, an anderer Stelle deutlich besser ausgestattet ist.

dass dazu auch eine Elektrode reichte, die man an die entsprechenden Nervenbahnen anlegte, hatten schon Giovanni Aldini und Andrew Ure ein Jahrhundert zuvor demonstriert. Mit anderen Worten, hierbei handelte es sich um eine mechanische Wirkung, vergleichbar mit einer Kugel, die bei Betätigung des Abzugs aus dem Gewehr herausschießt. Was die kommende Generation von Wissenschaftlern interessieren sollte, war der Abzug selbst: das, was eine Handlung auslöste. Es musste, so die These, einen Unterschied zwischen dem physikalischen Impuls geben, der zu einer Muskelbewegung führte, und dem Gedanken, der diesen Impuls erzeugte. Bis dahin hatten sowohl Unfall wie auch Experiment bewiesen, dass mitunter eine Schädigung des Gehirns Mensch oder Tier weder Leben noch Wahrnehmungsvermögen kostete, jedoch einen Zustand schwerer Abgeschlagenheit und völliger Antriebslosigkeit bewirkte. Es schien, als wäre in solchen Fällen der *corps cadavre* zwar am Leben, der *gwo-bon anj* jedoch verloren.

Zu Hitzig und Fritschs Lebzeiten stammten die wohl vielversprechendsten Versuche, den Sitz der Seele im Gehirn zu verorten, von dem deutschen Physiologen Friedrich Goltz. Goltz hatte gezeigt, dass Hunde, denen man den Neocortex entfernte, eine erhöhte Aggressivität zeigten, woraus er schloss, dass es die Aufgabe des Neocortex war, ebendieses Verhalten zu unterdrücken. Trotzdem hatte sich Goltz nicht zu der Folgerung durchgerungen, die Gehirnfunktionen könnten lokal verankert sein. Zwar demonstrierte er auf einem internationalen Ärztekongress 1881 in London, dass ein Hund, dem Teile des Gehirns entfernt worden waren, funktionell immer noch ein Hund war, dennoch sollte Goltz am Schluss zu den Verlierern der Debatte zählen. Zum Ende des 19. Jahrhunderts hatte sich die Lokalisierung von Gehirnfunktionen als Dogma der Neurowissenschaften etabliert.

Das Wissen um Hitzigs Gehirnkarte verbreitete sich in Medizinerkreisen rasch, ebenso wie die Kenntnis von Goltz' Experimenten. Auf besonderes Gehör stieß beides in der Nervenheilanstalt von Préfargier am idyllischen Neuenburgersee, namentlich bei Gottlieb Burckhardt. Der Psychiater war Leiter einer imponierenden Institution, die mit ihren malerischen Blicken und gepflegten Gärten eine für die Patienten beruhigende Atmosphäre schaffen wollte. Burckhardt glaubte, dass psychische Störungen immer dann auftraten, wenn es in Teilen des Gehirns zu einer Fehlzündung kam, und er hoffte, das »falsche« Verhalten durch ein Kappen der Verbindung zwischen Quelle und Ziel dieser fehlgeleiteten Signale zu unterdrücken – eine Behandlung der Symptome, jedoch keine Heilung. Er fragte sich, ob man einem Menschen die Aggressivität nicht wortwörtlich aus dem Kopf herausschneiden könne, mit Hitzigs Gehirnkarte zur Orientierung. Seine neue Operationsmethode taufte er »Leukotomie«, vom Griechischen für »weißer Schnitt« sowie mit Verweis auf die sogenannte weiße Substanz des Nervengewebes.

Auf Burckhardts Anweisung hin wurde ein kleiner Raum eingerichtet, in dem der Arzt seine innovative Technik erproben konnte. Doch die Operationen wurden zum Desaster. Von den sechs Patienten, die im Jahre 1888 unter Burckhardts Skalpell gerieten, starb einer binnen Tagen, ein weiterer beging in Folge Selbstmord, und zwei wiesen überhaupt keine Veränderung an ihrem psychiatrischen Profil auf. Die beiden einzig Glücklichen, bei denen die Symptome schwanden, litten aber unter schweren Nebenwirkungen wie einer Reduktion der Sprachfähigkeit. Trotzdem äußerte die Mutter eines der beiden Patienten den Ärzten gegenüber, ihr Sohn sei »ruhiger, verhielte sich gesitteter und auch gefügiger« – eine verhängnisvolle Diagnose, die für die Psychochirurgie des folgenden Jahrhunderts zum Verkaufsargument werden sollte. Doch als Burckhardt seine Ergebnisse publizierte, stieß er im Kollegenkreis auf große Skepsis, sowohl angesichts seiner Methodik wie auch seiner Theorien, und so gab er die Leukotomie schließlich auf.

Burckhardt und seine Arbeit waren beinahe in Vergessenheit geraten, da wurden seine Ideen rund fünfzig Jahre später, 1935, ein zweites Mal aufgegriffen, in einem sterilen Operationssaal des Santa-Marta-Hospitals in Lissabon. Der Eingriff lag in den Händen des gerühmten Neurologen António Egas Moniz, der seine Methode der »präfrontalen Leukotomie« erproben wollte – und dabei Burckhardt schon mit der Namensgebung seine Referenz erwies. Moniz, assistiert von Almeida Lima, bohrte seinem Patienten auf jeder Seite ein Loch in den Schädel und injizierte Alkohol in das Gehirn, wodurch er die Verbindung zwischen dem präfrontalen Cortex und dem Thalamus zerstörte. Es war ein ziemlich stümperhaftes Werk. Allmählich aber verbesserten die Ärzte ihre Technik mithilfe des sogenannten Leukotoms, eines Werkzeugs, das einer Dichtmassen-Pistole ähnelt. An der Spitze einer dünnen Düse befand sich eine Drahtschlaufe, mit der die Chirurgen direkt in die Gehirnmasse schneiden konnten.

Nach der fünfzigsten Operation glaubte Moniz, er könne nun ausreichende Erfolge vorweisen, vor allem auf dem Gebiet der Stimmungsstörungen. Also publizierte er seine Ergebnisse in einigen Fachzeitschriften und stellte seine Befunde im internationalen Kollegenkreis in London vor, was eine breite Berichterstattung zur Folge hatte.

Zu jener Zeit hinkten die Behandlungsmöglichkeiten für psychische Störungen dramatisch hinter den Fortschritten auf anderen Gebieten der Medizin hinterher, und anscheinend war Moniz jener lang ersehnte Durchbruch gelungen, der Burckhardt unerreichbar bleiben musste. Doch nicht jeder war von Moniz' Operationsmethode angetan. Im Jahre 1949 gab ein verärgerter Patient vier Schüsse auf ihn ab. Eine der Kugeln setzte sich in Moniz' Wirbelsäule fest und zwang ihn für den Rest seines Lebens in den Rollstuhl. Die schwere Verletzung hinderte Moniz auch an einer Reise nach Stockholm, wo ihm im Dezember desselben Jahres der Nobelpreis für Medizin aufgrund seiner Verdienste auf dem Feld der Psychochirurgie verliehen wurde.

Eine Leukotomie barg große Risiken – das musste selbst Moniz eingestehen. Die Chirurgen operierten blind und schnitten mehr oder weniger auf Gutdünken in das Gehirn ihrer Patienten. Bei manchen der Behandelten zeigte die Operation denn auch gar keine Wirkung, andere verurteilte sie zu lebenslangem Vegetieren. Die Erfolge waren, ganz wörtlich, Zufallstreffer. Den Psychiatern aber standen nur wenige wertvolle Werkzeuge zur Verfügung, und entsprechend aufgeschlossen waren sie für drastische und planlose Eingriffe an Patienten, die chronische oder lähmende Krankheiten wie Depressionen oder Schizophrenie quälten. Verzweifelte Zeiten erforderten verzweifelte Maßnahmen. Auch Burckhardt verteidigte sich 1891 in seiner langatmigen Monografie gegen die Kritiker:

> »Die Naturen der Aerzte sind verschieden. Der eine hält am Grundsatze fest: Primum non nocere. (Vor allem, richte keinen Schaden an.) Der andere sagt: Melius anceps remedium quam nullum. (Lieber etwas Unvollkommenes als gar nichts.) Ich gehöre allerdings eher der zweiten Categorie an.«

Die Leukotomie war eine heikle Operation und noch dazu auf entsprechend ausgestattete Kliniken beschränkt – auf solche, die es sich leisten konnten, lieber etwas Unvollkommenes statt gar nichts zu tun. Und wenn sich an diesen Umständen nichts geändert hätte, wäre die Methode womöglich eine medizinhistorische Randnotiz geworden. Doch es sollte anders kommen.

EINGRIFF IN DIE SEELE

Als Moniz seine Befunde 1935 auf dem Zweiten Internationalen Neurologischen Kongress in London präsentierte, saß auch Walter Freeman unter den Zuhörern. Der Neurologe war wie gebannt. Gleich nach seiner Rückkehr an das Krankenhaus der George Washington University in Washington, D. C. machte Freeman sich daran, die Operationsmethode weiterzuentwickeln. Im Folgejahr führte er mithilfe seines Kollegen James Watts die erste Leukotomie der Vereinigten Staaten durch. Er wählte dafür seine Patientin Alice Hood Hammatt, eine dreiundsechzigjährige Hausfrau aus Kansas, die unter einer schweren Angststörung litt. Nach der Operation war sie angeblich zum ersten Mal seit Jahren in der Lage, »ohne Medikamente einzuschlafen und ihr Leben ohne die Hilfe einer Betreuerin zu meistern«. Laut ihrem Mann waren die folgenden Jahre »die glücklichsten im Leben seiner Frau«.

Die beiden Ärzte präsentierten ihren Erfolg auf der jährlichen Versammlung der Southern Medical Association in Baltimore, Maryland, worauf die *Time* schrieb, die Chirurgie sei nun in der Lage, »die Fähigkeit zur Angst aus dem Gehirn zu entfernen«. Die *New York Times* sprach gar von »Operationen an der Seele«. Das Urteil der Kongressteilnehmer war deutlich reservierter. Der berühmte Psychiater Adolf Meyer fasste das Unbehagen, das viele seiner Kollegen Freemans Verfahren gegenüber empfanden, stellvertretend für alle in Worte: »Ich habe gewisse Bedenken bei der Vorstellung, dass man uns reihenweise Ablenkung und Sorge aus dem Kopf entfernt. Zu viel Aufmerksamkeit sollten wir nicht auf das Verfahren lenken, denn das könnte eine regelrechte Epidemie auslösen.«

Doch die Ärzte aus Washington verbesserten und standardisierten im Laufe der folgenden Jahre ihr Verfahren so kontinuierlich, dass sie es sogar in Freeman-Watts-Operation umbenannten – bekannt werden sollte es aber als Lobotomie. Doch selbst in ihrer gewandelten Form blieb die Operation eine komplizierte und immer noch irgendwie zufällige Angelegenheit. Freeman und Watts verwarfen das Leukotom zugunsten eines stumpfen Messers mit abgerundeter Spitze (ähnlich einem Buttermesser), das sie durch Schlitze in den Schläfen führten, um so in das Gehirn zu schneiden. Im Verlauf von 624 Lobotomien erzielten Freeman und Watts bei 44 % ihrer Patienten gute, bei 28 % schlechte Ergebnisse (in dieser Zahl ist das besonders schlechte Ergebnis Tod des Patienten, das in 3 % der Fällen auftrat, nicht enthalten). Erwartungsgemäß ließ sich – besonders vor dem Hintergrund der Geschichte der Psychochirurgie – über das, was Freeman und Watts für eine Linderung hielten, streiten. Laut Aussagen von Krankenschwestern waren manche Patienten im Anschluss an die Operation regelrecht infantil und mussten von Neuem lernen, zu sprechen und die Toilette zu benutzen. Andere sollen sich auf fügsame Automaten reduziert haben, die sinnlos im Kreis liefen oder stundenlang auf Wände starrten. Die Gefahr war wohlbekannt – als William Seabrook im Jahre 1928 auf jener Plantage den vermeintlichen Zombies begegnet war, hatte er ihre Ausdruckslosigkeit mit lobotomierten Hunden verglichen. Bei schätzungsweise einem Drittel der operierten Patienten verbesserte sich jedoch der Zustand derart, dass sie aus der Psychiatrie entlassen werden konnten.

Angesichts dieser so unterschiedlichen Ergebnisse hielt sich die Kollegenschaft der Lobotomie gegenüber sehr zurück. Mehr als die Hälfte der Patienten litt unter schwersten körperlichen Nebenwirkungen wie partiellen Lähmungen, Inkontinenz, Fettsucht oder Krämpfen, ganz zu schweigen von den psychischen Störungen wie sexueller Dysfunktion, Verlust des sozialen Bewusstseins, reduzierter Wortschatz, Worttaubheit und Apathie. Im Jahre 1941 führte Freeman dann seine berüchtigte Lobotomie an der dreiundzwanzigjährigen Rosemary Kennedy durch, der Schwester des künftigen US-Präsidenten, um deren massive Stimmungsumschwünge zu behandeln. Die verpfuschte Operation verdammte Rosemary Kennedy für den Rest ihres Lebens zu einem Dasein mit schweren mentalen Einschränkungen.

Als andere Behandlungsmethoden aufkamen und die relativen Kosten für eine Lobotomie stiegen, wurde das Verfahren auf besonders schwere Fälle beschränkt. Freeman selbst behauptete, dass er einen Patienten erst dann für eine Lobotomie in Betracht ziehen würde, »wenn Invalidität oder Suizid drohten«. Dennoch fiel Kollegen auf, dass Freeman bei seiner Arbeit eine gewisse Selbstherrlichkeit an den Tag legte. So soll sich auch Alice Hood Hammatt noch kurz vor ihrer Lobotomie umentschieden haben – sie hatte erfahren, dass die Ärzte ihr dafür den Kopf rasieren mussten. Freeman versprach ihr, möglichst viel von ihrem Haar zu retten. Später prahlte er, es habe Hammatt, nachdem sie aus der Operation erwacht sei und gesehen habe, dass ihre geliebten Locken fort waren, »überhaupt nichts ausgemacht«. Die *Washington Post* wusste da weit Verstörenderes zu berichten. Demnach sei Hammatt gegen ihren Willen anästhetisiert worden und soll noch vor der Lobotomie geschrien haben: »Wer ist dieser Mann? Was will er hier? Was hat er mit mir vor? Schicken Sie ihn weg. Ich will ihn nicht in meiner Nähe!«

Selbstherrlich oder nicht, Freeman war offenbar leidenschaftlich davon überzeugt, dass man mithilfe der Lobotomie Druck von den psychiatrischen Einrichtungen der USA nehmen konnte, die zur damaligen Zeit mehr als eine halbe Million Patienten versorgen mussten. Doch solange eine Lobotomie einen ausgebildeten Chirurgen und einen OP benötigte, stand sie nur einer geringen Zahl von Kranken offen. Auch konnten nur wenige Hospitäler die dafür nötigen Einrichtungen finanzieren oder einen regelmäßigen Zugang zu Kliniken mit entsprechender Ausrüstung gewährleisten. All das motivierte Freeman, nach einem anderen Weg in das Gehirn zu suchen, einen Weg, bei dem man nicht durch den Schädel bohren musste.

Ein italienischer Kollege, Amarro Fiamberti, war bei einer Lobotomie durch die Augenhöhlen eingedrungen, weil der Schädelknochen dort am dünnsten ist. Freeman dachte im stillen Kämmerlein darüber nach und probte daheim mit Eispickel und Grapefruit. Wenn man mit einem Messer durch die Augenhöhle dringen könnte, ließe sich die Lobotomie auch ohne konventionelle chirurgische Mittel durchführen. Offiziell wurde das Verfahren als transorbitale Lobotomie bekannt, im Volksmund als »Eispickel-Lobotomie«. Dafür wurde der Patient betäubt, dann wurde ein Eispickel mit seiner feinen Spitze oberhalb des Auges in den dünnen Knochen eingeführt.[21] Ein

---

21 Freeman nutzte dazu später einen speziellen Pickel, den er zur allgemeinen Verwirrung ebenfalls Leukotom nannte; als ihm bei einem Eingriff ein solcher Pickel im Innern eines Schädels abbrach, fertigte er ein stabileres Gerät – den »Orbitoklasten«.

Hammerschlag trieb den Pickel tiefer in den Schädel, wo er hin und her bewegt wurde und so durch das Gehirngewebe schnitt. Auf diese Weise traten weniger Komplikationen auf, und die Sterblichkeitsrate sank um die Hälfte. Für Freeman war dies der entscheidende Fortschritt, um die Lobotomie zu den Massen zu bringen.

Die transorbitale Lobotomie hatte geringere Folgeschäden, außerdem konnte sie jeder Psychiater mit einer Minimalausbildung in Chirurgie in gerade zehn Minuten bewerkstelligen. Damit war eine schnelle und kostengünstige Operationsmethode gefunden, die sich landesweit in allen psychiatrischen Kliniken durchführen ließ. Eher zufällig machte Freeman dabei eine Beobachtung: Patienten, die maximal ein halbes Jahr in der Psychiatrie verbracht hatten, sprachen auf die Lobotomie am besten an. Nach Freemans Einschätzung führten mehr als zwei Drittel dieser Kurzzeitpatienten im Anschluss an die Operation ein produktives Leben außerhalb der Klinikmauern. Im Gegensatz zeigte sich bei langjährigen Psychiatrie-Insassen wenig Besserung – nach sieben Jahren in medizinischer Obhut lag die Wahrscheinlichkeit für einen glücklichen Ausgang bei weniger als eins zu zehn. Für Freeman hieß das in der Konsequenz, dass eine Lobotomie, sollte sie erfolgreich sein, möglichst rasch nach Einlieferung des Patienten erfolgen sollte. Er hielt sie sogar dann für angemessen, wenn sich die Symptome im Rahmen hielten – also ein eher neurotisches als psychotisches Verhalten auftrat. Warum denn warten, bis es schlimmer wird? Wo Freeman einst behauptet hatte, eine Lobotomie nur dann durchzuführen, wenn »Invalidität oder Suizid« drohten, beharrte er nun seinen Kritikern gegenüber auf dem Standpunkt, es sei »sicherer zu operieren als zu warten«.

Freeman hatte sich von Anfang an unmittelbar und in ungewöhnlich direkter Weise an die Patienten gewandt, sogar Plakatwände hatte er zu Werbezwecken angemietet. Einmal hatte er innerhalb von nur vierzehn Tagen über zweihundert transorbitale Lobotomien in den psychiatrischen Einrichtungen West Virginias durchgeführt. Viele Ärzte äußerten Bedenken und sahen in der Lobotomie die letzte aller Optionen. James Watts, der an der Seite Freemans die Leukotomie in die Vereinigten Staaten gebracht hatte, war vom Übereifer seines Kollegen derart angewidert, dass er die Zusammenarbeit aufkündigte. Freeman aber war besessen. Allein in West Virginia wuchs die Zahl der Lobotomien innerhalb von anderthalb Jahren auf fünfhundert. Viele der Operierten wurden im Anschluss aus den staatlichen Kliniken entlassen, was für die Regierung gewaltige Ersparnisse bedeutete. Die Verwaltungen ließen Freeman also liebend gern freie Hand.

Einem Erweckungsprediger oder Quacksalber gleich machte sich Freeman auf, die Wunder der Lobotomie zu predigen – als Allheilmittel gegen jedwede psychische Erkrankung. Schlug er an einem Ort seine Zelte auf, führte er ein lobotomiertes Tier durch die Stadt und schwang eine Rassel über dessen Kopf, um auf sich aufmerksam zu machen. Die Patienten standen Schlange. Freeman eilte von einem Bett zum nächsten, um zu demonstrieren, wie schnell die Operation zu bewältigen war. Einmal führte er sogar eine Lobotomie gleichzeitig an beiden Seiten eines Schädels durch, in jeder Hand einen Pickel.

Als seine Kreise durch das Land immer größer wurden, wuchs auch der Radius der Anwendungsmöglichkeiten seiner Lobotomie. Nun ließen sich mit dem Pickel nahezu alle Beschwerden problemlos lösen – Depressionen, Ängste, Alkoholismus, Kopfschmerzen, Unruhe, kriminelles Verhalten.[22] Berüchtigt ist der Fall des zwölfjährigen Howard Dully, den Freeman auf Geheiß von dessen Stiefmutter lobotomierte, die eine Behandlung nur deshalb für angebracht hielt, weil der Junge verträumt sei und sich allgemein schlecht betrage. Dully schrieb später in seiner Autobiografie, er habe sich ein Leben lang »wie ein Freak« gefühlt.

Der Zirkus kam erst 1967 zum Erliegen, als sich Helen Mortensen an Freeman wandte, eine der ersten Patientinnen, die sich einer transorbitalen Lobotomie unterzogen hatten. Sie hatte, als ihre Symptome zurückkehrten, die Prozedur sogar ein zweites Mal durchlebt. Nun war sie dreiundsechzig, und ihr Zustand hatte sich erneut verschlechtert. Sie bat Freeman um eine weitere Lobotomie, in deren Verlauf der Arzt für ein Foto posierte. Er trat zurück, den Orbitoklasten noch in Mortensens Schädel, und stieß versehentlich mit dem Ellbogen an den Pickel. Dabei verletzte er ein wichtiges Blutgefäß in Mortensens Gehirn. Die Patientin verstarb an den Folgen. Freeman wurde die Zulassung entzogen. Bis dahin aber hatte er rund 3.500 Lobotomien durchgeführt, 70 % davon unter Einsatz seines Eispickels.

Vielleicht waren die Aufsichtsbehörden auch einfach Freemans exzentrisches Gebaren leid und nutzten die Gelegenheit, alldem ein Ende zu setzen. Freemans Glaubwürdigkeit

---

22 Freeman war ein Freund radikaler Ideen. In einem Interview, das die *Time* 1930 mit ihm im Obduktionssaal des St. Elizabeths Hospital in Washington führte, äußerte er die feste Überzeugung, unterschiedliche Persönlichkeitstypen hätten eine Prädisposition zu ganz bestimmten Krankheiten – eine Art Vier-Säftelehre auf Gegenwart getrimmt. So sei etwa der »schizoide Typ« ein bleicher Einzelgänger mit scharfen Zügen, der häufig an Tuberkulose litte. Der »zykloide Typ« hingegen habe ein rundliches Gesicht, sei jovial und neige zu Herzkrankheiten.

hatte ohnehin seit Jahren schon gelitten, auch, weil sich andere konkurrierende Behandlungsmöglichkeiten auftaten: Chlorpromazin, anfangs in derart großen Dosen verordnet, dass schon von einer »chemischen Lobotomie« die Rede war, erwies sich dennoch als so wirksam, dass jede weitere Behandlung reduziert oder sogar ganz ausgesetzt werden konnte – eine deutliche Verbesserung der Psychochirurgie gegenüber.

DER FREUDENSPENDER

Walter Freeman hatte versucht, die widerspenstigen Bereiche des Gehirns mithilfe seines Messers zum Schweigen zu verdammen. Für andere Wissenschaftler aber barg die Neurochirurgie das Versprechen auf weit Ausgefeilteres.

Für die Chirurgen war Eduard Hitzigs Karte, auch wenn er die Seele im Gehirn des Menschen nicht lokalisieren konnte, immer noch von großem Nutzen. So manch ein Vermesser trat in Hitzigs Fußstapfen, um sich neue Bereiche des Gehirns zu unterwerfen. Es waren die Vertreter einer mechanistischen Philosophie, die im Verstand nicht mehr als ein kompliziertes Uhrwerk sahen, dessen unzählige Rädchen in perfekter – oder, bei Patienten mit psychischen Erkrankungen nicht ganz so perfekter – Harmonie ineinandergreifen. Lief ein Rad zu schnell oder schleifte es gegen ein anderes, waren präzise Gerätschaften vonnöten, nicht etwas derart Grobschlächtiges wie ein Buttermesser.

Einer der Psychiater, die sich an die Entwicklung solcher Utensilien begaben, war Dr. Robert Galbraith Heath, Begründer der Abteilung für Psychiatrie und Neurologie an der Tulane University in New Orleans. Heath hatte im Blut von Schizophreniepatienten einen Antikörper entdeckt, den er Taraxein nannte. Mit diesem Protein sei er in der Lage, so

Heath, auch bei gesunden Probanden vorübergehend schizo-phrenieähnliche Symptome zu erzeugen. Allerdings gelang es ihm nie, den Antikörper zu isolieren, und sein Befund konnte nie durch andere verifiziert werden. Doch Heath fühlte sich in seinem Glauben bestärkt, wonach sich mentale Beeinträch-tigungen nicht von körperlichen unterscheiden – entspran-gen seiner Meinung nach doch beide einer Art Schädigung oder Ungleichgewicht innerhalb der biologischen Prozesse des Menschen.

Heaths bedeutendster Beitrag zur Behandlung psychischer Erkrankungen aber war die Fortentwicklung der Elektrothe-rapie. Dafür pflanzte er auf chirurgischem Wege Elektroden in das Gehirn, weil er hoffte, so das limbische System zu kar-tografieren, jenen Bereich tief im Innern des Gehirns, in dem die Gefühle erzeugt werden. Heath und seine Assistenten er-öffneten sich mit Zahnarztbohrern winzige Eingänge in die Schädel ihrer Patienten und schoben ihnen dann behutsam lange Nadeln in den Kopf. Doch im Gegensatz zu Freeman geschah dies nicht mit dem Ziel, die Neuronen zu zerstören, sondern ihre Aktivität aufzuzeichnen. Heath und sein Team maßen mithilfe der implantierten Nadeln die Gehirnwellen. So stellten sie fest, dass die Muster während eines psychoti-schen Schubs oder eines katatonischen Stupors sich deutlich von der Gehirnaktivität gesunder Menschen unterschieden. »Mithilfe der Elektroden und den entsprechenden Aufzeich-nungen aus den tiefer liegenden Bereichen ist es uns gelungen, das Lust- und Schmerzsystem des Gehirns zu lokalisieren«, so Heath. »Wenn wir einen Patienten zu erfreulichen Themen befragt haben, konnten wir sehen, wie das Lustsystem feu-ert. Bei Patienten mit Tobsuchtsanfällen, wie sie bei Psycho-tikern häufig auftreten, konnten wir feststellen, dass das ›Be-strafungssystem‹ feuert.« Die vielleicht wichtigste Entdeckung aber war, dass die Nervenbahnen für Lust und Schmerz wechselseitig tätig sind – wurden die einen aktiviert, wurden die anderen unterdrückt: ein binäres System. Demnach sollten sich gewalttätige Episoden bei schizophrenen Patienten allein dadurch unterdrücken lassen, dass das Lustzentrum über die Elektroden stimuliert wird. Oder wie Heath es formulierte: »Das vorherrschende Symptom einer Schizophrenie besteht nicht in Halluzinationen oder Wahnvorstellungen, sondern in einer Fehlregulierung der Lustreaktion. Bei schizophrenen Patienten überwiegen die schmerzlichen Empfindungen. Sie befinden sich in einem beinahe permanenten Zustand aus Angst oder Wut, Kampf- oder Fluchtinstinkt, weil es ihnen an lustvollen Emotionen zur Neutralisierung fehlt.«

Gut möglich, dass sich diese Sätze lesen, als entstammten sie dem Drehbuch eines Sci-Fi-Thrillers, doch Heaths Techniken erwiesen sich als therapeutisch wirksam. Im Verlauf von fünfundzwanzig Jahren operierten er und seine Kollegen mehr als sechzig Patienten und setzten pro Patient bis zu 125 Elektroden ein. Schon ein minimaler Stromfluss in den Nadeln aktivierte die umgebenden Neuronen. Wurde das Lustzentrum stimuliert, kicherten die Patienten plötzlich wie die Kinder, auch wenn sie den Grund für ihr Vergnügen nicht benennen konnten. Einige Patienten erhielten »Selbststimulatoren«, mit denen sie nach Belieben kleine Dosen neuraler Lust auslösen konnten – letztlich eine Joybox. Ratten, die man mit ähnlichen Geräten ausgestattet hatte, verabreichten sich eine tödliche Überdosis Spaß. Die meisten Menschen zeigten deutlich mehr Zurückhaltung (obwohl es einem Patienten gelang, sich im Verlauf einer dreistündigen Sitzung ganze fünfzehnhundert Dosen zu verpassen). Mit den Elektroden hatte Heath ein permanentes Implantat, das die elektrischen Impulse direkt ins Lustzentrum abgeben und so die unkontrollierbare Wut dämpfen konnte, unter der manche seiner Patienten litten.

Der Erste, der solch einen neuronalen Schrittmacher erhielt, galt aufgrund seiner Tobsuchtsanfälle als »rabiatester Patient im ganzen Staat«, er war leicht retardiert und hatte wiederholt versucht, sich und seine Pfleger zu verletzen. Ihm wurden Elektroden, die alle fünf Minuten einen beruhigenden Impuls abgaben, in das Cerebellum eingepflanzt, denn das Kleinhirn hatte sich für Heath als der geeignete Ort erwiesen, Zugriff auf die emotionalen Bahnen des Gehirns zu erlangen. Die Elektroden waren an eine externe Batterie von der Größe einer Zigarettenschachtel angeschlossen.[23] Im Anschluss an die Operation nahm das gewalttätige Verhalten ein abruptes Ende, dem Patienten ging es so gut, dass er entlassen werden konnte. Doch eines Tages brach seine alte Neigung wieder durch; er verletzte einen Nachbarn schwer und versuchte, seine Eltern umzubringen. Nachdem die Polizei ihn überwältigt hatte, brachte sie ihn wieder in die Klinik. Dort zeigte das Röntgenbild, dass sich die Verdrahtung seines neuronalen Schrittmachers gelöst hatte. Nach dessen Reparatur legte sich die Gewaltbereitschaft des Patienten erneut.

Die Methode war gewiss kein Allheilmittel, doch Heath ging davon aus, dass etwa die Hälfte seiner Patienten von dem Schrittmacher spürbar profitierte. Das ärztliche Vermögen, die Stimmung seiner Patienten per Fernsteuerung zu kontrollieren, musste natürlich gewisse Regierungsstellen auf den Plan rufen. Angeblich wurde Heath irgendwann von der CIA gefragt, ob er nicht ebenso das Schmerzzentrum anregen

---

23 Die Batterien späterer Modelle waren schon so klein, dass sie gemeinsam mit dem Schrittmacher verpflanzt werden konnten, weshalb heutige Geräte längst nicht mehr so sonderlich wie ihre Vorläufer wirken.

könne. Ein Gerät, das unsichtbar und auf Distanz Schmerzen auslösen könnte, wäre sicher nützlich für bestimmte Befragungen – wenn nicht gar für die Verhaltensmodifikation oder die Bewusstseinskontrolle. Heath jedenfalls soll den Agenten angeekelt rausgeworfen haben. »Wollte ich Spion sein, wäre ich Spion«, soll er laut einem Bericht der *New York Times* gepoltert haben. »Ich wollte aber Arzt werden und die Menschen heilen.«

Doch nicht alle Wissenschaftler haben bei der Anwendung ihrer Resultate auf derart feinen Unterschieden bestanden, was für uns wiederum, die wir andere per Fernsteuerung lenken wollen, ausgesprochen praktisch ist.

AUF DEM WEG ZU EINER PSYCHOZIVILISIERTEN GESELLSCHAFT

Im Jahre 1936 betrat der junge José Manuel Rodriguez Delgado eine Stierkampfarena im spanischen Cordoba. Ihn erwartete ein besonders aggressiver junger Bulle. Als Delgado, ganz Matador, das rote Tuch schwenkte, donnerte das mächtige Tier in einer Wolke aus Staub und Sägemehl direkt auf ihn zu. Delgado aber zuckte nicht mit der Wimper. Im allerletzten Moment hielt er ein kleines Kästchen in Richtung Stier und drückte auf einen Knopf. Der Bulle hielt in seiner Raserei inne und blieb friedlich stehen. Delgado war verschont! Auf die Zuschauer wirkte das sonderbare Ereignis wie ein Wunder. Für den Wissenschaftler war es schlicht die Premiere seiner neuesten Erfindung.

Im Gehirn des Stiers befand sich nämlich ein »Stimoceiver«, eine Art neuronaler Schrittmacher, der sich mittels Radiowellen aktivieren ließ und den Delgado in seinem Labor in der Abteilung für Physiologie an der Yale Universität entwickelt hatte. Das Gerät bewirkte eine elektrische Hirnstimulation (EHS): Das Tier machte auf Kommando Männchen. Delgado behauptete, per EHS sei es ihm möglich, nicht nur die Aggressivität des Stiers, sondern auch dessen Bewegungsdrang zu unterdrücken.

Bestimmt fragten sich viele Zuschauer, wer dieser dreiste Matador wohl war, der einen Stier besiegen konnte, ohne ihm zu Leibe zu rücken. Vor seinem großen Auftritt hatte Delgado schon mit vielen Patienten gearbeitet, die an neurologischen Beeinträchtigungen wie etwa Epilepsie litten und auf keine der konventionellen Therapien angesprochen hatten. Im Zuge seiner Forschungen hatte er, wie auch Heath, herausgefunden, dass er die Emotionen seiner Versuchspersonen manipulieren konnte, vor allem deren sexuelles Begehren.

Zum ersten Mal hatte er dies während der Behandlung einer sechsunddreißigjährigen Epileptikerin beobachtet. Im Verlauf eines postoperativen Gesprächs mit einem Therapeuten wurde jede implantierte Elektrode einzeln angesteuert. Als der rechte Temporallappen der Patientin stimuliert wurde, gab sie ein angenehmes Kribbeln entlang einer Körperseite zu Protokoll. Wiederholte Impulse steigerten das wohlige Gefühl; die Patientin begann, mit dem Therapeuten zu flirten. Schließlich war ihr Verlangen derart aufgestachelt, dass sie sogar von Heirat sprach. Eine andere Patientin, »eine attraktive, kooperative und intelligente« Dreißigjährige, erlebte Ähnliches, als eine Elektrode in ihrem rechten Temporallappen angesteuert wurde. Sie begeisterte sich für den Therapeuten (den sie zuvor nie getroffen hatte), küsste ihm die Hände und äußerte ihre Dankbarkeit für seine Unterstützung. In allen Sitzungen, die dieser Form der elektrischen Hirnstimulation vorausgegangen waren oder folgen sollten, verhielten sich beide Frauen reserviert und ausgeglichen und nicht annähernd so aufgeschlossen, wie sie es während dieser Versuche getan hatten.

Es bestand wenig Zweifel, dass EHS die lustvollen Empfindungen ausgelöst hatte, doch Delgado unterschied sorgfältig zwischen den Empfindungen selbst und der Anziehungskraft, die seine Forscher auf die Patientinnen ausgeübt hatten. Er fragte sich, ob Letzterer nicht eine Art unterschwelliger »weiblicher Drang« zugrunde lag. Konnten seine neuronalen Schrittmacher einen Menschen dazu bringen, sich zu verlieben? Oder reduzierten sie lediglich dessen Hemmungen?

Zum Vergleich zog Delgado den Fall des elfjährigen A. F. heran, der zur Behandlung schwerer epileptischer Anfälle einer ähnlichen Hirnstimulation unterzogen wurde. Als das Gerät eine zuvor festgelegte Abfolge der Impulse auslöste, rief der Junge: »Hey! Wenn es so was gibt, bleib ich länger hier. Das mag ich.« Der Arzt hatte den linken Temporallappen des Jungen stimuliert. Im weiteren Verlauf der Sitzung stellte der Proband sogar seine sexuelle Identität infrage: »Ich überlege, was ich lieber wäre, wenn das ginge – Junge oder Mädchen.« Und bei erneuter Aktivierung der Elektrode in seinem Temporallappen rief er: »Da ist es wieder! Ich will ein Mädchen sein.«

Da es für Delgados Befunde keine zwingende medizinische Notwendigkeit gab, sanken auch die Aussichten auf den verdrahteten Spaß per Knopfdruck mit Beendigung seiner Experimente. Bei einer Reihe von Erkrankungen wie Parkinson, Epilepsie, Depressionen oder chronischen Schmerzen setzte sich die Nervenstimulation als Behandlungsmethode jedoch durch. Dadurch stieß auch Stuart Meloy, ein Mediziner aus North Carolina, im Jahre 1988 noch einmal zufällig auf die starke erogene Wirkung der EHS, und zwar bei einer Patientin, die an chronischen Rückenschmerzen litt und sich aus dem Grund für die sakrale Nervenstimulation entschie-

den hatte. Hierfür wird eine Elektrode in das Rückgrat eingepflanzt. Als Meloy während der Operation die richtige Stelle
für die Elektrode suchte, gab seine Patientin ein lustvolles
Stöhnen von sich. »Das müssen Sie meinem Mann beibrin-
gen«, so ihr Kommentar. Meloy erwähnte den Vorfall einigen
Kollegen gegenüber, von denen einer vorschlug, die Stimulation zur Behandlung von Frauen zu nutzen, die an sexueller
Dysfunktion litten. Meloy erprobte daraufhin ein elektroni-
sches Implantat, das er Orgasmatron taufte, bei elf Frauen und
zwei Männern, die an Impotenz litten. Das Gerät, das sich mittels Fernbedienung regeln lässt, durchläuft momentan weitere
Tests an Menschen. Allerdings dürfte Meloy einige Mühe haben, auf breite Akzeptanz für die Notwendigkeit einer invasiven chirurgischen Maßnahme bei geringem sexuellem Appetit zu stoßen – eine Diagnose, die in etwa so spezifisch ist wie
die »sexuelle Funktionsstörung der Frau«.

Delgado aber zielte mit seiner Pionierarbeit auf dem Gebiet der EHS in den 1960er-Jahren auf mehr als nur die Libido.
Ihm lag vorrangig an einer Verbesserung der Verhältnisse
außerhalb des Schlafzimmers. Und so präsidierte Delgado
bei einem seiner Experimente auf einem kleinen Bermuda-
Eiland über einer Population von Gibbonaffen, denen man
Funkchips ins Gehirn implantiert hatte. Mithilfe der Kontroll-
box löste Delgado gezielt bei bestimmten Individuen Aggres-
sionen aus und baute so die soziale Ordnung innerhalb der
Gruppe um. Versuchsweise übergab er die Steuerung sogar
einem niedrig stehenden Weibchen, um zu sehen, ob es diese
zu seinem Vorteil nutzen würde. Das Weibchen lernte schnell,
wie man das Alphamännchen kontrollierte und »machte« ihn
nach Belieben an und aus.

In Delgados Augen bargen solche Formen sozialer Manipulation ein großes Potenzial für die Menschheit. Er hatte wäh-

rend des Spanischen Bürgerkriegs als Sanitäter bei den Republikanern gedient und war Zeuge all der grässlichen Exzesse geworden, zu denen Menschen fähig sind. Der Gedanke, solcherlei Auswüchse zu bändigen, hatte ihn seither nicht mehr losgelassen. Sein Vorschlag sah vor, mithilfe von Implantaten, die Daten funken konnten, Veränderungen im Muster der Gehirnwellen aufzuspüren, wie sie etwa im Fall psychotischer Schübe auftreten. Solche Informationen sollten dann an entsprechende Stellen übertragen werden, die via FM-Transmitter ein Signal an das Implantat zurücksenden sollten, um die entsprechende Person außer Gefecht zu setzen, noch bevor sie ihr Unheil angerichtet hatte. In seinem 1969 erschienenen Buch *Physical Control of the Mind: Toward a Psychocivilized Society* (Physikalische Kontrolle des Geistes: Zu einer psychozivilisierten Gesellschaft) entwirft Delgado das verheißungsvolle Bild einer Neurotechnologie, die den Geist überwindet und einen »weniger grausamen, glücklicheren und besseren Menschen« hervorbringt. Es war kein populäres Werk. Die Vorstellung einer Verhaltenskontrolle mittels Gehirnimplantat klang nach einem Faschismus der allerübelsten Sorte – und nicht nach einem Schutz davor. Delgado aber ließ sich nicht von seiner Position abbringen: »Diese Gefahr ist ziemlich unwahrscheinlich, vielmehr überwiegt der zu erwartende klinische und wissenschaftliche Gewinn.« Zu einem noch größeren Skandal kam es, als zwei von Delgados Ko-Forschern anregten, mithilfe der Technik die Rassenunruhen zu ersticken, die damals in den USA tobten. Der Druck der öffentlichen Meinung wurde so stark, dass Delgado der Geldhahn zugedreht wurde.

Doch sein Erbe lebt weiter. Das programmierbare Tier ist nicht ganz von der Bildfläche verschwunden. Die DARPA, jene Forschungsbehörde des Pentagon, der wir schon im ersten Kapitel beim Thema künstlicher Tiefschlaf begegnet sind, betreibt auch das Hybrid Insect Microelectromechanical Systems Programme (HI-MEMS): Das Ziel sind Insekten, die sich per Fernsteuerung lenken und ganz wörtlich als Wanzen nutzen lassen. Forschern an der Cornell University in Ithaca, New York, ist es bereits gelungen, den Flug von Nachtfaltern zu kontrollieren. Und von der Westküste, genauer gesagt der University of California Berkeley, stammt ein YouTube-Video, das einen faustgroßen Rosenkäfer in seinem Flugverhalten beobachtet, das ein Forscher über seinen Laptop steuert. Aber das ist alles nichts gegen die ferngesteuerten Tauben, die Su Xuecheng und seine Kollegen im Jahre 2007 an der Shandong Wissenschaftsuniversität in China kreierten: Die Neurotechniker konnten die Vögel mithilfe ins Gehirn implantierter Mikrochips nach links oder rechts, oben oder unten steuern.

Aber ist das nun die Herrschaft über den Geist oder über den Körper? Werden die Tauben gegen ihren Willen gezwungen, die Richtung zu wechseln, oder wird in ihrem nichtsahnenden Gehirn nur der Wunsch entzündet, in eine ganz bestimmte Richtung zu fliegen? Günstigerweise hat Delgado selbst mehrere Experimente durchgeführt, um genau dieser Frage nachzugehen. Laut seiner Beobachtungen zeigten Tiere, deren Bewegungen er steuerte, keinerlei Anzeichen von Stress – was der Fall war, wenn sie durch äußere Mittel an bestimmten Bewegungen gehindert wurden –, und manche behielten eine vorgegebene Position auch dann bei, wenn die Stimulation bereits geendet hatte. Daraus folgerte Delgado, dass das Tier nicht wahrnahm, dass die Bewegungen erzwungen waren.

Wenn Sie nun, theoretisch, einem anderen einen Stimoceiver implantieren würden, könnte er oder sie sich dann Ihren Kommandos widersetzen? Nun, das hinge ganz davon ab, an welcher Stelle das Gerät eingesetzt würde und wie stark die gesendeten Impulse wären. Delgado hatte einen seiner Patienten gebeten, den Impulsen, die seinem Motorcortex übermittelt wurden, nicht zu folgen, keine Faust zu ballen. Nach mehreren gescheiterten Versuchen hatte der Versuchsteilnehmer geseufzt: »Ich fürchte, Herr Doktor, dass Ihre Elektrizität stärker als mein Wille ist.« Delgado vermerkte, dass in den Motorcortex implantierte Elektroden überwiegend schwerfällige und unnatürliche Bewegungen hervorriefen; um aber einen komplexen Bewegungsablauf wie etwa den Gang zu kontrollieren, müsste man Delgados Überzeugung nach Dutzende von Elektroden überaus präzise und koordiniert zum Einsatz bringen – und genau daran arbeitet die gegenwärtige Neurotechnik.

Es ist sehr viel leichter, Emotionen per Gehirnstimulation hervorzurufen – die möglicherweise eine Reaktion zur Folge haben, die aber durchgängig als freiwillig empfunden wird. So hatte Delgado wiederholt bei einem Patienten eine bestimmte Form der Angst erzeugt, die diesen dazu bewog, seine unmittelbare Umgebung abzusuchen. Im Gegensatz zu dem Probanden, dem die Elektroden in den Motorcortex eingesetzt worden waren, gab dieser stets zu Protokoll, das Suchen sei spontan, der Impuls dazu würde seinem Geist entspringen. Er erklärte sein Verhalten mit Vorwänden wie »Ich habe etwas gehört« und zeigte keinerlei Anzeichen dafür, dass er das Empfinden hatte, seine Handlungen würden von außen provoziert. Dennoch lässt sich unmöglich entscheiden, ob Delgado seinem Patienten den Anstoß für sein Suchen eingepflanzt hatte, oder ob dieser von einem allgemeinen Gefühl der Rastlosigkeit dazu getrieben wurde und sein Verhalten nachträglich zu erklären suchte. Der Sitz der Seele blieb Delgado ebenso verborgen wie seinerzeit Flourens.

Zwar lassen sich also komplexe Verhaltensweisen auslösen, zuverlässig aber ist die Technik nicht. Auch heute noch verfügt die Wissenschaft erst über ein Kontrollniveau, das sich auf einfache Anweisungen beschränkt. All das legt die Folgerung nahe, dass der Schaltkreis des menschlichen Gehirns von Person zu Person variiert, was eine vollständige Bewusstseinskontrolle mittels Stimoceiver auf breiter Basis unmöglich macht. Somit liegt die Beherrschung komplexen Verhaltens (noch) jenseits unserer Fähigkeiten, doch das gilt nicht für alle Spezies.

5
DIE GRUSEL-
NANNY

Schwerlich kann das Große lenken,
was nicht das Kleine fassen kann.

Edmund Spenser, *Die Feenkönigin* (1596)

ALS ANTÓNIO MONIZ ANNO 1935 einem seiner Patienten Äthanol in das Gehirn injizierte, konnte er kaum ahnen, dass ein anderer diese bahnbrechende Prozedur längst perfektioniert hatte. Der wahre Pionier auf dem Gebiet der Lobotomie ist das winzige Insekt *Ampulex compressa*, besser bekannt unter dem Namen Juwelwespe. So elegant, wie sie mit ihrem metallischen Schimmern in Grün und Blau auch im Reigen der Kerbtiere erscheint, so brutal ist sie, wenn es um die Aufzucht ihrer Nachkommen geht. Wespen sind fraglos eine Plage, doch wenn sie Ihnen das nächste Mal ein Picknick ruinieren, dann denken Sie daran, wie übel es erst den Opfern der Juwelwespe ergeht.

Sollten Krabbeltierchen unter Alpträumen leiden, so handeln sie bestimmt von Wespen. Manch heimtückischer Vertreter dieser Gattung macht aus Spinnen kokonwebende Sklavinnen oder platzt aus den Innern einer Made. Das kleinste der Wissenschaft bekannte Insekt ist die Wespe *Dicopomorpha echmepterygis*, die kleiner noch als eine Amöbe ist und in den Eiern der Rindenlaus lebt. Bieten sich aber keine anderen Insekten zum Vertilgen an, nehmen Wespen wie die Gemeine Eichengallwespe auch mit Pflanzen vorlieb. Hier legt das Weibchen seine Eier in Eichenblättern ab, aus denen sich die sogenannten Gallen bilden, in denen die Larven vor Fressfeinden geschützt heranwachsen. Oder vielmehr vor den *meisten* Fressfeinden geschützt, denn andere Wespen stechen wiederum ihre stählernen Sonden in die Galle, legen dort ihre Eier ab und greifen damit die Larven der Gallwespe an. Wespen lauern in und hinter allem und verschonen nichts und niemanden.

Die Besonderheit der Juwelwespe ist ihr Brutparasitismus. Wenn das Weibchen zur Eiablage bereit ist, sucht es landauf und (vorwiegend) landab nach einem passenden Partner zur Aufzucht ihrer Brut. Allerdings ist der ideale Partner keine männliche Wespe, sondern eine Kakerlake. Hat die Wespe einen Kandidaten erspäht, fliegt sie zu ihm. Die Wespe ist ein Winzling, verglichen mit der schwerfälligen, wehrhaften Schabe; mit Kraft kann sie ihr Opfer nicht bezwingen. So verfolgt die Wespe ihre Beute und wartet auf den richtigen Moment, um sich auf die gepanzerte Kakerlake zu stürzen. Es kommt zu einem kurzen Kampf, doch in der Regel gelingt der Wespe ein unbeholfener Streich und sie kann mit dem Stachel in den Bauch ihres »Partners« eindringen und die Kakerlake mit ihrem Gift lähmen. Die Wirkung ist jedoch nur von kurzer Dauer. Eilig positioniert die Wespe ihren Stachel über dem Kopf der Schabe und sticht ein zweites Mal, sehr präzise, zu, direkt in das Gehirn. Der Stachel sucht sich den Teil des Nervensystems, der den Fluchtreflex der Kakerlake steuert, und flutet ihn mit Gift. So bleibt die Kakerlake auch dann noch wie betäubt, wenn die Lähmung durch den ersten Stich schon wieder nachlässt. Experimente haben ergeben, dass sich die Kakerlake, dreht man sie um, sehr wohl aufrichten kann, was beweist, dass ihre motorischen Fähigkeiten intakt sind und sie nicht gelähmt ist. Vielmehr scheint sie ihren *Willen* zur Bewegung zu verlieren. (Setzt man die Kakerlake leichten Stromstößen oder Wasser aus, unternimmt sie wenige bis gar keine Fluchtversuche.) Nun steht die gefügige Kakerlake ganz unter dem Bann der Wespe. Diese packt die Schabe bei den Fühlern, beinahe so, als wären es Zügel, und führt die Schabe, in den Worten eines Forschers, »wie einen Hund an der Leine« zu einem vorab präparierten Bau. Dort legt die Wespe ihr Ei auf dem Bauch der Kakerlake ab und versiegelt dann das Grab von außen. Dieser letzte Schritt dient nicht dazu, die Kakerlake einzusperren, sondern Fressfeinde auszusperren; die Wespe hat vollstes Vertrauen in die Loyalität ihrer zombifizierten Nanny.

Die Kakerlake verharrt in ihrem halbkomatösen Zustand, bis die Wespenlarve schlüpft, die sich dann sogleich in den Körper der Kakerlake beißt und die inneren Organe in einer bestimmten Reihenfolge verzehrt, damit ihr Opfer so lange wie möglich am Leben bleibt. Tage später dringt dann die erwachsene Wespe aus dem Kadaver der Kakerlake, und der Zyklus kann erneut beginnen.

Wie Vera Cosgrove alias Mum in Peter Jacksons *Braindead – Der Zombie-Rasenmähermann* so schön sagt: »Niemand wird dich jemals so lieben wie deine Mutter!«

LEBENDE SPEISEKAMMERN

Die Wissenschaft hat die Parasiten lange ignoriert. Das liegt vielleicht auch daran, dass nur wenige Schulkinder davon träumen, ihr Leben einmal dem Lebenszyklus des Nematodenwurms zu widmen. Da haben es größere, prächtigere Tiere wie die Raubkatzen der afrikanischen Savanne oder die farbenprächtigen Vögel der Regenwälder Costa Ricas deutlich leichter. Unsere Aufmerksamkeit zieht es nun einmal zum Eindrucksvollen, zum Gefährlichen und (neuerdings) auch zum Gefährdeten. Doch auch die Parasiten benötigen Beachtung, vor allem in Hinblick auf den Zombieismus.

Denn Parasiten sind keinesfalls so hilflos und schwach entwickelt, wie viele meinen, sondern gehören zu den raffiniertesten und heimtückischsten Organismen unseres Planeten – noch dazu begegnen sie uns *jeden Tag*. Säugetiere, Vögel, Reptilien, Amphibien, Fische, Insekten, Pflanzen, Nematoden, Pilze, Algen und Bakterien: Sie alle unterliegen dem Befall. Nahezu jede frei lebende Spezies hat ihren Parasiten, und die meisten sogar mehrere. In Wirklichkeit ist Parasitismus die vorherrschende Lebensform auf Erden, also keinesfalls die Ausnahme, sondern die Regel.

Die überfällige Kenntnisnahme der Parasiten erfolgte 1980, als Peter W. Price die Wissenschaft mit seiner revolutionären *Evolutionary Biology of Parasites* (Evolutionsbiologie der Parasiten) aufrüttelte. In seinem Buch stellte er die These auf, der Unterschied zwischen einem Raubtier und einem Parasiten bestünde einzig und allein in der Selektivität. Ein Fuchs gibt sich gleichermaßen mit einem Kaninchen, einem Huhn oder einer Katze als Mahl zufrieden, eine Monarchraupe dagegen ernährt sich ausschließlich von den Blättern der Wolfsmilch. In dieser Hinsicht, so Price, sei die Raupe kaum anders als der Bandwurm, der auf den Verdauungstrakt eines bestimmten Wirtes angewiesen ist. Plötzlich war die Welt voller Parasiten – man konnte sie nicht länger ignorieren. Doch Price' Argument war nicht nur Wortklauberei. Er vermutete auch damals schon, dass Organismen, die in Wirt-Parasit-Beziehungen gefangen sind, in hohem Maße aneinander angepasst sind, da sie über Generationen hinweg in ein evolutionäres »Wettrüsten« verwickelt waren, bei dem sich das Wirtstier gegen den Parasiten zu verteidigen und der Angreifer die Verteidigung zu durchdringen suchte.

Falls Sie jemals das Gefühl hatten, Sie oder Ihre Zombie-Ambitionen seien nicht willkommen, dann trösten Sie sich mit den Parasiten. Denn diese müssen in (oder auf) einem Lebewesen existieren, dem diese Präsenz auf elementarste Weise unwillkommen ist. Das Immunsystem des Wirtes reagiert instinktiv mit einem ganzen Arsenal physischer, chemischer oder taktischer Waffen, um den unerwünschten Besiedler auszustoßen oder abzutöten. Aber wie jeder Siedler, der sich den

Weg in ein neues Territorium bahnt, unternehmen auch die Parasiten alles in ihrer Macht Stehende, um die feindliche Umgebung den eigenen Bedürfnissen anzupassen und sich ein gemütliches Heim zu schaffen. Der Parasit benötigt Nahrung, Wärme, Sicherheit, Fortbewegungsmöglichkeiten, einen Partner und die Gelegenheit zur Reproduktion, so wie jedes andere Lebewesen auch. Für nicht parasitäre Tiere lässt sich all das auf einfachem Wege bewerkstelligen, etwa durch den Bau eines Nestes oder eines Tunnelnetzes. Parasiten allerdings müssen sich ihre Nester häufig aus dem Gewebe ihrer Wirte bauen, unter Ausnutzung all der Ressourcen, die ihnen dieser Körper zur Verfügung stellt. Und mit unglaublichem Einfallsreichtum haben Parasiten auch gelernt, das ausgeklügelte Verteidigungssystem ihres Wirtstieres zu umgehen oder auszuhebeln und nahezu jede Umgebung bewohnbar zu machen.

Nun ist es eine Sache, den Angriffen der Umgebung des Wirtes standzuhalten, doch damit sind die Fähigkeiten der Parasiten noch lange nicht erschöpft. Sie können sich nämlich nicht nur gegen ihren Wirt verteidigen, sondern ihn auch, zu seinen Lasten, umprogrammieren, damit er den Bedürfnissen des Parasiten in weit höherem Maße genügt. Im Rahmen solcher Anpassungsleistungen sind Naturwissenschaftler auf die unfasslichsten Fälle von Zombieismus und Bewusstseinskontrolle gestoßen. Die Manipulation des Wirtes geschieht in unzähligen Formen – von einer subtilen Beeinflussung bestehender chemischer Prozesse bis hin zur vollständigen Versklavung und Vernichtung eines Wirtes. Eine solche Manipulation muss nicht einmal besonders ausgeklügelt sein. Wenn beispielsweise Fadenwürmer (Nematoden der Gattung Enterobius) an das Ende des menschlichen Verdauungstraktes wandern, um dort ihre Eier abzulegen, sondern sie juckende Chemikalien ab, die bewirken, dass die Eier auf die Hände des kratzenden Wirtes gelangen und so auf andere Menschen übertragen werden. Guineawürmer (Dracunculus) bewegen sich in der Regel unbemerkt durch den menschlichen Körper, doch wenn sich ein Weibchen reproduziert, löst der Nachwuchs brennende Schmerzen und Blasen auf der Haut aus.[24] Der einfachste Weg, diese zu lindern, ist ein kühlendes Wasserbad. In dem Moment brechen die kleinen Würmer aus ihrem Wirt hervor und schwimmen davon, um in die nächste Phase ihres Lebenszyklus einzutreten. Die Manipulation des Wirtes muss, wie gesagt, nicht unbedingt auf chemischem Wege erfolgen. Die Milben der Gattung *Antennophorus* beispielsweise streicheln über den Mund der Ameisen, ihrer Wirtstiere. Für eine Ameise muss das sein, als ob uns jemand einen Finger in den Hals steckt. Jedenfalls erbrechen sie daraufhin ihre Nahrung, die dann von der Milbe verzehrt wird. Und das sind noch relativ gnädige parasitäre Strategien, wie wir am Fall der Juwelwespe und ihres Nachwuchses bereits gesehen haben.

Die meisten, wenn nicht gar alle Eltern wollen ihrem Nachwuchs den bestmöglichen Start ins Leben ermöglichen, und Eltern, die zu parasitären Spezies gehören, bilden da keine Ausnahme. Nur weil ein Tier keine unmittelbare Rolle bei der Aufzucht übernimmt, heißt das nicht, dass es seine Kinder gleichgültig in die Welt setzt. Ganz im Gegenteil – gerade solche Eltern sorgen sehr dafür, dass ihr Nachwuchs in eine Umgebung hineingeboren wird, die möglichst sicher und nahrhaft ist. Genau aus diesem Grund legen so viele Insekten ihre Eier auf verrottendes Fleisch oder pflanzliches Material, damit die Larven beim Schlüpfen einen großen Nahrungsvorrat vor-

---

24 *Dracunculus*, »kleiner Drachen«, besitzt dieselbe sprachliche Wurzel, aus der sich auch »Dracula« erhoben hat.

finden. Für uns mag ein verwesender Kadaver nicht nach der idealen Kinderstube klingen, doch für die Larven vieler Insekten ist es Disneyland und McDonald's in einem. Dieses Vorgehen birgt jedoch auch Risiken: Es kann passieren, dass die Nahrung der Parasiten austrocknet, fortgeschwemmt, geraubt oder von Mikroorganismen, die Fäulnis oder Schimmel bringen, übernommen wird. Noch dazu müssen Larven, die im Freien auf ihrem Futter geboren werden, mit dem Nachwuchs anderer Tiere konkurrieren, die dort ebenfalls ihre Eier ablegen, und zu allem Überfluss ist dieses bunte Volk aus Eiern und Larven der ständigen Gefahr durch Räuber ausgesetzt.

Viele dieser Probleme lassen sich dadurch lösen, dass ein Tier seine Eier auf lebender Nahrung deponiert. Und genau darum tun das so viele Parasiten – denn gibt es eine frischere Nahrungsquelle? Für diese Strategie hat sich auch eine Art der Grabwespen entschieden, die als Bienenwolf bekannt ist (*Philanthus triangulum*) und ihre Eier in lebenden Bienen ablegt. Wenn die Larven schlüpfen, bohren sie sich in ihren da noch lebendigen Wirt und verzehren ihn von innen. Selbstverständlich sind die Bienen auf ein solches Arrangement nicht allzu wild und versuchen auf der Stelle, dieses Danaergeschenk wieder loszuwerden. Damit die Larve aber nicht abgestoßen wird, lähmt der erwachsene Bienenwolf, wie die Juwelwespe, die Biene mit seinem Gift und lenkt sie dann in eine Erdhöhle – eine Mischung aus Speisekammer und Kinderkrippe. Da aber alle Vorratskammern für Schimmel anfällig sind (selbst die lebenden), führt der Bienenwolf der zombifizierten Biene antibiotisch wirkende *Streptomyces*-Bakterien zu, die in speziellen Drüsen in den Antennen der Wespe leben. So wird die gelähmte Biene frisch gehalten, bis die Eier schlüpfen.

Bienenwölfe sind beileibe nicht die einzigen Parasiten, die eine Strategie gegen die Gefahren entwickelt haben, die ein lebender Wirt bedeutet. Der Tabakschwärmer (*Manduca sexta*) verbringt seine Kindheit in Gestalt einer großen, dicken grünen Raupe, die sich, wie der Name des Falters bereits verrät, für gewöhnlich von Tabakblättern ernährt. Doch kaum mampft die Raupe glücklich und zufrieden an ihrem nikotinhaltigen Mahl herum, stürzt auch schon die winzige weibliche Brackwespe *Cotesia congregata* herab und durchlöchert die weiche Haut der Raupe mit ihrem Legestachel: So schafft sie in jeder kleinen Wunde das Heim für eines ihrer Eier. Während die Wespe dem Wirt ihre Eier einpflanzt, injiziert sie zugleich einen symbiotischen Virus, der das Immunsystem der Raupe außer Gefecht setzt. Wenn die Wespenlarven schlüpfen, leben sie eine Weile in der Raupe und ernähren sich von deren Körpersäften. Ist diese Inkubationszeit vorüber, wird es Zeit, den Kokon zu spinnen, in dem die Larven heranreifen können. Dies stellt ein Problem dar, denn dafür müssen sie die Sicherheit ihres Wirtstieres verlassen, das in dem Fall wohl gern auf seine Tabakblätter verzichten und sich über die Wespenkokons hermachen würde. Doch die Larven besitzen die Fähigkeit, das Niveau des Neurotransmitters Octopamin im Stoffwechsel der Raupe zu verändern. Die Raupe fällt dadurch in eine Art Koma; sie selbst wird niemals das Puppenstadium erreichen und zu einer erwachsenen Motte werden, sondern immer Raupe bleiben und dabei immer fetter werden, weil ihr Verdauungssystem lahmgelegt wurde. Wie die Wespenlarven diese Form der Kontrolle aufrechterhalten, nachdem sie die Raupe verlassen haben, ist den Wissenschaftlern immer noch ein Rätsel. Eine Theorie nimmt an, dass einige der Larven (durch Zufall oder Absicht) im Wirt verbleiben und die Raupe so weiterhin in ihrem Bann halten, damit ihre Verwandten in Sicherheit heranwachsen können.

AN DEN FÄDEN DES PARASITEN

Einen Wirt außer Gefecht zu setzen und dann aufzuzehren ist das eine – das ist Zombielehre-Grundkurs. Etwas ganz anderes aber ist es, den Wirt zu einem Verhalten zu nötigen, das er unter normalen Umständen niemals an den Tag legen würde. Aber wie bringt man seinen Zombie dazu, dass er einem nach der Pfeife tanzt? Lernen kann man hier von der parasitären Wespe der Gattung *Glyptapanteles*, die auf dem gesamten amerikanischen Kontinent heimisch ist.

Unter Wissenschaftlern ist die *Glyptapanteles* dafür berühmt, dass sie für die Aufzucht ihrer Jungen Zombie-Nannys rekrutiert. Die Geschichte ist bekannt und beginnt wie das Los einer glücklosen Tabakschwärmer-Raupe: Auch hier greift eine *Glyptapanteles*-Wespe eine Raupe an, und zwar der Geometridae-Art *Thyrinteina leucocerae* (ein Spanner), und führt über ihren Legestachel mehr als achtzig Eier in die weiche Haut der Raupe ein. Wenn die Wespenlarven schlüpfen und heranwachsen, ernähren sie sich von ihrem Wirt, der das seltsame Krabbeln in seinem Innern nicht bemerkt und sich vollkommen normal fühlt. Wenn die Larven reif sind, platzen sie aus der Haut der Raupe und weben sich in der näheren Umgebung Kokons, um in das Puppenstadium einzutreten.

Aber damit hat die Raupe ihre Rolle bei der Aufzucht der jungen Wespen noch immer nicht erfüllt. Die Kokons sind nämlich für Räuber wie beispielsweise manche Käferarten ein beliebter Snack, und darum wird der einstige Wirt während dieser sensiblen Phase rekrutiert, um über die wehrlose Larve zu wachen. Nähert sich ein Käfer, beginnt die Raupe wild zu zucken und spuckt ein Gift aus, das den Gefährder vertreiben soll. Bei Versuchen an Universitäten in Amsterdam und im brasilianischen Viçosa stellte sich heraus, dass unter verpuppten Wespen, die von einer zombifizierten Raupe bewacht werden, verglichen mit unbewachten Kokons nur halb so viele Verluste auftreten. Die Wissenschaftler unter Leitung von Amir Grosman sind sich noch nicht sicher, wie genau die Larven ihren früheren Wirt verhexen, doch sie vermuten, dass auch hier ein oder zwei Larven in der Raupe verbleiben, um sie von innen heraus zu lenken. Die Raupe ist ein derart beflissener Wächter, dass sie nicht einmal Essenspausen einlegt. Und kurz nachdem die erwachsenen Wespen aus ihren Kokons schlüpfen, stirbt sie.

Sklavennannys findet man in der Natur erstaunlich häufig. Auch Hollywood hat sich auf der Suche nach Zombie-Plagen ziemlich oft im Tierreich umgesehen: Da treiben Hunde, Krähen, Ratten, Spechte, Würmer und sogar ein »Sumatra-Ratten-Affe« ihr Unwesen. Was aber auf sich warten lässt, ist der Blockbuster mit dem Rankenfüßer in der Rolle des Bösewichts, dabei wäre es womöglich an der Zeit, dass die wissenschaftlichen Berater der Studios daran etwas ändern. Rankenfußkrebse aus der Gattung *Sacculina* sind nämlich besonders üble Parasiten und übernehmen zur Aufzucht ihrer Jungen die Kontrolle über Körper und Geist des Wirtes, einer Krabbe. Hat sich ein Rankenfüßer erst einmal durch eine Lücke im Exoskelett einer weiblichen Krabbe hindurchgezwängt, wandert er zu deren Bauch und siedelt sich an der Stelle an, an der die Krabbe normalerweise ihre Eier ausbrütet. Von dem Moment an wird die Krabbe zur Ersatzmutter für den Parasitennachwuchs und umhegt die *Sacculina*-Eier, als wären es die eigenen. Die Krabbe verliert dabei für sie typische Funktionen wie das Häuten, auch kann sie keine Eier mehr heranreifen oder Glieder nachwachsen lassen; der Parasit diktiert ihr, sämtliche Energie zu den jungen Rankenfüßern zu lenken. Sobald diese ins Meer entlassen werden können, klettert die Krabbe auf einen Felsen, stößt Wolken von Larven aus und wirbelt mit ihren Scheren das Wasser auf, damit sie sich besser verteilen.

Es ist für einen *Sacculina*-Parasiten allerdings nicht leicht, zwischen männlichen und weiblichen Krabben zu unterscheiden, und so befallen sie häufig auch männliche Tiere, denen die nötigen Mutterinstinkte fehlen. Nicht dass der Rankenfüßer das Problem nicht lösen könnte. Wenn er sich in einer männlichen Krabbe eingenistet hat, mischt er sich einfach in dessen Hormonhaushalt ein, »kastriert« das Männchen und macht daraus ein Weibchen. Durch diesen Eingriff in das Hormonsystem der männlichen Krabbe kommt es zu Veränderungen am Körper – die Krabbe entwickelt einen breiteren, flacheren Unterleib, der die Eier besser aufnehmen kann – und im Verhalten: Das Männchen macht sich zum Ausbrüten der Eier in die See auf, da es keine Spermien mehr produzieren kann. Sobald die Krabbe ihre Fähigkeit zur Reproduktion verloren hat, ist sie kaum mehr als eine fleischliche Erweiterung des Parasiten. Hier haben wir das perfekte Beispiel für ein Verhalten, das Richard Dawkins den »erweiterten Phänotyp« nennt. In einem solchen Fall werden die Überlebenschancen genau der Gene maximiert, die für dieses Verhalten verantwortlich sind, selbst wenn Gene und Verhalten zu zwei unterschiedlichen Tieren gehören.

Octopamin – der Neurotransmitter, mit dessen Hilfe der Tabakschwärmer umgepolt wird – scheint eine Schlüsselrolle bei der Erschaffung der Zombie-Nannys zu spielen. Forscher der Ben-Gurion Universität im Süden Israels haben festgestellt, dass schon eine Injektion minimaler Dosen in das Gehirn einer zombifizierten Kakerlake diese »wiederbeleben« kann, was darauf schließen lässt, dass das Gift der Juwelwespe genau diesen Botenstoff blockiert. Löst sich die erste Lähmung, putzt sich die Kakerlake zunächst einmal gründlich, anstatt die Flucht vor ihrem ungebetenen Gebieter zu ergreifen. Octopamin spielt eine wichtige Rolle in der Biologie der Insekten (und der Krustentiere) – so hilft es beispielsweise bei der raschen Entspannung der Beinmuskulatur der Heuschrecken, löst die Lichtproduktion beim Glühwürmchen aus, befeuert das Sozialverhalten der Bienen und kontrolliert die Aggressivität von Fruchtfliegen. Es wäre nicht überraschend, wenn es auch der Schlüsselstoff bei der Geschlechtsumwandlung der Krabbe wäre. Zudem ist Octopamin mit dem Noradrenalin verwandt, das an der Flucht-oder Kampf-Reaktion beteiligt ist.

Wir wissen allerdings nur wenig darüber, inwieweit Octopamin das menschliche Verhalten beeinflusst, auch wenn es zu körperlichen Reaktionen führt. Die chronische Einnahme von Antidepressiva wie etwa MAO-Hemmern erhöht das Octopamin-Niveau in den sympathetischen Neuronen, was Schwindelgefühle auslösen kann; Octopamin spielt auch bei erhöhtem Blutdruck eine Rolle. (Es findet sich auch in vielen Mitteln zur Gewichtsreduktion, weil Octopamin angeblich die Fettverbrennung ankurbelt.)

Ob ein Mensch, dem man Octopamin-Hemmer in das Gehirn injizierte, zu einem Zombie würde, muss sich erst noch zeigen. Die Herausforderung besteht wohl eher darin, eine ausreichend große Wespe aufzutreiben. Immerhin aber gibt es einige ziemlich große Parasiten, die sich die Erde zu unseren Füßen untertan gemacht haben.

KLUGE KAPPEN

Die Pilze stellen mit ihren schätzungsweise 1,5 Millionen Arten weltweit ein eigenes unter den fünf taxonomischen Reichen dar. Es sind die vielleicht rätselhaftesten aller Organismen, weit mehr noch als die Wespen: Sie gedeihen in nahezu jeder

Umgebung, teilen sich bestimmte Eigenschaften mit Pflanzen und mit Tieren, unterscheiden sich aber auch von beiden Lebensformen und können bis zu sechzehn verschiedene Kreuzungstypen aufweisen. Pilze gibt es nicht nur in Gestalt der braven stiellosen Schirmmütze oder des berauschenden, bewusstseinsverändernden Psilocybin-Trägers, nein, manche sind auch Fleischfresser und regelrechte Räuber. Einige Spezies werfen sogar Netze und Schlingen nach winzigen Nematodenwürmern aus. Selbstredend sind viele Pilze Parasiten, und auch hier finden sich wahre Meister in der Kunst, das Verhalten ihres Wirtes zu verändern – und das nicht nur, indem sie ihn auf einen Trip schicken. Sie schicken ihre Opfer an die Arbeit.

Ophiocordyceps unilateralis ist ein solcher Parasit, wobei die adjektivische Bezeichnung seiner Art schon die Einseitigkeit seines schikanösen Verhaltens erahnen lässt. Sein bevorzugter Wirt sind Ameisen. Der Pilz dringt in Form einer winzigen Spore durch die Tracheen in das Insekt ein und macht sich ziemlich bald daran, jegliches weiches Gewebe aufzuzehren, das für das Überleben der Ameise nicht benötigt wird. Ist der Pilz zur Sporenbildung bereit, schiebt er winzige Fäden, die sogenannten Hyphen, bis in das Gehirn der Ameise vor. Nun ist der Wirt so etwas wie eine Marionette, die der Pilz auf den nächsten Baum oder Strauch steuert. Ist die richtige Höhe erreicht, sorgt der Parasit dafür, dass sich die Ameise mit ihren mächtigen Kieferzangen festbeißt. Erst dann, erst wenn die Ameise ihren Bestimmungsort erreicht hat, tötet sie der Pilz. Ein letzter Wachstumsschub treibt nun ganze Bündel von Pilzfäden aus der Ameise heraus, als würde ein Plüschtier platzen. Große Fruchtkörper, die schwer an ihren Sporen tragen, entsprießen dem Hals der Ameise. *Ophiocordyceps unilateralis* verschafft sich dadurch, dass er die Ameise zu diesem letzten Aufstieg nötigt, einen strategisch günstigen Ausgangspunkt, um seine invasiven Sporen über den nächsten potentiellen Wirt in der Tiefe auszugießen.

Die Ameisen sind sich der Gefahr, die von *Ophiocordyceps unilateralis* ausgeht, nur zu bewusst – wenn man »Bewusstheit« hier als evolutionäre Kategorie denken will. Sobald eine Ameise Anzeichen eines Befalls zeigt, tragen andere Mitglieder der Kolonie sie eilig aus dem Nest und bringen sie weit fort. Dass sie verstoßen wird, hat einen guten Grund: Eine *Ophiocordyceps*-Epidemie kann eine ganze Kolonie auslöschen – das zur Warnung an uns Menschen, für den Fall einer Zombie-Epidemie.

Bislang sind über vierhundert *Ophiocordyceps*-Arten bekannt, wobei jede einen ganz bestimmten Wirt befällt, darunter Libellen, Kakerlaken, Blattläuse, Käfer, Stabschrecken, Schmetterlinge, Bienen oder Wespen. Doch der Pilz hat unter seinesgleichen Konkurrenz. *Entomophthora muscae* befällt und tötet auf nahezu identische Weise Hausfliegen. Auch hier fädelt sich der Pilz, sobald eine Spore auf einem Wirt gelandet ist, durch den Körper und absorbiert dessen Nährstoffe. Befallene Fliegen sind leicht an ihrem grotesk aufgeblähten Unterleib zu erkennen, der unter der ungebetenen Fracht anschwillt. Beim Menschen würde eine solche Infektion zu Fieber führen, damit der Körper den invasiven Krankheitserreger regelrecht »herauskochen« kann. Insekten können ihre Körpertemperatur nicht wie wir kontrollieren, doch die Fliege hat einen Trick mit vergleichbarer Wirkung entwickelt. Sie sucht eine erhöhte Stelle auf, an der mehr Licht und damit auch mehr Wärme herrscht. Doch leider ist das ganz genau, was der Parasit von der Fliege will: Er will an einen hoch gelegenen Ort, von dem aus er seine Sporen verteilen kann. Und ebenso wie *Ophiocordyceps* tötet auch dieser Pilz seinen Wirt und lässt seine sporenbeladenen Ranken aus dem Kadaver sprießen, damit die »Konidien-Dusche« (wie es die Wissenschaft im englischsprachigen Raum so schön bildlich nennt) beginnen kann. Sollten die Konidien nicht auf einem passenden Wirt landen, hat der Pilz sogar noch einen letzten Trumpf im Ärmel: Dann verwandeln sich die Sporen in die kleineren, sogenannten sekundären Konidien, die leichter vom Wind verweht werden können und somit einen größeren Verbreitungsradius haben.

Vielleicht sehen Sie in all diesen Manipulationen der Wirtstiere nichts weiter als Formen grober Lobotomierung (oder, im Falle unseres Rankenfußkrebses, die Aneignung eines existierenden Verhaltensmusters zur Befriedigung der räuberischen Triebe des Parasiten). Könnten Sie Ihren Zombies mehr abverlangen – womöglich sogar eine ganz neue Fähigkeit? Eine interessantere parasitäre Nanny-Spielart erwächst nämlich aus dem Verhältnis zwischen den Larven der *Hymenoepimecis argyraphaga*, einer Wespenart, die kürzlich erst in Costa Rica entdeckt worden ist, und ihrem Wirt, *Leucauge argyra*, einer Radnetzspinne. Der Juwelwespe gleich sticht auch die erwachsene *Hymenoepimecis*-Wespe ihren Wirt, um ihn vorübergehend zu lähmen und während dieser Zeit ein einzelnes Ei auf dem Bauch der Spinne abzulegen. Kommt die Spinne wieder zu sich, geht sie ihrem normalen Verhalten nach, ohne zu bemerken, dass die kleine Wespenlarve schlüpft, sich an den Bauch der Spinne klammert, kleine Löcher in deren Bauch beißt und sich von den Körperflüssigkeiten ihres Wirtes ernährt. Bis hierher ist das alles ziemlich konventionelles Parasitentum.

Doch sobald die Larve bereit ist, sich zu verpuppen, geschieht etwas ziemlich Ungewöhnliches: Die Spinne spinnt ein Netz, wie sie es noch nie zuvor getan hat. Anstelle ihres üblichen weitspannigen Netzes webt sie nun eine Art robuster

Unterlage, die mittels kräftiger Fäden verankert wird. Diese neue Form ist nun allerdings kein plötzlicher Ausbruch arachnoider Kreativität, sondern die Schöpfung der parasitären Wespenlarve. Die Larve benötigt einen Kokon, um die Metamorphose zum Erwachsenenstadium zu vollziehen, und daher leitet sie die Spinne an, ihr die entsprechende Plattform zu bauen – eine feste und stabile Architektur, die zudem regenfest ist. Hat die Spinne ihr Werk vollendet, tötet sie der Parasit und tut sich an ihr gütlich. Den leeren Spinnenkadaver lässt die Larve zu Boden fallen, dann begibt sie sich auf »ihre« Basis, wo sie bis zum Anbruch der Nacht wartet und sich dann ihren Kokon macht.

Natürlich möchte die Wissenschaft herausfinden, wie der Larve dieses Kunststück gelingt. Es scheint, als ob der Parasit das normale Verhalten beim Netzbau unterdrücken und die Spinne dazu bringen könnte, eine Subroutine, die normalerweise nur eine kleine Phase beim Bau eines Netzes ausmacht, beständig zu wiederholen. Das Verstörendste daran aber ist, dass die *Hymenoepimecis*-Larve ein externer Parasit ist, sie diese Form der Bewusstseinskontrolle also mithilfe eines Giftes bewirkt, das dem Wirtstier an einer Stelle injiziert wird, die weit vom Gehirn entfernt liegt. Experimente, bei denen man die Wespenlarve entfernt hat, während die Spinne das Netz für den Parasiten baut, haben ergeben, dass sie damit noch tagelang fortfährt und erst spät ihr normales Bauverhalten wieder aufnimmt, was den Schluss nahelegt, dass das Gift schnell und vor allem lang anhaltend wirkt.

Doch bei der Frage, wie genau dieses Gift beschaffen ist, verknoten sich der Wissenschaft Gehirne.

GORDISCHE KNOTEN

Es gab eine Zeit, da hatte das Volk von Phrygien keinen König. Also wurde das Orakel von Telmissos in der heutigen Türkei befragt, das riet, den Mann, der als Nächstes mit einem Karren in die Hauptstadt käme, zum König zu krönen. Die überraschende Beförderung traf einen armen Bauern namens Gordios. Als Dank an die Mächte, die das Geschick seiner Familie in derart unerwartete Bahnen gelenkt hatten, widmete Gordios' Sohn, der legendäre König Midas, Zeus den Ochsenkarren seines Vaters und vertäute das Gefährt mit einem komplizierten Knoten vor dem Palast. Der Knoten war so ungeheuer kompliziert, dass ihn niemand lösen konnte. Eine weitere Prophezeiung besagte, dass der, dem diese Heldentat gelinge, ganz Asien unterwerfen würde. Es bedurfte Alexanders des Großen und seines Schwertes, um die Weissagung zu erfüllen und den Karren von seinem Gordischen Knoten zu befreien.

Aber nicht nur Knoten sind nach Gordios benannt.

Dies sind auch die Saitenwürmer aus der Gattung Gordius, parasitäre Kreaturen, deren Durchmesser nur Millimeter beträgt, die aber über einen Meter lang werden können und wie lange helle Haare aussehen – daher ihr Beiname Pferdehaarwurm. Bei der Paarung verschlingen sie sich zu komplizierten Knäueln, gewissermaßen zu lebenden gordischen Knoten. Doch bis heute stellt die erstaunliche Lebensweise dieses Wurms die Wissenschaft vor Rätsel, die sie trotz eines Arsenals, das jedes bronzene Schwert in den Schatten stellt, nicht zu lösen vermag.

Das Leben des erwachsenen Wurms ist kurz und unauffällig, er suhlt sich vorwiegend in trübem Wasser (besonders gerne mag er Wasserbassins von Menschenhand), offenbar, um den Kater seiner wilden Jugend auszuschlafen. Denn der jugendliche Wurm ist ein besonders bösartiges Geschöpf, das seinen Wirt verdaut, versklavt und schließlich tötet.

Wenn die winzigen Larven im wässrigen Lebensraum ihrer Eltern schlüpfen, haben sie ohne einen am Land lebenden Wirt, in dem sie heranreifen können, keine Überlebenschance. Gerät irgendein Tier zufällig in ihre Nähe, bohren sie sich mit ihrem dornenbewehrten Rüssel in das Fleisch ihres Opfers. Graben sie sich in einen Fisch, eine Wasserschnecke oder gar ein Krustentier, ist ihr Lebenszyklus beendet – im Wasser lebende Wirte sind eine Sackgasse. Die Glückvolleren aber finden ein Insekt, etwa eine Mücke oder Libelle. Wenn sich das Insekt schließlich in einen flugfähigen Erwachsenen transformiert und den Teich verlässt, hat der Wurm, der sich in einer schützenden Cyste verkapselt hat, seine Mitfahrgelegenheit gefunden. Auf dem Land entwickelt sich der Saitenwurm dann weiter und sucht nach einem neuen Wirt. Sollte aber sein erstes Insekt von einem anderen Wirbellosen gefressen werden – etwa einer Spinne, einem Käfer oder einer Gottesanbeterin –, beginnt das nächste Stadium im schauderhaften Leben dieses Wurms.

Für die Saitenwurm-Art *Spinochordodes tellinii* erfolgt diese Phase gewöhnlich in einem Insekt der Ordnung Orthoptera, zu der Grashüpfer und Grillen zählen. Wird der ursprüngliche Wirt von einer Grille verzehrt, bricht die schützende Cyste auf, und die Larve dringt in den Verdauungstrakt des neuen Wirtes ein. Der Wurm beginnt sofort damit, bestimmte Enzyme abzusondern, die seinen Wirt von innen her verdauen. Über Wochen ernährt sich die Larve von der unglückseligen Grille und entwickelt sich währenddessen zu einem erwachsenen Wurm. Der Körper kann dabei eine Länge erreichen, die die Größe der Grille um ein Vielfaches übertrifft, also ballt sich der Wurm zu einem dichten Knäuel zusammen, das den immer hohleren Leib seines Wirtes füllt.

Um seinen Lebenszyklus zu vollenden, muss *S. tellinii* aber zum Wasser zurückkehren. Dies stellt ein Problem gordischen Ausmaßes dar, denn der Parasit haust in einem Landinsekt, und Grillen gelten nicht als leidenschaftliche Freizeitschwimmer. Käme der Wurm nun aus der Grille heraus, würde er an Land stranden. Um dieses scheinbar unauflösliche Dilemma zu entwirren, ist *S. tellinii* auch auf eine »alexandrinische« Lösung verfallen: Er übernimmt die Kontrolle über das Bewusstsein der Grille und bringt sie dazu, »Selbstmord« zu verüben. Dazu wandert die zombifizierte Grille ganz gegen ihre Natur so lange umher, bis sie zu einer Wasserstelle kommt, in die sie sich fallen lässt oder springt.

Um herauszufinden, wie der Parasit den Grashüpfer lenkt, vergleichbar vielleicht mit Delgados Bullen und dem Stimoceiver, hat der Biologe Frédéric Thomas vom Institut zur Untersuchung des Polymorphismus bei Mikroorganismen im französischen Montpellier an milden Sommerabenden Grillen eingefangen und sich dann am Beckenrand eines Swimmingpools postiert. Ein Teil der Insekten stammte aus einem benachbarten Wald, den anderen hatte Thomas in einem Hundert-Meter-Radius um das Schwimmbecken herum aufgesammelt. Jeden Abend setzte er vier Versuchstiere (zwei aus dem Wald, zwei aus Pool-Nähe) an den Beckenrand und verfolgte, ob sie hineinspringen würden. Nach einer Viertelstunde wurden sämtliche Grillen wieder eingefangen und obduziert. Nur 15 % der Grillen aus dem Wald waren von Saitenwürmern befallen, aber 95 % der Tiere aus Wassernähe. Angesichts des Größenverhältnisses von Saitenwurm und Grille soll nicht unerwähnt bleiben, dass in vier der gefangenen Grillen je zwei Würmer lebten, und eine besonders glücklose Grille trug gleich vier Würmer in sich. Von den Grillen mit Wurmbefall hatte etwa die Hälfte den Sprung ins Wasser unternommen, während das bei nur 13 % der gesunden Grillen der Fall war, und zwar aus beiden Versuchsgruppen.

Doch der Befund genügte Thomas noch immer nicht, und so bereitete er ein weiteres Experiment in seinem Labor vor. Dort baute er ein Y-förmiges Gangsystem aus durchsichtigem Kunststoff. Er stellte die Grillen vor die Wahl zwischen einem Gang mit trockenem und einem mit wässrigem Ende. Kleine Ventilatoren trugen die feuchte Luft an den Anfang des Gehäuses. Die Grillen hatten eine halbe Stunde Zeit, ihren Weg zu einem der beiden Ausgänge zu finden, dann wurde das Experiment beendet. Wenn sie sogar vom Wald aus einen Swimmingpool erspüren konnten, hätte sie das vor eine leichte Probe stellen müssen. Bei den infizierten Grillen aber war keine Vorliebe für das Wasser festzustellen, zu ihm zog es befallene und nicht befallene Tiere gleichermaßen. Doch nur die infizierten Grillen hatten den Drang, sich auch in das Wasser zu stürzen. Thomas zog daraus den Schluss, dass der Saitenwurm die Grillen dazu bringt, ziellos umherzuwandern, und die Insekten nur per Zufall auf ein Gewässer stoßen. Dann aber überzeugt der Wurm sie irgendwie, sich dort hineinzubegeben.

Wie es dem Wurm gelingt, das Verhalten der Grille zu kontrollieren, ist kaum bekannt. Neulich erst berichtete eine Gruppe französischer Forscher unter Leitung von David Biron, dem wissenschaftlichen Berater des so passend *Open Parasitology Journal* (Offene Zeitschrift für Parasitologie) genannten Fachorgans, dass der Wurm, sobald er seinen Wirt bewohnt, Moleküle produziert, die die Proteine im Gehirn der Grille angreifen, und zwar die, die für das Funktionieren der Neurotransmitter und für die motorische Kontrolle in Gegenwirkung zur Schwerkraft verantwortlich sind. Der Parasit ahmt zudem die Proteine nach, die bei der Grille für das Wachstum neuen Nervengewebes sowie für die tagesperiodische Taktung (plus einiger weiterer Proteine, die sich nicht bestimmen ließen) zuständig sind.

Allmählich dekodieren wir zwar die Noten, so, als würden wir die Partitur eines großen Komponisten lesen, doch davon wissen wir ja nicht, wie das Zusammenspiel klingt. Bis dato jedenfalls hat niemand den gordischen Knoten dieses Wurms durchschlagen.

UNSER KÖRPER, EIN SCHLACHTFELD

Angesichts der enormen Vielzahl von Parasiten sollte es uns nicht schockieren, dass Thomas in dieser einen bedauernswerten Grille gleich ein Knäuel aus vier Saitenwürmern gefunden hatte – in unserem Körper lauert eine bedeutend größere Zahl an Parasiten. Aber selbst wenn sich ein Parasit sein Lager in lebendigem Fleisch errichtet, garantiert ihm das noch keine Welt ohne Wettbewerb. Eine kostbare Ressource ist auch eine umkämpfte Ressource, und ein Wirt bildet da keine Ausnahme. Was also geschieht, wenn zwei Parasiten ihre Eier in ein und demselben Wirt ablegen wollen?

Um dieser Frage auf den Grund zu gehen, ließ Roderick Fisher von der Universität Cambridge im Jahre 1961 Parasiten zu einem Kampf auf Leben und Tod antreten. Die Gegner waren zwei Schlupfwespenarten (*Ichneumonidae*), die ihre Eier in den Larven der Tabakmotte ablegen. Fisher injizierte seinen Testraupen von jeder Wespenart ein Ei und überließ alles Weitere dem Lauf der Natur. Dort, wo die Parasiten ohne äußere Eingriffe heranreifen konnten, ging nur einer von zweien siegreich aus dem Wirt hervor. Zur genaueren Untersuchung infizierte Fisher weitere Mottenlarven und sezierte diese nach unterschiedlich langen Zeiträumen. Er stieß auf Spuren eines brutalen und oftmals blutigen Kampfs.

Nach dem Schlüpfen lieferten sich die Wespen im Innern der Raupe ein wütendes Duell, an dessen Ende immer eine Larve die andere mit ihren scharfen Mundwerkzeugen, den Mandibeln, biss. Aus den Wunden drangen die Körperflüssigkeiten der Rivalin in das Wirtstier, wodurch das Immunsystem der Raupe den verwundeten Parasiten aufspüren und ihn in eine Cyste einschließen konnte, wo er abstarb. Spannender (für Entomologen) wurde es, als Fisher die Kräfteverhältnisse zugunsten einer Wespe veränderte. Als er nämlich die Eier mit zeitlichem Abstand implantierte, eine Larve also etwas älter war, ging der Kampf immer zugunsten des älteren Parasiten aus. Noch interessanter aber war, dass sich der ältere Parasit bei entsprechendem zeitlichem Vorsprung auch ohne körperlichen Angriff durchsetzte. Bei einem Unterschied von fünfzig Stunden gelang es dem älteren Wespenparasiten, schlicht das Wachstum seines Rivalen zu unterdrücken. Sobald der Neuankömmling aus seinem Ei schlüpfte, schrumpfte und verendete er. Der dafür verantwortliche physiologische Unterdrückungsmechanismus ist nicht bekannt, aber er wird wohl entweder durch eine Exkretion des älteren Parasiten oder eine Veränderung in der Umgebung des Wirtstieres (z. B. den Entzug grundlegender Nährstoffe) ausgelöst. Den Larven der Tabakmotte bleibt der zweifelhafte Trost, dass sie bei einem Befall durch Schlupfwespen wenigstens keine zwei Parasiten dulden müssen.

Dieser sogenannte Superparasitismus ist, wie wir noch sehen werden, von gewaltiger Bedeutung, denn Parasiten haben es ja nicht nur auf die Herrschaft über ihren Wirt, sondern die gesamte Welt angelegt.

6

DIE ARMEE DER BLUTSAUGER

Nichts ist so geduldig, ob in dieser oder
einer anderen Welt, wie ein Virus,
der nach seinem Wirt sucht.

Mira Grant: *Countdown* (2011)

ARBEITEN SIE SCHON EMSIG AN Ihrer Zombie-Armee? Vielleicht haben Sie ja längst ein paar Kebabspieße und Batterien zweckentfremdet und sich ein Gehirnimplantat im Stile von Delgado zusammengebastelt. Oder Sie befehligen Ihre Nachbarn, indem Sie Ihrer Stimme einfach einen autoritativen Klang verleihen. Vielleicht sind Sie ja auch auf ein heimtückisches Protein gestoßen, das sich direkt in den Kopf Ihrer Zielperson injizieren lässt und diese zu ungewollten nächtlichen Ausflügen ins nächste Schwimmbad zwingt. Leider erlaubt keine dieser Kriegslisten die Bewusstseinskontrolle auf breiter Ebene. Es erfordert ja schon eine permanente, sorgfältige und direkte Manipulation, will man nur ein oder zwei Menschen über das Telefon zu einer dissoziativen Fugue bewegen. Selbst wenn Sie eine größere Zahl von Menschen zur Implantation bewusstseinssteuernder Chips oder Proteine überreden könnten, wäre es eine logistisch nicht zu bewältigende, wenn nicht gar irre machende Aufgabe, jeden Einzelnen gezielt zu kontrollieren. Wir Menschen sind nun einmal derart komplex, dass bereits zur Kontrolle unseres eigenen Körpers fast das gesamte Gehirn im Einsatz ist – alles, was darüber hinausginge, wäre eine Meisterleistung.

Was Sie für Ihre Zombie-Armee benötigen, ist ein *verteiltes Netzwerk*: Ein unheilvolles Heer aus schwankenden Gestalten, das sich selbst erhalten und sogar selbst organisieren kann – bei dem Sie gar nicht eingreifen müssen.

Aber wäre so etwas ohne die Oberaufsicht durch den menschlichen Intellekt überhaupt möglich? Die Natur jedenfalls hat längst Zombie-Armeen hervorgebracht, die sich die

Stärken verteilter Netzwerke zunutze machen und alles Menschengemachte an Komplexität und Fortschrittlichkeit übertreffen. Wie wir schon im letzten Kapitel gesehen haben, können Parasiten so ziemlich jedes Wesen befallen, und die winzigsten sind dabei oft die bösesten. Das wird erst recht bei einem Blick durch das Mikroskop offenbar, wenn wir all die Protozoen sehen, die sich mit Material aus unseren Zellen tarnen, oder all die Viren, die sich in unsere DNS einschreiben.

MIT EINEM KUSS BESIEGELT

Wären wir ein Trupp verrückter Wissenschaftler, der die Welt auf der Suche nach dem ultimativen Zombie-Virus durchstreift, wo würden wir wohl zuerst Station machen? Vielleicht sollten wir unseren Flieger nach Südamerika steuern, nach Brasilien oder Chile, und die Mordwanze ins Visier nehmen. Man trifft sie in Höhlen, Nestern, ja eigentlich an sämtlichen Orten an, die in der Nähe eines warmblütigen Gefährten liegen. Der kleine Krabbler ernährt sich im Schutz der Dunkelheit von seinem ahnungslos schlummernden Wirt, und mit jeder Blutmahlzeit quillt der platte weiche Wanzenkörper weiter auf. Diejenigen, die unter Menschen leben, tun sich vorwiegend am Gesicht ihres Wirtes gütlich, eine nächtliche Angewohnheit, die ihnen ihren Beinamen eingebracht hat – Kusswanze.

Trotzdem ist die Kusswanze selbst kein Kandidat für unser Zombie-Heer; uns interessiert, was in der Wanze lebt. Denn so, wie sich die Wanze von uns ernährt, ernähren sich von ihr winzig kleine wurmartige Kreaturen: die Trypanosomen. Bei den einzelligen Parasiten in unserer Kusswanze handelt es sich um Vertreter der Art *Trypanosoma cruzi*, die Menschen und Insekten gleichermaßen befällt. Für die Kusswanze ist unser Gesicht nicht nur eine reich gedeckte Tafel, sondern auch ihre Toilette, und in den Fäkalien finden sich die mikroskopisch kleinen Sporen von *T. cruzi*. Reibt man sich diese Sporen in einem gedankenverlorenen Moment ins Auge oder in eine kleine Wunde und infiziert sich, kommt es zur Chagas-Krankheit, deren Verlauf nicht nur schwer und langwierig ist, sondern die auch Herz und Verdauungssystem irreparabel schädigt. Wanzen, die *T. cruzi* in sich tragen, stechen und defäkieren doppelt so häufig wie ihre nicht befallenen Verwandten und tragen so die krankheitserregenden Mikroben immer weiter. *T. cruzi* nutzt also mit anderen Worten nicht nur das vampiristische Verhalten der Insekten, um von einem Opfer zum nächsten zu gelangen, sondern verwandelt die Wanzen auch in bösartige Fressmaschinen.

Aber sind die Wanzen nun wirklich zombifiziert, oder müssen sie nur den Nährstoffverlust durch den Parasiten in ihrem Innern ausgleichen und trinken deshalb mehr? Wenn wir diese Frage beantworten wollen, müssen wir uns einen Verwandten des Parasiten ansehen, *Trypanosoma brucei*, der die Afrikanische Schlafkrankheit auslöst und sich zur Übertragung der Tsetsefliege bedient. Wissenschaftler am Institut de recherche pour le développement in Montpellier, einem interdisziplinären Forschungsinstitut, wollten genauer wissen, wie *T. brucei* das Verhalten der Tsetsefliege beeinflusst. Bei Untersuchungen der Proteine aus den Köpfen befallener Fliegen stellten die Forscher fest, dass vierundzwanzig verschiedene Eiweißstoffe ein- oder ausgeschaltet worden waren, darunter auch die, die für die Kontrolle des zentralen Nervensystems zuständig sind. Es war, als ob die Wissenschaftler einen Blick in den Instrumentenkasten von *T. brucei* geworfen hätten. Eine Mikrobe, die weiß, wie man ein Insekt in eine furchterregende Fressmaschine verwandelt – die packen wir in unseren Beutel.

IN DER KALMENZONE STEHT DIE LUFT

Die nächste Station unserer Reise ist eine kleine Tropeninsel, ein grüner Punkt im endlosen Blau des Pazifiks. Hier ringt eine Frau mit der Malaria. Sie liegt, in Quarantäne, allein in einem kargen Hinterzimmer unter einem Berg von Decken. Nur das fiebrig glänzende Gesicht der Kranken schaut hervor. Ihr Mund ist ein mühsames Hecheln, die Augen sind weit aufgerissen, im Nebel des Deliriums. Im Blut der Patientin drängen sich die tiergleichen, einzelligen parasitären Protozoen aus der Gattung *Plasmodium*, die ihr eine winzige weibliche *Anopheles*-Mücke, selbst ein Opfer des Parasiten, injiziert hat: Als die Mücke ihren spritzenartigen Stechrüssel in die Haut der Kranken hinabgesenkt hat, um sich von deren Blut zu ernähren, hat sie Dutzende mikroskopisch kleiner Sporozoiten entlassen. Das Immunsystem der Kranken hat sehr langsam auf den Angriff reagiert: Die Mücke hat ihr nämlich auch einen gerinnungshemmenden Medikamentencocktail injiziert, der die Nerven, die bei einem solchen Durchbruch der äußeren Verteidigung normalerweise Alarm schlagen würden, zum Schweigen gebracht hat. Als die Kranke das typische Jucken eines Mückenstichs bemerkt hat, waren der Angreifer längst fort und die Sporozoiten schon auf ihrem Weg zur Leber. Sie benötigen lediglich eine halbe Stunde, um sich dort zu verbergen und auf ungeschlechtlichem Wege zu vermehren, wobei sich jedes Sporozoit in zwei neue Zellen teilt und sich die Population verdoppelt, Generation um Generation, und das etwa alle achtundvierzig Stunden.

Nach einigen Wochen verwandeln sich die Sporozoiten dann in Merozoiten und dringen in die menschliche Blutbahn vor. Dabei tarnen sie sich mit Umhängen, die sie, zum Schutz vor dem menschlichen Immunsystem, aus den Membranen der Leberzellen ihrer Opfer nähen. Die Merozoiten greifen dann die roten Blutkörperchen an, schlagen sich den Bauch mit deren Hämoglobin-Molekülen voll und vermehren sich erneut. Sie sprengen die Zellen der Blutkörperchen und befallen weitere. Und erst jetzt, in dieser Phase des Angriffs, zeigen sich die typischen Symptome: Fieber, Abgeschlagenheit, Gelenkschmerzen, Anämie, Erbrechen, Krämpfe – mit einem Wort: Malaria. Selbst wenn unsere Kranke diesen Schub überlebt, ist die Wahrscheinlichkeit recht groß, dass der Parasit nach einer Inkubationszeit, die bis zu dreißig Jahre betragen kann, erneut zuschlägt.

Der verseuchte Zombie in dieser Geschichte ist aber nicht die Kranke unter ihrem Deckenberg, sondern die Anopheles-Mücke, die Überträgerin der Malaria. Und wir können mit Sicherheit sagen, dass es sich um eine Täterin handelt, weil sich allein die weiblichen Mücken von Blut ernähren. Auch wenn sämtliche Malaria-Mücken Nektar zu sich nehmen, so verlangt der Aufbau eines Proteins, das für die Produktion der Eier nötig ist, doch nach einer Blutmahlzeit. Wir können außerdem davon ausgehen, dass es sich um eine ältere Mücke gehandelt hat, denn die Plasmodium-Parasiten benötigen zu ihrer Entwicklung beinahe die gesamte Lebensspanne einer Mücke.

Plasmodien können nicht selbstständig von einem Menschen zum anderen wandern, sie benötigen eine Mitfahrgelegenheit bei einem Insekt. Dabei dient ihnen die Mücke als »Vektor«. Im Laufe ihrer Jugendzeit muss sich unser Mückenweibchen am Blut eines bereits mit Malaria Infizierten gelabt haben. Zufall war das nicht: Die betreffende Person hat einfach gut gerochen. Die Plasmodien im Körper des befallenen Menschen verändern – auch wenn wir nicht wissen, auf welche Weise – dessen Geruch, genauer gesagt die chemische Zusammensetzung seines oder ihres Schweißes oder Atems, damit vorüberfliegende Mücken dieser Person auf keinen Fall widerstehen können.

Die Parasiten, die während der Mahlzeit des Insekts verschlungen werden, bohren sich durch die Magenwand der Mücke und kapseln sich dort in Cysten ein. Dann geschieht etwas Seltsames. Normalerweise nehmen Mückenweibchen regelmäßig Nektar und Blut zu sich, damit sie möglichst viele Eier legen können, doch mit Plasmodium infizierte Mücken verlieren ihren Appetit. Dies ist das Werk der Parasiten: Sie sind noch nicht bereit für die Übertragung auf den Menschen, und so vermeiden sie das Risiko eines vorzeitigen Endes ihres Lebenszyklus. Jedes Mal, wenn die Mücke einen Menschen sticht, läuft sie Gefahr, zerquetscht zu werden. Die Mücke geht das tödliche Risiko gern ein, um ihren Nachwuchs mit Nährstoffen zu versorgen. Die mitreisenden Parasiten sehen das anders, und so unterdrücken sie den Appetit der Mücke, bis sie sich geteilt haben und zu Sporozoiten, zu kräftigen Schwimmern herangereift sind, die es bis in die Leberzellen des menschlichen Wirtes schaffen. Zu Tausenden bewegen sich die infektiösen Sporozoiten dann zu den Speicheldrüsen der Mücke, wo sie wie Revolverkugeln darauf warten, in den nächsten menschlichen Wirt katapultiert zu werden. Erst dann heben sie die Fastenzeit der Mücke auf.

Als die infizierte Mücke unsere Patientin entdeckt hatte, war noch etwas Seltsames geschehen. Nicht befallene Stechinsekten nehmen ihr blutiges Mahl so rasch wie möglich ein und machen sich dann schleunigst aus dem Staub – je länger der Imbiss, umso größer die Gefahr von Totschlag. Doch die Mücke, die unsere Kranke gestochen hat, hat sich sehr viel Zeit gelassen. Auch das ist der Einfluss der Plasmodien. Wenn sie bis zu diesem Punkt gekommen sind, haben sie kein Interesse mehr daran, dass die Mücke lange lebt: Dieser Stich könnte die einzige Chance sein, einen menschlichen Wirt zu finden. Die Parasiten nutzen eine Art molekularer Überlistung, die die Mücke in Sicherheit wiegt und den Biologen noch immer Rätsel aufgibt. Irgendwie bringt der Parasit die Mücke dazu, ihr Leben zu riskieren, damit sie den Bedürfnissen des Parasiten dient, und die bestehen nun einmal darin, dass die Mücke möglichst lange auf dem potenziellen Wirt verbleibt. Auf diese Weise erhöhen sich die Chancen der Plasmodien, sich in jede Himmelsrichtung zu verbreiten, und das gelingt ihnen ganz hervorragend: Die einzelligen Protozoen sind für jährlich 225 Millionen Neuinfektionen verantwortlich, wobei 800 000 Menschen der daraus resultierenden Malaria zum Opfer fallen.

Mit der Mücke als Überträger kann ein einziger mit Plasmodium infizierter Mensch den Malaria-Erreger auf bis zu dreißig weitere Opfer übertragen, die ihn ihrerseits an jeweils dreißig Menschen weitergeben können. Diese Zahlen dürften deutlich machen, wieso ein einziger Stich eine Epidemie auslösen kann. Sie erklären auch, weshalb sich die Malaria selbst den allerbesten Impfstoffen widersetzt: Die schier gewaltige Zahl von Menschen, die einer Infektion potenziell ausgesetzt sind, gewähren dem Erreger immer neue Schlupflöcher – Menschen, die sich nicht immunisieren lassen oder nicht auf das Serum ansprechen. Wenn man so will, haben die Plasmodien ihr eigenes Impfprogramm erschaffen, mit Milliarden ergebener Freiwilliger, deren Netzwerk sich über die ganze Welt erstreckt.

Könnte eine ähnlich agierende, speziell entwickelte Mikrobe in Ihrem Auftrag eine andere Spezies in wütende Blutsauger verwandeln? Das durchschnittliche menschliche Gehirn wiegt etwa 1,3 Kilogramm und ist damit eine Million Mal größer als das einer Kusswanze oder Mücke. Die Zahl der menschlichen Neuronen bewegt sich in einer Größenordnung von einhundert Milliarden, wobei die aus den Neuronen hervorgehenden Verästelungen, die Dendriten, ihrerseits über eintausend Trillionen synaptischer Verbindungen erzeugen. So viel graue Substanz muss man erst mal kontrollieren.

Aber schließen Sie daraus jetzt nicht, dass »höher entwickelte« Tiere mit komplexem Gehirn gegen parasitäre Eingriffe immun oder weniger manipulierbar wären. Parasiten sind in der Lage, Lebewesen zu beherrschen, die um ein Vielfaches größer und weit komplexer als sie selbst sind – das war schließlich das Ziel ihrer Evolution. Und ihre Techniken zur Manipulation haben dabei ein Niveau erreicht, dass ihnen nicht einmal der Mensch, der sich für das klügste und verständigste Geschöpf auf Erden hält, entkommen kann.

VON WUT BEFALLEN

Am 3. Oktober 1849 wurde Edgar Allan Poe, der Verfasser so vieler großartiger Schauerromane, höchst delirös vor Ryan's Saloon in Baltimore, Maryland, aufgefunden. Sogleich wurde ein Arzt herbeigerufen und Poe daraufhin ins George-Washington-Hospital gebracht. Der gewöhnlich so perfekt gekleidete Schriftsteller trug an jenem Tag einen schäbigen Anzug von schlechtem Sitz und durchgelaufenes Schuhwerk. Er hatte für seinen Zustand keinerlei Erklärung. Tage zuvor erst hatte er seine Familie in Richmond, Virginia, aufgesucht, seiner Jugendliebe einen Antrag gemacht und sich dann in literarischen Angelegenheiten auf den Weg nach Philadelphia begeben. Sein Gepäck jedoch hatte die Swan Tavern in Richmond nie verlassen. Und offenbar hatte Poe auch keine Anweisungen erteilt, es an einen anderen Ort zu liefern.

Im Krankenhaus peinigten ihn Tremor und Halluzinationen, immer wieder verlor er das Bewusstsein. Als ihm der Besuch eines Freundes angekündigt wurde, murrte Poe, sein Freund täte ihm einen größeren Gefallen, er würde ihm das Gehirn mit einer Waffe wegpusten. Er wurde immer aggressiver, schließlich musste ihn der Krankenwärter mit schweren Lederriemen an das Bett fesseln. Vier Tage später war Poe tot, laut dem Gesundheitskommissar der Stadt Baltimore Dr. J. F. C. Handel Opfer einer »Kongestion des Gehirns«.

Die Umstände von Poes Tod haben Anlass zu allerlei Spekulation gegeben. War der berühmte Schriftsteller der Cholera oder Syphilis erlegen? War er »Wahlschleppern« in die Hände gefallen, jenen Banden, die im 19. Jahrhundert Männer entführten, unter Drogen setzten und dann zwangen, in mehreren Wahlkreisen zugleich ihre Stimme abzugeben – was Poes schockierendes Äußeres und sein Delirium erklärt hätte? Oder war sein eigener berüchtigter Konsum von Alkohol und Drogen daran schuld? Allerdings war Poe zu jener Zeit, ganz gegen seine Neigungen, schon ein Jahr abstinent und in entsprechender Verfassung. Er passt nicht in das Profil des typischen Süchtigen, den sein Laster langsam, aber stetig in die Knie zwingt. Es war ein rätselhafter Tod, als hätte ihn der Meister des Makabren für sich selbst inszeniert.

Fast hundertfünfzig Jahre später, 1996, unternahm ein Arzt an der Universitätsklinik von Maryland einen erneuten Versuch, das Geheimnis um Poes Tod zu lüften und stellte den komplexen Fall, anonym und unter Schilderung der Symptome und der Todesumstände, auf der wöchentlichen Pathologie-Konferenz der Klinik vor. Ein Kollege, der Kardiologe R. Michael Benitez, brachte die Theorie auf, der Patient könne an Tollwut gelitten haben. Der Wechsel von Delirium und Klarheit, die aggressiven Anfälle, das Unvermögen, Flüssigkeit (sei es Alkohol oder Wasser) zu schlucken: All dies sind Kennzeichen einer fortgeschrittenen Infektion mit dem Tollwut-virus. Die Überlebensdauer von Patienten, die erst im Endsta-dium in ein Krankenhaus kommen, ist in der Regel sehr kurz. Sie versterben im Durchschnitt innerhalb von vier Tagen, oft-mals an einer Entzündung des Gehirns. Benitez hätte sich so-gar ganz in der Nähe inspirieren lassen können – Poes Grab-stätte befindet sich nur eine Straße von der Klinik entfernt. Der Kardiologe schrieb seine essayistische Analyse auch tat-sächlich nieder, selbst wenn sie unbestätigt bleiben muss, da an Poe keine Autopsie vorgenommen wurde.

Die Tollwut verbreitet sich mithilfe einer ebenso einfachen wie brutalen Taktik, was ihren Erfolg und die Furcht vor ihr erklärt.[25] Der verursachende Parasit der Gattung Lyssavirus gelangt gewöhnlich durch einen Biss in seinen Wirt: Schon ein einziger Tropfen Speichel enthält genügend Virionen – einzelne Viruspartikel –, um eine Infektion auszulösen. Die kugelförmigen Organismen weisen eine Größe von gerade einmal 0,0002 Millimetern oder einem Zehntel eines Plasmo-diums auf. Sind sie erst einmal im Körper, lokalisieren sie die peripheren Nerven und klettern daran wie an einem Seil bis in das Gehirn des Wirtes hoch, wo der Parasit dann sein eigent-liches Unheil anrichtet. Dieser Aufstieg kann sich über einen Zeitraum von mehreren Monaten erstrecken, je nachdem, wie weit die Bissstelle vom Kopf entfernt liegt.

Ist der Parasit aber erst einmal bis in das Gehirn vorge-

---

25 Die erste Erwähnung der Tollwut findet sich in einem Kodex, der für den Fall, dass ein Hundebesitzer ein tollwütiges Tier nicht unter seiner Kontrolle hält, schwere Strafen vorsieht. Die entsprechende Verordnung wurde in Mesopotamien vor viertausend Jahren veröf-fentlicht – damit gilt die Tollwut als eine der ältesten reglementierten Seuchen der Menschheit.

drungen, setzt er zu einem dreifachen Angriff an, damit er auf den nächsten Wirt überspringen kann. Nun zeigen sich auch die ersten Symptome. Die Rabiesviren fluten die Speicheldrüsen und lähmen die Halsmuskeln. So kann der Speichel nicht mehr geschluckt werden und läuft aus dem Maul des tollwütigen Tieres – der berühmte »Schaum vor dem Mund«. Bei Hunden bewirken die gelähmten Halsmuskeln auch das furchterregende heisere Knurren, das in Frankreich als *voix au coq*, als Hähnekrähen bezeichnet wird. Die Schluckunfähigkeit hindert das Opfer am Trinken, trotz eines quälenden Durstes. Versucht man, dem Infizierten Wasser einzuflößen, gerät er in Panik, weshalb die Tollwut auch als Hydrophobie, als »Angst vor Wasser« bekannt ist.

So weit, so gewöhnlich. Viele Krankheiten – Windpocken, Grippe, Cholera, Ebola – fluten die Körperflüssigkeiten mit ihrem infektiösen Wirkstoff und sorgen dafür, dass diese in Kontakt mit anderen Wirten kommen: durch Niesen, Husten, eiternde Wunden, Erbrechen, Durchfall oder blutigen Auswurf.

Was die Tollwut einzigartig macht – und in dieser Hinsicht sogar noch gefährlicher als Ebola –, ist die Art und Weise, wie sie die Kontrolle über das Gehirn des Wirtes übernimmt und diesen dazu bringt, die Nachkommenschaft des Virus über den hoch ansteckenden Speichel zu verbreiten. Die Krankheit hemmt nämlich nicht nur den Schluckvorgang, sie veranlasst den Wirt auch zu erhöhter Aggressivität – Sie erinnern sich an die Geschehnisse in Stephen Kings *Cujo*? Das Rabiesvirus entlehnt denn seinen Namen auch von dem lateinischen Wort für »Wut«, seine Gattung, das Lyssarivus, vom Griechischen *lyssa* für »Gewalt«. Und das Rabiesvirus hält, was sein linguistischer Stammbaum verspricht. Befeuert von den Parasiten, die sich in das Gehirn der Tiere hacken, erliegt ein jedes seiner Wut: Es trifft Hunde, Katzen, Füchse, Waschbären, Fledermäuse und Menschen gleichermaßen. Virionhaltiger Speichel überzieht die Zähne, als wären es mit Gift getränkte Waffen, und jeder Biss eines infizierten Tieres überträgt Tausende von Virenkörpern in das nächste Opfer. Im letzten Krankheitsstadium verursacht der Parasit irreparable und fatale Schäden am Gehirn, indem er die Steuerung der grundlegenden Lebensfunktionen beeinträchtigt, darunter auch die Atmung. Sobald diese Symptome auftreten, ist die Tollwut nicht mehr heilbar. Dann verläuft sie tödlich. Sie ist grob, aber effektiv: 55 000 Menschen fallen ihr jährlich zum Opfer. Das aber macht die Tollwut auch zum Modellfall einer Zombie-Epidemie.[26]

Den meisten von uns dürfte glücklicherweise die Begegnung mit einem tollwütigen Tier erspart geblieben sein, daher lässt sich für Unbeteiligte auch nur schwer ermessen, wie grimmig ein infiziertes Tier sein kann. In einem Bericht aus dem Jahre 1822 vermerkt ein gewisser Samuel Cooper, seines Zeichens Arzt, dass eine einzige tollwütige Wölfin dreiundzwanzig Menschen gebissen habe. Die Hälfte der Opfer verstarb. Die Unglücklichen wurden alle direkt in die Haut gebissen. Wolfsbisse sind in der Regel infektiöser als ein Hundebiss, da Wölfe vorwiegend das Gesicht attackieren. Entsprechend gefürchtet war die Tollwut, denn sie war so schmerzhaft wie unentrinnbar tödlich, und ein jeder hätte einem streunenden Hund zum Opfer fallen können. Ein Biss, und alles war

---

26 Auch in Horrorstreifen wie *The Crazies – Fürchte deinen Nächsten*, *Die Satansbande*, *28 Days Later – 28 Tage Später*, *Rabid – Der brüllende Tod* und *[•REC]* spielen infektiöse Stoffe eine Rolle, die den Rabiesviren im Verhalten ziemlich ähneln, auch wenn die lange Inkubationszeit filmgerecht auf die Verzehrdauer einer Tüte Popcorn beschnitten wurde.

verloren. Nicht wenige verübten Selbstmord, um sich nicht einem langsamen und grässlichen Tod zu übereignen. Auf jeden Ausbruch folgte eine Massenpanik. In den 1750er-Jahren war die Tollwutangst in England derart groß, dass es für den Abschuss eines jeden Hundes, der frei durch London lief, eine Prämie gab. Auch in anderen europäischen Städten kam es zu Massenkeulungen: Bei einem Ausbruch in Hamburg wurden zweitausend Hunde getötet, in Madrid neunhundert allein an einem einzigen Tag. Die Hundepopulation mittels Keulung oder Steuer zu verringern, war die einzig effektive Taktik, um die Krankheit zu bezwingen.

Natürlich verbreitete sich mit der Tollwut auch der Aberglaube. Eines der vielen Wundermittel wollte, dass man ein Haar vom Schwanz des Hundes schluckte, der zugebissen hatte. Im 16. Jahrhundert entstand der Abwehrzauber, das tollwütige Tier am Genick zu packen und ihm beschwörend in den Rachen zu rufen: »*Y ran quiran cafram, cafratrem cafratrosque!*« Wer den Zähnen eines tollwütigen Tieres nicht ganz so nahe kommen wollte, konnte den Bannspruch auch auf einen Zettel schreiben, in ein Omelett mischen und dieses dem Hund zu fressen geben. Der Wissenschaft aufgeschlossenere Ärzte rieten, die Bisswunde umgehend zu reinigen und zu desinfizieren, ein Rat, der bis heute gilt.

Im Laufe des 19. Jahrhunderts kochte die Angst vor der Tollwut zu einer regelrechten Hysterie hoch. 1885 entwickelte Louis Pasteur endlich einen Impfstoff aus einer abgeschwächten Form der Rabiesviren, die er aus Kaninchen isoliert hatte. Da Pasteur kein Arzt war, ließ er den neunjährigen Joseph Meister, der von einem tollwütigen Hund angefallen worden war, auch ohne die erforderliche Zulassung mit dem experimentellen Impfstoff behandeln. Der kleine Joseph überlebte und wurde später Pförtner des Pariser Institut Pasteur.

Der Impfstoff und seine nachfolgenden Varianten wirken allerdings nur prophylaktisch, wenn sie vor oder wenige Tage nach dem Kontakt mit dem Tollwuterreger verabreicht werden – sobald sich die Symptome zeigen, ist das Serum nutzlos, was im Grunde auch für die fünfzehnjährige Jeanna Giese das Todesurteil bedeutet hätte. Im Herbst 2004, während der Aufwärmübungen zu einem Volleyballspiel an ihrer Highschool in Wisconsin, brachen bei Jeanna plötzlich allerlei Beschwerden aus: Müdigkeit, Fieber, Doppeltsehen, Erbrechen und ein Kribbeln im linken Arm. Sie wurde in das nahe gelegene St.-Agnes-Krankenhaus gebracht, wo sich ihr Zustand allerdings nur noch verschlechterte. Sie wurde auf alle möglichen Krankheiten hin getestet, von der Meningitis bis zur Borreliose, sämtlich mit negativem Ergebnis. »Mein linker Arm hat gezuckt, ich konnte nicht mehr stehen, hatte unglaublich viel Speichel und konnte auch nicht sprechen«, so Jeanna. Sie wurde an das Kinderkrankenhaus von Wisconsin überwiesen, um den Verlauf der mysteriösen Krankheit zu beobachten.

Dann erinnerte sich ihre Mutter, dass Jeanna drei Wochen zuvor von einer Fledermaus gebissen worden war, die sich in ihre Pfarrkirche verirrt hatte. Jeanna hatte die Wunde ausgespült und die Angelegenheit vergessen. »Kaum etwas hat mein Leben so verändert wie die dreißig Sekunden, in denen die Zähne dieser Fledermaus in meinem Finger steckten«, sollte sie später sagen. Die Ärzte untersuchten daraufhin ihr Blut und bestätigten eine außerordentlich hohe Zahl von Antikörpern gegen das Lyssavirus. Die Behauptung, dass ihre Prognose schlecht gewesen sei, wäre eine Untertreibung – die Ärzte gaben ihr nur noch Stunden.

Einer ihrer Kollegen, Rodney Willoughby jr., war nicht bereit, das Mädchen aufzugeben. Er glaubte an eine Chance – wenn es denn gelingen würde, das Gehirn zu schützen, und zwar so lange, bis Jeannas Immunsystem sich gegen den Erreger zur Wehr setzte. Willoughby ließ sich auf eine riskante experimentelle Therapie ein. Er verabreichte Jeanna einen Cocktail aus Sedativen, darunter Ketamin, Midazolam und Phenobarbital, damit sie ins Koma fiel, und führte ihr antivirale Mittel wie Ribavirin und Amantadin zu. Willoughby hatte nicht nur vor, Jeanna in einen Tiefschlaf zu versetzen, sondern ihre gesamte Hirnaktivität zu unterdrücken, was der Schwelle des Hirntodes bedrohlich nahekam, wenn nicht gar darüber hinausging. Ihren Eltern musste er erklären, dass der Körper ihrer Tochter die Behandlung womöglich überleben würde, nicht jedoch das Gehirn.

Nach einer Woche zeigten Tests, dass Jeannas Körper das Virus bekämpfte. Daraufhin verringerten Willoughby und sein Team behutsam die Dosis der Sedativa und weckten Jeanna aus ihrem Koma. Sie hatte überlebt, doch der Preis war hoch: Jeanna konnte weder gehen noch sprechen. Nach Monaten intensiver Rehabilitation fand sie langsam ins Leben zurück, allerdings musste sie fast alle grundlegenden Fähigkeiten von Neuem erlernen. Am Ende aber machte sie sogar den Führerschein und schrieb sich in der nahe gelegenen Marian University für Biologie ein. Jeanna treibt heute deutlich weniger Sport als früher und nimmt es mit Humor, dass sie beim Gehen zu einer Seite neigt. Doch sie hat, ohne Pasteurs Impfstoff, die Tollwut im Endstadium überwunden – und ist der erste Mensch, dem das je gelungen ist.

Dr. Willoughbys experimentelle Therapie läuft heute unter dem Namen Milwaukee-Protokoll. Die genaue Wirkungsweise versteht bislang noch niemand, und doch wurden so schon vier weitere Opfer einer akuten Tollwutinfektion gerettet, die dem Virus andernfalls zum Opfer gefallen wären. Dennoch ist und bleibt die Tollwut eine ungeheuer aggressive

Krankheit: Einunddreißig Patienten, die ähnlich behandelt wurden, haben nicht überlebt.

Wenn also die Tollwut unserer Vorstellung von einem Zombie-Virus noch am nächsten kommt, ist es wohl nur passend, dass die Heilung in einer kurzen Begegnung mit dem Tod liegt.

EIN FATALES KATZ- UND MAUSSPIEL

An einem sommerlichen Nachmittag fährt ein Mann mittleren Alters durch das Zentrum von Manisa, im Westen der Türkei, nahe der Ägäis. Es ist heiß und trocken, die Fenster seines weißen Wagens sind geöffnet. Zügig wechselt er auf der breiten unmarkierten Straße von einer Spur zur anderen. An der nächsten Kreuzung springt die Ampel schon von Grün auf Gelb, doch das schafft er noch, glaubt er, überholt einen großen LKW und rauscht mitten auf die Kreuzung. Zu spät bemerkt der Fahrer, dass sich von links zweispurig der Seitenverkehr nähert. Das weiße Auto wird bei voller Fahrt am Heck getroffen, überschlägt sich mehrfach und verfehlt nur knapp einen Fußgänger. Wenige Sekunden später kracht der Wagen in eine Häuserwand und macht seinen Fahrer zu einem der siebentausend Todesopfer, die jährlich in der bitteren Unfallstatistik der Türkei erscheinen.

In den meisten Fällen wird die Schuld bei Fahrfehlern gesucht – der Fahrer oder die Fahrerin war zu schnell, übermüdet, abgelenkt. Was aber, wenn da etwas ganz anderes im Spiel gewesen wäre? Wenn der Unfall – und mit ihm Hunderte vergleichbare – geplant gewesen wäre? Was, wenn der Fahrer geradezu über die rote Ampel gedrängt worden wäre, angetrieben von einem unsichtbaren Puppenspieler? Professor Kor Yereli von der Celal-Bayar-Universität in Manisa begab sich auf genau diese Spur und stellte fest, dass in der Türkei tatsächlich viele Verkehrsunfälle von Parasiten, die sich im Gehirn der Menschen einnisten, hervorgerufen wurden. Auf den Straßen hatte sich eine (selbst)mörderische Epidemie ausgebreitet, die für eine Ablenkung mit tödlichem Ende sorgte.

Yereli und seine Kollegen hatten 185 Frauen und Männern, die in Verkehrsunfälle ohne Alkohol am Steuer verwickelt waren, Blut entnommen. Ein Drittel wurde positiv auf die Antikörper getestet, die bei einer Infektion durch die Mikrobe *Toxoplasma gondii* auftreten, im Gegensatz zu mageren 9 % bei der ähnlich großen Kontrollgruppe. Auch wenn niemand innerhalb dieser Gruppe die üblichen Symptome einer Infektion aufwies, war die Wahrscheinlichkeit, in einen Autounfall verwickelt zu werden, bei den Trägern von *T. gondii* signifikant erhöht. Es schien, als ob die Parasiten in die Fahrtüchtigkeit ihres Wirtes eingreifen würden – nicht dramatisch, aber doch so sehr, dass die Unfallwahrscheinlichkeit anstieg. Damit stellt sich die Frage: Was finden wir im Arsenal dieses todbringenden Eindringlings? Wie gelingt es ihm, seinen Wirt zu übernehmen – und wichtiger noch, warum tut er das?

Toxoplasma gondii ist einer der erfolgreichsten Organismen überhaupt. Die winzige Mikrobe, die kaum mehr als das Zehnmillionstel eines Meters misst, tritt weltweit auf, besonders aber in wärmeren Klimazonen. Ihren Namen hat sie von einem niedlichen, gedrungenen, ein wenig schrumpeligen Nager, einer Mischung aus Hamster, Katze und pelziger Backpflaume, der in den trockenen Ebenen Nordafrikas lebt: dem Gundi. Denn in einem Gundi wurde *T. gondii* anno 1908 erstmals durch Charles Nicolle und Louis Manceaux nachgewiesen. Im gleichen Jahr entdeckte der italienische Bakteriologe Alfonso Splendore den Parasiten in brasilianischen Kaninchen. Er beschrieb auch als Erster die Krankheit, die einem Befall mit *T. gondii* folgt und die, so Splendore, Ähnlichkeit mit der beim Menschen auftretenden Kala-Azar-Infektion – dem Hindi-Wort für Schwarzes Fieber – hat.[27] Splendore prognostizierte schon damals, dass die Toxoplasmose auch Menschen befallen könnte, obwohl es dafür keinerlei Beweise gab. »Wir sollten nicht allzu überrascht sein, wenn die Krankheit künftig auch beim Menschen beobachtet würde«, äußerte er sich 1912 auf einem Ärztesymposium in Paris.

Erst viele Jahre später bestätigten Studien, dass große Teile der menschlichen Population das Virus in sich tragen und die Infektion zu Fehlgeburten führen kann. Mit einem Mal zeigte sich die Toxoplasmose als gewaltiges Gesundheitsrisiko. Entsprechend gründlich wurde die akute Toxoplasma-Infektion erforscht. Doch auch Herdentiere wie das Schaf kann ein Ausbruch heftig treffen und sogenannte Abortstürme auslösen, bei denen im ungünstigsten Fall die Hälfte aller Mutterschafe ihre Lämmer verliert. In Großbritannien wurden 22 % der Bevölkerung positiv auf Antikörper getestet, waren dem Virus also in der Vergangenheit ausgesetzt. Die Unterschiede zwischen den einzelnen Ländern sind dramatisch. In Frankreich beispielsweise wurden 84 % der Bevölkerung positiv getestet.

---

27 »Schwarzes Fieber« oder auch Leishmaniose, ist eine besonders heimtückische Krankheit, die in der Äquatorregion auftritt und von Sandfliegen übertragen wird. Wochen nach dem Stich, bei dem selbstverständlich Blut gesaugt wird, bildet sich an der Stelle eine Wunde oder ein Geschwür – dessen Heilung bis zu einem Jahr dauern kann. Manchmal ähnelt die Infektion sogar der Lepra. Tritt das Schwarze Fieber in seiner schwersten Form auf, die nahezu immer tödlich ist, hat der Parasit auch die lebenswichtigen Organe befallen. Die Gattung *Leishmania* rangiert an zweiter Stelle unter den parasitären Killern, übertroffen nur durch das Plasmodium.

Diese Diskrepanz beruht wahrscheinlich auf den verschiedenen Essgewohnheiten – ein großer Appetit auf rohes Fleisch korreliert mit einer hohen Infektionsrate. In weit geringerem Umfang erklärt sie sich aus einem Kontakt mit Katzen, dem primären Wirt von *T. gondii*. Deshalb aber raten Ärzte Schwangeren, das Haustier in jedem Fall zu meiden.

Zwar wurde *T. gondii* erstmals in Gundi und Kaninchen nachgewiesen – das Virus kann nahezu jedes Säugetier befallen –, seinen Lebenszyklus aber kann es nur in einem katzenartigen Endwirt vollenden. Aus diesem Grund ist *T. gondii* auch so verbreitet: weil das Virus von einer Familie von Tieren abhängt, die überall auf der Welt domestiziert, gezüchtet, umsorgt, als Jäger oder Freund sogar verehrt werden und sich mit dem Menschen mehr Behausungen teilen als sein »bester Freund«, der Hund. Doch bis die nächste Katze kommt, kann *T. gondii* in jedem Säugetier verharren. Die Protozoen sind bei ihrer Lebensgestaltung derart flexibel, dass sie sich sogar in Delfinen angesiedelt haben. Das verdanken wir den vielen Katzenhaltern, die ihre Streu durch die Toilette spülen und den mikroskopisch kleinen Tierchen eine Reise durch Kanal und Fluss bis hinaus ins offene Meer ermöglichen.[28]

Ein Säugetier aber gibt es, das mit den Wirtskatzen beinahe ebenso häufig in Berührung kommt wie der Mensch: der Nager. Etwas mehr als ein Drittel der wild lebenden Rattenpopulation ist mit *T. gondii* infiziert, und sie sind ein Schlüssel für die weltweite Verbreitung des Parasiten. Befindet sich *T. gondii* nicht in einem katzenartigen Wirt, kann es sich nur »klonen«, also ungeschlechtlich über Tochterzellen reproduzieren.

---

28 *Toxoplasma gondii* kann seinen Lebenszyklus natürlich auch in Wild- und Großkatzen vollenden, aber wie häufig kommt es vor, dass man mit Leoparden schmust?

In dem Fall bringt das Virus zwei unterschiedliche Zelltypen hervor: die replikativen Tachyzoiten, die ihre Wirtszelle füllen, bis diese ruptiert, und daher vom Immunsystem leicht angegriffen werden können, und als Reaktion darauf in die ruhenden Bradyzoiten, die langsamer wachsen und sich in kleinen Zysten, den sogenannten Vakuolen, innerhalb der Zelle verstecken. Dort warten sie darauf, von ihrem Zwischenwirt auf einen katzenartigen Wirt überzuspringen, wo sie sich wieder geschlechtlich reproduzieren können. In der Ratte können Bradyzoiten zwar vom Muttertier auf die Nachkommen übertragen werden, doch Nachschub kommt meist von frischen Oozysten – winzigen Eiern mit hochinfektiösen Sporozoiten –, wie sie sich in Katzenkot befinden. Nun ist es nicht so, dass sich die Ratten für Katzenfäkalien begeistern würden (zumindest ist das nicht die Norm), vielmehr gerät der Kot häufig zwischen unsere Abfälle und Essensreste und kontaminiert auf diesem Weg das Büfett der Ratten. Nimmt eine Ratte ungewollt den Parasiten auf, plündern Generationen von Tachyzoiten ihre Körperzellen, bis sie sich in Bradyzoiten verwandeln und im Gehirn, der Leber und im Muskelgewebe festsetzen und sich in ihren schützenden Zysten verbergen. Um aus dieser Existenzform auszubrechen, muss der Parasit einen katzenartigen Wirt finden – mit anderen Worten, die Ratte muss sich von einer Katze fressen lassen.

Parasiten haben eine ganze Reihe von Strategien entwickelt, um von einem Wirt zum anderen zu gelangen – sie reisen als blinde Passagiere auf Überträgern wie Mücken und Flöhen mit oder lassen sich wie der Ameisenpilz *Ophiocordyceps unilateralis* aus einem Wirt fallen und hoffen, dass der nächste passende schon darunter steht. *Toxoplasma gondii* jedoch ist viel verschlagener. Wenn der Parasit erst einmal Generation um Generation seiner geschlechtslosen Existenz durchlebt hat, hat er irgendwann keine Lust mehr, auf eine Zufallsbegegnung zu warten. Also programmiert *T. gondii* das Gehirn des Nagers um.

Ratten sind von Natur aus scheue Tiere. Sie sehen schlecht und meiden den offenen Raum und helles Licht, also alles, was sie für Feinde wie Hunde, Raubvögel oder Katzen angreifbar machen würde. Ratten verlassen sich auf ihren hervorragenden Geruchssinn und ihre empfindlichen Schnurrhaare, legen sich Geruchsspuren und bleiben auf bekannten und sicheren Routen in der Deckung. Erwartungsgemäß ist ihre instinktive Angst vor Katzen groß; entsprechend meiden sie jeden Ort, an dem sie nur den Hauch von Katzenurin wittern. Dieses Verhalten hat sich derart tief in das Gehirn der Nager eingegraben, dass selbst Laborratten, die seit fünftausend Generationen keiner einzigen Katze mehr begegnet sind, beim Geruch einer Katze aversives und ängstliches Verhalten zeigen. Für *T. gondii* stellt das ein Problem dar, denn gewöhnlich landen nur kranke oder sehr glücklose Ratten auf dem Speisetisch der Katze. Nun könnte der Parasit ja versuchen, seinem Wirt Schaden zuzufügen, doch die Wahrscheinlichkeit, dass eine kranke Ratte in ihrem Bau verendet oder in den Klauen eines anderen Nagers beziehungsweise einer Katze, ist in etwa gleich groß. Also bedient sich *T. gondii* einer anderen List: Es füttert das Ego der Ratte. Manuel Berdoy von der Universität Oxford spricht hier von »tödlicher Begierde« in Rattenform.

Berdoy und seine Kollegen haben in einer Studie aus dem Jahr 2000 dargelegt, wie *T. gondii* auf das Verhalten der Ratten einwirkt. Zunächst hatten die Forscher Ratten auf britischen Farmen eingefangen und mit Labortieren gekreuzt. Die halbwilden Nachfahren vereinten also natürliches mit erlerntem Verhalten. Die Tiere erhielten daraufhin ein Antibiotikum, um alle potenziellen Parasiten abzutöten, und wurden dann mit *T. gondii* infiziert. Anschließend wurden sie in ein zwei Quadratmeter großes Labyrinth gesetzt, das in sechzehn kleinere Kammern unterteilt war und in dessen Ecken je ein kleiner Verschlag mit Futter, Wasser und einem ganz bestimmten Geruch wartete: Eine Ecke war mit sauberem Stroh ausgelegt (ein »neutraler« Geruch), ein anderer mit der Unterlage aus dem »Heim« der Ratte, also eine vertraute und gemütliche Umgebung. Die beiden anderen Ecken wurden mit dem Urin von Säugetieren eingesprüht – einmal stammte er vom Fressfeind Katze, das andere Mal vom für die Ratte eher harmlosen Kaninchen. Die Gehege wurden täglich gereinigt und die Lage der Verschläge dabei jedes Mal verändert. In welche Ecke würde es die Ratten ziehen?

Ratten sind nachtaktiv, also ließen die Wissenschaftler sie Abend um Abend auf ihre neue Umgebung los (natürlich unter Kamera-Beobachtung, im Stile von *Big Brother*). Die nicht infizierten Ratten verhielten sich, wie eine Ratte sich verhält – sie mieden den Verschlag, der mit Katzenurin eingesprüht war, und blieben in der Nähe ihres Streus. Die infizierten Ratten zeigten ebenfalls eine Präferenz für den eigenen Geruch, erkundeten aber auch den Winkel mit den Katzenpheromonen. Im Verlauf der Studie zeigte sich aber auch, dass die infizierten Ratten den Geruch der Katze dem des Kaninchens vorzogen. Der Parasit hatte nicht nur den Geruchssinn der Ratten unterdrückt – er hatte deren Reaktion auf bestimmte olfaktorische Informationen geradezu umprogrammiert und die Ratten dazu verführt, sich für ihren natürlichen Feind zu begeistern. Die infizierten Ratten suchten auch deutlich häufiger als ihre nicht infizierten Verwandten die kleinen Kammern auf, setzten sich also freiwillig einer unbekannten Umgebung aus. Sie wirkten insgesamt neugieriger und risikofreudiger. Wie Dr. Joanne Webster aus Berdoys Team resümierte: »Die Infektion macht die Ratte weniger furcht-sam Neuem gegenüber. In der Regel nehmen Ratten noch die kleinste Veränderung in ihrer Umgebung wahr. Das macht es ja so schwer, sie zu fangen oder zu vergiften, doch der Parasit überschreibt diese angeborene Reaktion; die Ratte führt die Katze regelrecht an der Nase herum.«

Das mag nach einem folgenlosen Katz- und Mausspiel klingen – aber denken Sie an die tollkühnen Fahrer auf den Straßen der Türkei (und bestimmt auch Ihrer Heimat). Das Entscheidende nämlich ist, dass kleine Populationen von *T. gondii* auch Menschen und andere warmblütige Wirtstiere besiedeln können, wobei keine klinischen Symptome auftre-ten und die Infektion daher unbemerkt bleibt. Wenn jedoch das Immunsystem geschwächt ist, wie es etwa bei einer Che-motherapie oder im letzten Stadium von AIDS der Fall ist, er-hebt die Infektion ihr schreckliches Haupt. Leider motiviert *T. gondii* uns nicht zu einer förderlichen Neugier. Die Infek-tion führt vielmehr zu Demenz, denn das Toxoplasma schlägt »sehr große Löcher ins Gehirn«, so Webster. Entsprechend ihre Warnung: »Meiner Meinung nach können wir vor einem Parasiten, der derart häufig in unserem Gehirn anzutreffen ist, nicht länger die Augen verschließen.«

Bald tauchten erste Beweise dafür auf, wie berechtigt Webs-ters Mahnung war. Schon vor Berdoy et al war Jaroslav Flegr, Biologe an der Prager Karls-Universität, mehr als ein Jahr-zehnt lang der Frage nachgegangen, wie viel Macht *T. gon-dii* mutmaßlich auf den Menschen ausübt. 2007 publizierte er seine Befunde im *Schizophrenia Bulletin* (der Titel der Fach-zeitschrift, die er dafür ausgewählt hatte, lässt bereits erahnen, in welche Richtung seine Befunde gehen).

Das Verrückte war, dass sich *T. gondii* demnach unter-schiedlich auf die Geschlechter auswirkt. Infizierte Männer zeigen offenbar eine niedrigere Über-Ich-Stärke (der Teil der Psyche, der unsere selbstsüchtigen Impulse unterdrückt und uns soziales Handeln ermöglicht), kombiniert mit einer erhöhten Vigilanz – mit anderen Worten, bei Männern, deren Gehirn *T. gondii* befällt, nehmen die Abenteuerlust, die Neigung zu Regelverstößen sowie »Selbstbezogenheit, Misstrauen, Eifersucht und ein Hang zur Dogmatik« zu. Frauen hingegen legen demnach ein gefühlvolleres Verhalten und eine größere Über-Ich-Stärke an den Tag, der Parasit mache sie »warmherziger, extrovertierter, gewissenhafter, beständiger und entschiedener in Fragen der Moral.« Im Unterschied zu den Ratten jedoch stieg bei allen infizierten Menschen, unabhängig vom Geschlecht, das Gefühl einer allgemeinen Beunruhigung.

Frühere Versuche an Tieren hatten ergeben, dass eine Infektion mit *T. gondii* die motorische Leistung beeinträchtigt. Flegr wollte prüfen, ob das auch für den Menschen gilt. Entsprechend baten er und seine Kollegen 120 Erwachsene, die zur Hälfte den Antikörper gegen *T. gondii* in sich trugen, an einem Reaktionstest teilzunehmen. Sie sollten auf einen Bildschirm blicken, und sobald ein weißes Quadrat darauf erschien, auf einen Knopf drücken – eine simple Aufgabe. Diejenigen, die den Parasiten in sich trugen, schnitten signifikant schlechter als die »reinen« Versuchsteilnehmer ab. Das Ergebnis wurde bei zwei nachfolgenden größeren Studien bestätigt, jedoch noch nicht veröffentlicht.

Aber lassen sich solche durch psychologisches Profiling und Reaktionstests quantifizierten Unterschiede auf die Realität übertragen, gar auf lebensbedrohliche Veränderungen in unserem Verhalten? Den Tests zufolge beeinträchtigt uns *T. gondii* ganz eindeutig, doch das gilt auch für unzählige andere Faktoren – für Müdigkeit, körperliche Fitness, den allgemeinen Gesundheitszustand, Stimmung, Alter, Erziehung und die Gene. Könnte *T. gondii* unsere Gehirne wirklich so umformen, dass es uns wie die Ratten in den Tod lenkt? Flegr jedenfalls ist davon überzeugt. Und so war seine nächste Station ein Prager Krankenhaus. Dort entnahm er 146 Patienten, die – als Fahrer oder Fußgänger – bei einem Verkehrsunfall Verletzungen davongetragen hatten, eine Blutprobe. Verglichen mit einem zufällig ausgewählten Querschnitt aus der tschechischen Bevölkerung zeigte sich, dass die Unfallwahrscheinlichkeit bei mit *T. gondii* infizierten Personen um das Zweieinhalbfache anstieg.

AUF TÖTEN PROGRAMMIERT

Vielleicht reagiert der eine oder andere leicht verschnupft bei dem Gedanken, dass ein Organismus, kaum größer als ein rotes Blutkörperchen, uns den Garaus machen kann. Dabei nützt es dem Parasiten keineswegs, wenn er seinen Wirt in einer rasenden Blechkiste in den frühen Tod schickt – bedeutet dies doch auch seinen Untergang. Wo also liegt, evolutionär gesehen, der Sinn? Wenn wir für *T. gondii* eine biologische Sackgasse sind, warum werden wir dann infiziert? Eine mögliche Erklärung lautet, dass es uns ähnlich wie der Ratte ergeht – dass der Parasit entweder nicht bemerkt, dass er im falschen Wirt ist, oder es ihm egal ist und er so oder so seine bewusstseinsverändernde Magie entfesselt. Wir können natürlich auch wild spekulieren und die Antwort in jenen fernen Tagen suchen, als unsere Vorfahren allmählich von den Bäumen stiegen. Der Waldboden war ein gefährliches Terrain, dort wie in den hohen Zweigen jagten uns die Großkatzen. Primaten waren (und sind) eine wesentliche Nahrungsquelle für die Katzenartigen, und vielleicht haben die Verhaltensmanipulationen *T. gondii* dabei geholfen, wieder auf eine Katze überzuspringen und sich geschlechtlich zu vermehren. Und so bemüht sich *T. gondii* auch im Prag und Manisa unserer Zeit, dem Menschen das Leben zu verkürzen, obwohl die einzige Großkatze, deren Opfer wir dort werden könnten, ein Ford Puma ist.

Wie aber stellt *T. gondii* all das an? Dies ist die große Frage unter den Neurobiologen, seit Flegr und Webster die bewusstseinsverändernden Fähigkeiten des Parasiten schlüssig nachgewiesen haben. Wir wissen, dass *T. gondii* seine Schäden im Schaltkreis des Gehirns sehr genau begrenzt: Die infizierten Ratten aus dem Labyrinth-Versuch zeigten keinerlei Anzeichen für weitreichende neurologische Probleme und reagierten normal auf alle anderen angstauslösenden Stimuli wie helles Licht oder offene Räume. Die Operationsweise von *T. gondii* besteht nicht darin, die Ratten zu verwirren, indem es chaotische Mengen von Neurotransmittern in das Gehirn injiziert, vielmehr verdrahtet es sehr präzise bestimmte Teile des Gehirns neu, ohne die Funktionen der übrigen Zellen zu unterbinden.

Der Ausdruck »neu verdrahten« passt übrigens erstaunlich gut – er ist mehr als eine computerzeitgemäße Metapher für die Funktionsweise unseres Gehirns. Wenn eine Ratte Toxoplasma-Sporen aufnimmt, werden sie durch den Verdauungstrakt absorbiert und beginnen ihren langsamen Weg in Richtung Gehirn. Nach etwa sechs Wochen konzentrieren sich die Bradyzoiten in der Amygdala, dem Teil des Gehirns, das für das Auslösen der Angstreaktionen zuständig ist. Bei infizierten Ratten schrumpfen die lang verzweigten Dendriten, die die Nervenzellen miteinander verbinden – *T. gondii* unterbricht auf physischem Wege die Kreisläufe der Amygdala. Irgendwie aber gelingt es dem Parasiten, nur den spezifischen

Kreislauf anzugreifen und außer Kraft zu setzen, der die Angst vor Raubtieren regelt, während er alle anderen »Furchtpfade« intakt lässt. Wie es ihm gelingt, genau diese neuronalen Bahnen zu identifizieren, ist nach wie vor ein Rätsel, aber im Vergleich dazu sieht die heutige Neurochirurgie wie eine Schädelöffnung mittels stumpfem Meißel aus – da war selbst der Eispickel noch besser. Und das ist erst der Anfang.

In einem Nagetier die uralte Angst vor Katzen auszumerzen ist die eine Sache, doch um darüber hinaus eine Lustreaktion auf Katzenpheromone zu erzeugen, muss eine vollkommen andere neuronale Bahn gehackt werden. *T. gondii* verdrahtet also auch die Teile des Gehirns neu, die für die sexuelle Erregung verantwortlich sind, sodass der Geruch von Katzen das Belohnungszentrum antriggert, was gewöhnlich nur durch die Gegenwart eines potenziellen Partners geschieht. Robert Sapolsky, Biologie-Professor an der Universitätsklinik von Stanford, in einem Interview mit dem Online-Magazin *Edge*:

> »Toxo (*T. gondii*) weiß genau, wie man die sexuellen Belohnungsbahnen besetzt. Wenn man Männchen, die mit Toxo infiziert sind, einer großen Menge von Katzenpheromonen aussetzt, werden ihre Hoden größer. Irgendwie weiß dieser verdammte Parasit, wie man es schafft, dass Katzenurin sexuell erregend riecht ... Das ist echt total bizarr.«

Ja, genau so ist es: *T. gondii* bewirkt, dass Ratten sich sexuell zu Katzen hingezogen fühlen. Eine fatale Begierde, in der Tat.

Laut Sapolsky ist der Parasit zu dieser List nur fähig, weil er über etwas Einzigartiges verfügt: über das Säugetier-Gen, in das der Code für die Dopaminproduktion eingeschrieben ist. Dopamin ist ein Neurotransmitter, der eine eminent wichtige Rolle beim Belohnungsverhalten des Menschen spielt – schlicht gesagt, Dopamin macht Drogen, Sex, Schokolade und eine ganze Reihe anderer Vergnügungen erst vergnüglich. *T. gondii* benötigt das Dopamin aber nicht für sich – der Parasit beginnt sogar erst dann mit der Produktion, wenn er in das Gehirn seines Wirtes gelangt ist. Der Botenstoff entsteht in einem Fortsatz des Parasiten und instruiert die jeweilige Zelle, in der *T. gondii* sich verbirgt, den Neurotransmitter an die unmittelbare Umgebung abzugeben – das Gehirn. Hat das Protozoon erst einmal das Dopamin unter seine Kontrolle gebracht, kann es neue Belohnungsbahnen bilden und seinen Wirt dazu verführen, sich auf »unnatürliche« Weise auszuleben. Wie man sich denken kann, hat diese Fähigkeit auch das Interesse gewisser Organisationen erregt. Sapolsky hierzu:

> »Wissen Sie, was wirklich verstörend ist? ... Auch in der US-Armee sitzen Leute, die sich mit Toxo und dessen Einfluss auf das Verhalten auskennen. Die sind an Toxo ziemlich interessiert. Ganz offiziell. Ist ja auch klar, dass an solchen Stellen ein Interesse an einem Parasiten besteht, der Säugetiere möglicherweise dazu bringt, Dinge zu tun, die sie nach allen Regeln des Instinkts niemals tun würden, weil es gefährlich, albern und dumm ist und im Körper alles sagt: Lass es. Doch kaum ist der Parasit an Bord, lässt sich das Säugetier etwas leichter dazu hinreißen, all das doch zu tun.«

Die Führungsebene des Militärs und auch alle anderen, die in einem Löffel *T. gondii*-Oozyten das geeignete Heilmittel sehen, ihre Höhenangst, ihre sozialen Phobien oder auch nur die Angst vor – Achtung! – Katzen zu überwinden, sollten sich das gut überlegen. Beim Menschen gilt nämlich ein Zusammenhang zwischen einer erhöhten Dopamin-Produktion und psychischen Erkrankungen wie der Schizophrenie als sicher – mit ein Grund, warum Flegrs Studie für die Herausgeber des *Schizophrenia Bulletin* überhaupt von Interesse war.

Unter der Prämisse, dass *T. gondii* womöglich auch das Rattengehirn über eine Veränderung des Dopamin-Niveaus kontrolliert, behandelte Joanne Webster versuchsweise infizierte Ratten mit Haloperidol, einem Medikament, das häufig in der Therapie gegen Schizophrenie eingesetzt wird. Haloperidol blockiert die Dopaminrezeptoren im Gehirn. Wäre ihre Hypothese korrekt, müsste eine Desensibilisierung des Rattengehirns gegen zusätzliches Dopamin zur Impotenz von *T. gondii* führen. Tatsächlich kehrte bei den Ratten, die das mit dem antipsychotischen Medikament versetzte Futter bekamen, die natürliche Aversion gegen den Geruch von Katzen wieder, sie zeigten eine signifikante Abnahme suizidalen Verhaltens. Webster hatte recht.

Aber man kann diesen Befund natürlich auch auf den Kopf stellen. Wenn *T. gondii* für eine gesteigerte Dopaminproduktion verantwortlich ist, auf Antipsychotika anspricht und auch Menschen infiziert, könnte dann nicht *T. gondii* die eigentliche Ursache für die Schizophrenie sein? Schon in den 1950er-Jahren wurde ein Zusammenhang zwischen Toxoplasmose und Schizophrenie-Erkrankungen festgestellt, doch diese These stand auf ziemlich wackeligen Beinen – so war Ärzten beispielsweise aufgefallen, dass die Wahrscheinlichkeit einer diagnostizierten Schizophrenie bei Müttern anstieg, die während der Schwangerschaft Katzen gehalten hatten. Im Jahre 2003 verifizierten dann Fuller Torrey vom Stanley Medical Research Institute und Bob Yolken von der John-Hopkins-Universität, beide Maryland, dass die Wahrscheinlichkeit bei

Schizophrenie-Patienten, positiv auf *T. gondii*-Antikörper getestet zu werden, dem Bevölkerungsdurchschnitt gegenüber um das Dreifache erhöht war. In einer separaten Studie fand Yolken zudem heraus, dass die Selbstmordgefahr bei Patienten, die an Stimmungsstörungen litten, höher lag, wenn bei ihnen große Mengen des Antikörpers nachgewiesen werden konnten. Diese Befunde belegen nicht, dass *T. gondii* psychische Krankheiten auslöst, doch zumindest steht der Parasit auf der Liste der verdächtigen Komplizen.

Und sie brachten Teshome Shibre, Psychologieprofessor am Aklilu-Lemma-Institut für Pathobiologie in Addis Abeba, auf die Idee, Websters Experiment in umgekehrter Richtung durchzuführen und zu untersuchen, ob *T. gondii* womöglich der Schlüssel für eine Therapie gegen Schizophrenie sein könnte. Wenn die Mikrobe eine führende Rolle bei der Krankheit spielte, müssten sich die Erkrankten eigentlich durch eine Gabe preiswerter Antibiotika heilen lassen. Um seine Hypothese auf den Prüfstand zu stellen, baten Shibre und sein Team 159 Patienten, denen sämtlich eine mäßige bis schwere Schizophrenie diagnostiziert worden war, das Mittel ein halbes Jahr lang einzunehmen. Die Hälfte der Probanden erhielt Trimethoprim, ein Antibiotikum, das das Wachstum von Bakterien hemmt und gewöhnlich bei Infektionen des Harntrakts verschrieben wird. Die anderen Teilnehmer erhielten ein Placebo. Nach Ablauf des Untersuchungszeitraums zeigte die Trimethoprim-Gruppe einen signifikanten Rückgang der Symptome – das galt allerdings auch für die, die das Placebo erhalten hatten. Mit anderen Worten, die »silberne Kugel« gibt es bislang nicht.

Es wäre durchaus möglich, dass *T. gondii* bei einigen Menschen einen dauerhaften Schaden anrichtet. Es wäre ebenso gut möglich, dass die Mikrobe als Trigger wirkt und einem anderen Pathogen den Weg ebnet, das daraufhin sein Unheil anrichtet und die bekannten Symptome auslöst. Und genauso gut könnte es überhaupt keinen Zusammenhang zwischen der Mikrobe und der Krankheit geben und es sich um eine reine Koinzidenz handeln. Die Antworten stehen noch aus und warten auf die Wissenschaft.

Wer also darauf gehofft hatte, die Welt mithilfe einer Zombie-Plage zu versklaven, muss sich wohl geschlagen geben – die Natur ist uns längst zuvorgekommen. Selbst die US-amerikanische Behörde zur Krankheitsüberwachung, die Centers for Disease Control, hat längst Richtlinien für den Fall einer Zombie-Epidemie verlautbart. Deren Leiter Dr. Ali Khan macht denn auch das ganze Drama der potenziellen Gefahr deutlich: »Wenn Sie auf eine Zombie-Apokalypse vorbereitet sind, dann sind Sie auch für einen Hurrikan, eine Pandemie, ein Erdbeben oder einen Terrorangriff gewappnet.«

Tatsache aber ist und bleibt, dass winzige Organismen wie *T. gondii* nicht nur in der Lage sind, das Gehirn ihrer Wirte zu hacken, sie haben darüber hinaus auch ein stabiles und weitverzweigtes Verteilungsnetz entwickelt. Es hat also längst begonnen. Ringsumher erheben sich die Zombies, wir sehen nur nicht hin.

Also, was könnten wir mit unseren menschlichen Zombies denn so anstellen, wenn wir erst mal wüssten, wie es geht?

7

DIE MENSCHLICHE ERNTE

Der Tod ist die einzige Sache,
deren vollständige Trivialisierung uns
noch nicht gelungen ist.

Aldous Huxley: *Geblendet in Gaza* (1936)

IN SID MEIERS ÜBERAUS POPULÄREM Videospiel *Civiliza-tion*, bei dem man die Entwicklung der Menschheit von einem bescheidenen Auftakt in der Jungsteinzeit bis zur Besiedelung des Weltraums vorantreiben kann, gehört neben dem Rad und der Steinmetzkunst das zeremonielle Begräbnis zu den ersten grundlegenden »Technologien«, die ein Spieler entdecken kann.[29] Hat man sich für die Beerdigungsriten entschieden, kann man sich unter dem Dach von Philosophie und Mysti-zismus an den Aufbau eines Reichs begeben, das sich durch institutionalisierte Religion, Astronomie, Mathematik, Physik und dergleichen auszeichnet.

Civilization ist zwar nur ein Spiel, doch Meiers Sicht der Dinge stimmt: Unser Verhältnis zum Tod ist kulturelle Weg-marke und Hindernis zugleich. In einem zeremoniellen Be-gräbnis äußert sich sowohl unsere Idealisierung als auch un-ser Erleben des Todes: Allen Liedern und Gebeten für die unsterbliche Seele zum Trotz geht es natürlich auch darum, den Leichnam zu verbrennen oder zu begraben, bevor sich die Starre löst und die Verwesung einsetzt. Und auch all unse-rem technologischen Fortschritt zum Trotz (oder gerade sei-netwegen) ringen wir auch heute noch mit der praktischen Frage, was mit dem Körper geschehen soll, wenn er tot ist.

---

29 Das früheste gesicherte Grab eines Menschen, das in einer Höhle in Israel gefunden wurde, wird auf ein Alter von 80 000 bis 130 000 Jah-ren datiert – es ist also eher alt- als jungsteinzeitlichen Ursprungs. Vermutlich aber würde ein Videospiel, das anno 130 000 v. u. Z. (und nicht 4100 v. u. Z.) einsetzt, doch arg lang dauern.

Auf der einen Seite werden viele Tote nach einer Feier ihrer Person und Leistungen rituell zur Ruhe gebettet, manche werden sogar in grandiosen Monumenten aufgebahrt, in denen sie Schutz vor den Verheerungen der Natur und den Übertretungen durch Feinde und Grabräuber finden sollen und sich als Touristenattraktion für kommende Generationen anbieten. Auf der anderen Seite blicken wir auf eine sehr lange Geschichte zurück, die den menschlichen Leichnam als Ressource, Ersatzteillager oder sogar Nahrungsquelle sieht oder ihn im Dienst der Medizin ausbeutet.

Es ist kein Wunder, dass wir beim Blick auf die Raumfahrt auch den Tod im Auge haben. Nur Jahre nachdem Neil Armstrong einen Fuß auf den Mond gesetzt hatte, machte in Großbritannien ein gewisser Dr. S. L. Henderson Smith mit einem radikalen Vorschlag zum Umgang mit den Toten Schlagzeilen. Da die »ökologische« Alternative zu einer konventionellen Beerdigung – der Feuerbestattung – allzu energieintensiv und eine »grobe Verschwendung kostbarer Ressourcen« sei, so 1973 in einem Brief an die Zeitschrift *World Medicine*, solle man die Leichen doch lieber sinnvoll nutzen, etwa als Düngemittel. Bald bekam der *Guardian* von der Story Wind und schrieb, Smith »sehe schon den Tag, an dem ein Leichnam entweder zu Düngemittel weiterverarbeitet oder zu gleichem Zweck mit Klärabfall vermischt würde. Womöglich ließe sich aus ihm sogar ein neuer Treibstoff gewinnen«. Smith war nicht der einzige Visionär im Lande, der die Toten produktiv recyceln wollte – doch als Aldous Huxley in *Schöne Neue Welt* von Krematorien träumte, die anno 2540 aus Londons Leichen Phosphor generieren sollten, hatte er seine Feder tief in den Bereich der bitteren Fiktion getaucht. Smiths Vorschlag entfachte denn auch den vorhersehbaren Aufschrei, und natürlich meldete sich sogleich Englands selbst ernanntes moralisches Gewissen in Gestalt der unerschütterlichen Mary Whitehouse und brandmarke die Idee als »präzivilisatorischen Gedanken ... subhuman, um nicht zu sagen subspirituell«.

Und so ereilte Smith das Los, sich zu der Legion wohlwollender Wissenschaftler zu gesellen, die ebenfalls unterschätzt hatten, wie tief bestimmte emotionale Werte doch verwurzelt sind – oder er war einfach seiner Zeit voraus. Schließlich hat die ökologische Beerdigung jetzt erst Konjunktur, ebenso wie die Übereignung des eigenen Körpers an Wissenschaft und Medizin. Noch hat sich zwar nicht durchgesetzt, die lieben Verstorbenen zu vermulchen und mit Klärschlamm zu vermengen, doch mittlerweile gibt es Unternehmen, die ähnlich gelagerte Wünsche erfüllen. Da wäre etwa die Firma Resomation mit Sitz in Glasgow, die das Verfahren der alkalischen Hydrolyse offeriert, das oft unter dem weniger präzisen, aber griffigeren Begriff der »Verflüssigung« rangiert. Die alkalische Hydrolyse wird als umweltfreundliche Alternative zur Verbrennung beworben, da sie weniger Energie verbraucht und auch weniger Giftstoffe produziert. Bei der Hydrolyse kommt der Tote in eine gigantische Metallröhre, eine Art glänzenden Sarkophag, der mit kochender Kalilauge gefüllt und unter zehnfachem atmosphärischem Druck gehalten wird. Die sterblichen Überreste lösen sich dann innerhalb von Stunden auf. Die sterile Flüssigkeit wird über den Abfluss entsorgt, die krümeligen Knochen werden zu »Asche« vermahlen und den Hinterbliebenen in einer Urne überreicht.

Das australisch-amerikanische Unternehmen Aquamation Industries wurde gleichfalls mit dem Ziel gegründet, die unter Farmern gängige Technik der »Wasser-Kremation« von Tierkadavern als Alternative zur Einäscherung zu etablieren. Nur Monate nach der Geschäftsgründung im August 2010 sollen sich bereits sechzig (lebende) Menschen für das Verfahren registriert haben. Allerdings findet sich auf der Firmenwebsite ja auch der Hinweis, dass »ein weiterer Vorteil des Verfahrens bei Aquamation Industries« darin bestehe, »dass das Behältnis ein Ventil hat, durch das die Seele den Körper verlassen und direkt in den Himmel fahren kann« – das muss der Rivale Resomation erst mal wegstecken, denn so etwas bietet dessen »Hochdruckausrüstung« nicht.

In der Landwirtschaft, so das Unternehmen, hätten sich die Rückstände als »fantastisches Düngemittel und als Additiv zum Kompostieren von Farmabfällen« bewährt. Dieses Argument haben die beiden Firmen allerdings noch nicht ins Feld geführt, um die Bestattung des Menschen zu bewerben.

Was nicht heißt, dass nicht doch irgendwo irgendjemand hemmungslos den Zombie ausschlachtet.

DEIN ZOMBIE, DER NÜTZLICHE IDIOT

Wenn Sie hören würden, dass der Zoll eine Ladung illegaler chinesischer Arzneiprodukte abgefangen hat, würden Sie wahrscheinlich auch an vermeintlich aphrodisierende Pillen aus Rhinozeroshorn oder Tigerpenis denken. So klassisch war es aber nicht, als südkoreanische Beamten über 17.000 Kapseln eines chinesischen »Ausdauermittels« beschlagnahmten, denn diese bestanden aus dem zermahlenen Gewebe menschlicher Föten. Klinikmitarbeiter aus der Provinz Jilin im Nordosten Chinas hatten sich die bedauernswerten »Spender« beschafft, die aus Fehlgeburten oder Abtreibungen stammten, und an Kräuterapotheken übergeben, wo sie verarbeitet worden und als Gesundheitspräparate in den Verkauf gekommen waren.

Bevor wir diese sehr speziellen Baby-Pillen als Ausdruck

von Barbarei anprangern, sollten wir uns kurz daran erinnern, dass der Glaube an die regenerierenden Mächte menschlicher Leichen einst auch in Europa weit verbreitet war. Mindestens bis ins 12. Jahrhundert hinein galt Bitumen als natürliches Tonikum und als das Mittel, mit dem die altägyptischen Priester vermeintlich ihre Toten konserviert hatten. Entsprechend begehrt war jeder Fetzen Leichentuch, der mit einer ägyptischen Mumie in Berührung gekommen war. Die Tatsache, dass Ägyptens ausgedörrte Tote dank harzgetränkter Tücher erhalten blieben, tat dem fabelhaften Puder und seiner angeblichen medizinischen Wirkung keinen Abbruch. Mit der Zeit »sickerten« die »heilenden Kräfte« des Tonikums langsam von den Tüchern in die Leichen, und so richtete sich das Begehr schließlich auf die mumifizierten Leichname selbst, aus denen eine Reihe medizinischer Präparate gewonnen wurde. Selbst ein Ambroise Paré, der im 16. Jahrhundert zum Pionier auf dem Gebiet der Militärchirurgie werden sollte, nannte seinen Leichenlikör »das erste und letzte Mittel beinahe aller praktischen Ärzte gegen die Bildung blauer Flecken«.

Weitaus größerer Beliebtheit erfreuten sich Produkte, die von deutlich robusteren Naturen stammten. Im wirklich alten Europa war es gängige Vorstellung, dass jedem Menschen eine ganz bestimmte Lebensspanne zur Verfügung stünde und dass diejenigen, die vor ihrer Zeit verstarben, sei es durch Unfall oder Gewalt, die entsprechende überschüssige Lebensenergie noch in sich trügen, diese sich extrahieren und einem anderen zuführen ließe. Aus diesem Grund tranken die alten Römer das Blut der Gladiatoren, um sich deren vitale Essenz einzuverleiben; außerdem galt es als besonders wirksames Mittel gegen Epilepsie. Da diese Sicht die Gladiatorenkämpfe bei Weitem überdauerte, mussten sich die Menschen neue Blutquellen erschließen. Nun drängte man sich bei Hinrichtungen um die besten Plätze – der Glaube an die heilenden Kräfte vorzeitig vergossenen Blutes hatte nichts von seiner Macht verloren. Je näher dem Schafott, umso größer die Wahrscheinlichkeit, ein paar Spritzer einzufangen. Viele Zuschauer hielten Tassen hoch, und gegen einen kleinen Obolus durfte man das Schafott nach der Exekution besteigen und ein Tuch in das Blut tauchen. Angeblich beschleunigte es die Heilung, wenn man mit einem solchen Tuch über eine frische Wunde fuhr. Im Jahre 2008 erzielte ein Taschentuch, das mit dem Blut keines Geringeren als des englischen Königs Charles I. getränkt war, bei einer Auktion in Swindon in der Grafschaft Wiltshire 3.700 Britische Pfund – wobei sich sein heutiger Wert wohl eher der historischen Kuriosität denn der erhofften Heilkraft verdanken dürfte.

Vitalistische Konzepte haben sich bis ins 18. Jahrhundert hinein gehalten, entsprechend gehörten Heilmittel aus menschlichen Überresten viele Jahrhunderte lang zur typischen Ausrüstung eines europäischen Arztkoffers. Glaubt man dem Medizinhistoriker Richard Sugg, durfte der Patient des 16. und 17. Jahrhunderts Dutzende solcher Präparate erwarten. Einige listet Sugg in seinem recht anschaulich betitelten Beitrag »›Good Physic but Bad Food‹: Early Modern Attitudes to Medicinal Cannibalism and Its Suppliers« auf (›Gute Arznei, schlechte Nahrung‹: Die Einstellung der Frühmoderne zum medizinischen Kannibalismus und dessen Bezugsquellen). Die Dänen hätten ihre Vorliebe für Blut, so schreibt er, mit vielen ihrer Nachbarn geteilt, und noch 1747 empfahlen englische Ärzte Blut (das idealerweise »frisch und warm« zu reichen sei) als Heilmittel gegen Epilepsie. Auch Hans Christian Anderson erwähnt in seiner Autobiografie einen Vorfall aus dem Jahre 1823, wonach abergläubische Eltern ihren Sohn gezwungen haben sollen, einen Becher mit dem Blut eines hingerichteten Verbrechers zu trinken, weil sie hofften, ihr Kind so von der Krankheit zu kurieren.

Doch Blut war längst nicht das einzige Heilmittel menschlicher Provenienz. Körperfett wurde beispielsweise bei der Behandlung von Rheumatismus und Arthritis eingesetzt, so als wollte man ein knarrendes Scharnier ölen. Und Charles II. zahlte ein Vermögen für die Formel, wie man einen menschlichen Schädel destilliert – auch dies eine beliebte Ingredienz von Heiltinkturen. Jedenfalls verdankt sich der royalen Großherzigkeit der Name des daraus resultierenden Elixiers: »des Königs Tropfen«.

Gegen Ende des 18. Jahrhunderts nahm die europäische Heilkunst immer mehr Abstand von menschlichem Gewebe, stamme es von Toten oder Lebenden. Doch es sollte nicht sehr lange dauern, bis eine fortgeschrittene Medizintechnik die Diskussion, ob es möglich und angemessen sei, stärkende Energien aus den Toten zu gewinnen, vor allem aus ihrem Lebenssaft, erneut entfachte.

Im Jahre 1812 prophezeite der französische Physiologe Julien Jean César Legallois: »Aber falls man das Herz durch eine Form der Injektion ersetzen … oder auch künstlich hergestelltes arterielles Blut zur Verfügung stellen könnte … würde es gelingen, das Leben in jedem Körperteil für eine unbegrenzte Zeit mühelos aufrechtzuerhalten.« Daran sollten sich in der Folge viele versuchen, und das mit (wie wir schon gesehen haben) wachsendem Erfolg, besonders in der Zeit zwischen den beiden Weltkriegen. Einer der Pioniere auf diesem Gebiet war der Franzose Dr. Alexis Carrel, der 1912 den Nobelpreis für die Entwicklung von Verfahren zur Verbindung und Verpflanzung der großen Blutgefäße erhielt. Seinen Erfahrungen aus der Zeit des Ersten Weltkriegs, die er als Mitglied des Medizinischen Armeekorps verbrachte, verdanken wir auch eine Reihe von Durchbrüchen bei der Verwendung von Antiseptika, vor allem von chlorhaltigen Verbindungen. Hierfür erhielt Carrel den Orden der Französischen Ehrenlegion.

Carrels frühe Erfolge bei der Verpflanzung von Blutgefäßen legten den Grundstein für sein nächstes ehrgeiziges Ziel: die Organtransplantation. Im New Yorker Rockefeller-Institut für Medizinforschung sah man Carrel unermüdlich an der Arbeit, die notwendigen Techniken zur Erhaltung von Organen außerhalb des menschlichen Körpers zu perfektionieren. Wie sein Zeitgenosse und Kollege Sergei Brjuchonenko hatte auch Carrel genau verstanden, dass es wesentlich auf die Nährstoffe ankam, damit ein Organ nicht nur die kurze Zeitspanne eines Experiments überdauerte. Am Ende seiner Mühen stand ein vollmundiges Gebräu aus, unter anderem, Blutserum, Insulin, Thryroxin (einem Schilddrüsen-Hormon) sowie den Vitaminen A und C; gleichzeitig entwickelte er eine Apparatur, in der das Blut mit seinem Cocktail perfundiert wurde und durch ein entnommenes Organ zirkulieren konnte. Doch Carrel mochte seine Gerätschaften noch so gründlich reinigen, es kam ständig zu Verunreinigungen und in der Folge zu Infektionen. Carrel benötigte einen ganz anderen Typus Pumpe, ein künstliches Herz, in dem das Blut völlig isoliert wäre und von dem aus es in das Organ eingeleitet werden könnte, ganz so, als ob dieses System ein eigenständiger Organismus wäre.

Dann führte das Schicksal Charles Augustus Lindbergh zu Carrel – kurz nachdem Lindbergh der erste Nonstop-Flug über den Atlantik geglückt war. Die beiden wurden enge Freunde, nicht zuletzt geeint durch verwandte politische und soziale Anschauungen. Carrel war wie Lindbergh ein Befürworter der Eugenik und wusste seine Kritik an allen, die dem

Fortschritt der Menschheit seiner Meinung nach im Weg standen, recht unverblümt zu äußern: »Man muss der Tatsache ins Auge sehen, dass die Menschen nicht als Gleichwertige erschaffen wurden, wie es uns die Demokratie, eine Erfindung des 18. Jahrhunderts – als es keine Wissenschaft gab, die das hätte widerlegen können – gerne glauben machen will«, so eine These aus seinem Bestseller *Der Mensch, das unbekannte Wesen*. Im Folgenden empfahl er gar, bestimmte Elemente der Gesellschaft durch Euthanasie in Gaskammern zu beseitigen – Menschen, die im Wahn zu kriminellen Handlungen neigten, gemordet hatten, in bewaffnete Raubüberfälle verwickelt waren, Kinder entführt hatten, ja, sogar »jene, die die Öffentlichkeit in entscheidenden Belangen getäuscht haben«. Und von Lindbergh stammen die Worte: »Wir können nur so lange Frieden und Sicherheit haben, wie wir zusammenhalten, um diesen kostbarsten Besitz zu bewahren, unser Erbe des europäischen Blutes; nur so lange, wie wir uns wappnen gegen Angriffe fremder Armeen und Verdünnung durch fremde Rassen.«

Wie die meisten Eugeniker waren auch Carrel und Lindbergh der festen Überzeugung, dass *sie* das Ideal verkörperten, das es um jeden Preis zu verfolgen galt. Ihre Vorstellungen deckten sich perfekt mit der im Deutschland jener Zeit herrschenden Ideologie, entsprechend verschrien waren Carrel und Lindbergh als Nazi-Sympathisanten. Allerdings schienen sie sich nicht daran zu stören. Lindbergh drückte seine Bewunderung für das Vorgehen der Nazis, das er für dringlich angeraten hielt, unverhohlen aus. Und Carrel fand im besetzten Frankreich offene Türen für seine seit Langem geplante Stiftung zum Studium der menschlichen Probleme, die ihm für die Umsetzung eugenischer Prinzipien diente.

Als Lindbergh seinen Freund erstmals in dessen New Yorker Labor aufgesucht hatte, hatte ihn dessen Ausstattung geradezu bestürzt. In seinen Augen durfte ein Genie auf dem Gebiet der Medizin nicht durch primitive Technik an seinem Wirken gehindert werden. Also bot er an, (inkognito) an einer verbesserten Blutpumpe zu arbeiten und fand tatsächlich eine brillante Lösung zur Vermeidung von Infektionen. Lindberghs Perfusionspumpe bestand aus einer geraden Röhre, vor der sich elegant eine zweite windet. Bewegt man die Pumpe vor- und zurück, drückt die Zentrifugalkraft die Flüssigkeit an die Spitze der gewundenen Röhre, und von dort aus läuft das Blut durch die gerade Röhre erneut nach unten. Die Apparatur war zwar nicht perfekt, aber luftdicht, auch erlaubte sie die Zufuhr von frischem Sauerstoff und Nährstoffen durch winzige Ventile. Lindbergh nannte sie sein »Glasherz«.

Nun war es Carrel möglich, einzelne Organe länger als je zuvor am Leben zu erhalten, und er isolierte »Herz, Niere, Eierstöcke, Nebennieren, Schilddrüse und Milz« aus chloroformierten Katzen und Hühnern. In ihrem aseptischen Behältnis, verbunden mit dem künstlichen Herzen, gediehen und wuchsen die Organe. Ein Eierstock war innerhalb von fünf Tagen von 90 auf 284 Milligramm angeschwollen und produzierte sogar Eier, was darauf deutete, dass Lindberghs Apparatur, entsprechend modifiziert, eines Tages womöglich mutterlose Eier befruchten und ausbrüten könnte – eine Art künstliche Gebärmutter. »Ein Geist, dem keine Schranken auferlegt sind«, so ein aufgeregter Journalist, »kann jetzt schon sehen, wie die Doktoren Carrel und Lindbergh eines Tages ganze Tiere – Hühner, Katzen, Hunde, womöglich sogar alte Menschen – in ihre Kippmaschine legen und sie dort unbegrenzt am Leben halten.« Jener schrankenlose journalistische Geist wurde nicht unerheblich von Carrels Irrglauben genährt, das Zellwachstum sei unbegrenzt. Carrel jedenfalls bewahrte zwanzig Jahre lang eine Ampulle mit den angeblich lebenden Zellen eines Hühnerembryo-Herzens auf, als Vorgeschmack auf die Unsterblichkeit, bewirkt durch seine Errungenschaften auf dem Gebiet der Transfusion. Allerdings konnte er dieses Experiment nie erfolgreich wiederholen. *Unser* Geist will wahrscheinlich gar nicht sehen, was ein Eugeniker wie Carrel mit all den »überkommenen« Menschen getan hätte, die in die Fänge seiner Apparatur geraten wären.

Trotz der vielen großen Worte waren Carrels unmittelbare Ziele recht prosaisch. Er hatte gehofft, dass Lindberghs Glasherz ihm eines Tages in seinem Labor das Wachstum von Hormondrüsen und die Ernte großer Hormonmengen erlauben würde. Damit hätte er den Endokrinologen jener Zeit den so üblichen wie unappetitlichen Weg ins Schlachthaus erspart, um Tierkadaver auszuweiden.

Hätte er doch mal daran gedacht, sie ins Leichenhaus zu schicken.

KALTBLÜTIG

Um das Jahr 1935 herum schlich sich der Chirurg Leonard L. Charpier zu einer Reihe geheimer Experimente in die Leichenhalle eines Krankenhauses in Chicago. Er stand vor einem heiklen Problem: Es gab nie genügend Blut.

In ihren Anfängen unterschied sich eine Bluttransfusion sehr von dem, was wir heute kennen. Die meisten Transfusionen erfolgten mittels der sogenannten direkten Methode, bei der das Spenderblut durch eine Röhre in die Vene des Empfängers geleitet wurde. Verlor ein Patient auf dem OP-Tisch Blut, stürmten die Ärzte auf der Suche nach einem passenden Spender davon und zerrten die betreffende Person von der Straße in die Klinik. Zeit für sterile Einweghüllen war da nicht. Das Ganze war nicht nur ungeheuer zeitaufwendig und chaotisch, die straßenschmutzigen Spender waren auch ein erschreckend großer Kontaminations- und Infektionsherd. Und nicht nur das. Trugen sie Wolle oder Seide, ging von ihnen sogar eine potenzielle Brandgefahr aus: ein elektrischer Funke, und der Operationssaal mit all seinen anästhetischen Gasen stand in Flammen.

Das Blut zu konservieren stellte dank eines kundigen Umgangs mit Natriumcitrat kein wirkliches Problem dar, demnach wäre die Eile beim Spenden gar nicht nötig gewesen. Doch es gab kein standardisiertes Verfahren, um im Voraus Spender zu rekrutieren, und ein gesunder Erwachsener sollte mit einem Abstand von einigen Wochen nicht mehr als einen halben Liter Blut spenden. Charpier jedoch war aufgefallen, dass es im Krankenhaus manche Menschen gab, die deutlich mehr geben konnten – sehr viel mehr. Und so bediente er sich still und leise bei den Toten.

Ihren Ursprung hat die Blutentnahme an Leichen – das versteht sich mittlerweile fast von selbst – in Moskau. Im Jahre 1930 war im größten Notfallzentrum Moskaus, dem Sklifosovsky-Institut, ein großangelegter Plan für die Blutentnahme an Toten initiiert worden. Innerhalb von dreißig Jahren wurden hier dreißig Tonnen Leichenblut in lebende Patienten übertragen. Auf der ersten internationalen Konferenz über die Bluttransfusion in Rom versuchten sich die sowjetischen Wissenschaftler noch als Missionare, doch ihre Methode fand keine Anhänger. Die US-amerikanischen Ärzte weigerten sich mit Blick auf das potenzielle Infektionsrisiko; mit dem Tod versagt auch das Immunsystem, und die Bakterienpopulation im Körper wächst dramatisch an. Außerdem hatten erste Tests ergeben, dass die Amerikaner es ihren sowjetischen Kollegen ohnehin nicht gleichtun konnten, die angeblich aus einer einzigen Leiche bis zu vier oder gar fünf Liter Blut quetschen konnten.

Charpier aber wollte ergründen, ob die Behauptungen der Sowjets nicht doch der Wahrheit entsprachen. Charpier trug nicht ohne Grund den Spitznamen »Tank« (»Panzer«), war er doch ein stämmiger Kerl mit kantigem Kinn und robustem Knochenbau, noch dazu hatte er während seines Medizinstudiums in den 1920er-Jahren professionell Football bei den Racine Cardinals gespielt. Seine Experimente begann er im Little-Company-of-Mary-Krankenhaus in einer südlichen Vorstadt von Chicago, wo er innerhalb von zwei Jahren einer geschätzten Zahl von fünfunddreißig Toten Blut entzog. Unter Mithilfe des Assistenzarztes Dr. Donald F. Farmer wurde das Blut bis maximal vier Stunden nach dem Tod entnommen und mindestens eine Woche lang aufbewahrt und auf Verunreinigungen hin untersucht. Charpier entzog ausschließlich Männern unter fünfzig Jahren Blut, und auch nur solchen, die bereits obduziert worden waren, damit er die Angehörigen nicht um deren Zustimmung bitten musste. Doch auch die Empfänger waren ahnungslos. Sie wussten nicht, dass sie das Blut Verstorbener erhielten.

Das hochgradig geheime Projekt war ein grandioser Erfolg. Die sowjetischen Wissenschaftler hatten in der Tat das Problem der Blutknappheit gelöst – doch Charpier machte sein Tun niemals öffentlich. Denn das Leichenspender-Programm wurde beinahe schlagartig durch das Aufkommen eines Systems mit deutlich amerikanischer Handschrift obsolet: der Blutbank.

Deren Gründer, Bernard Fantus, ebenfalls Arzt aus Chicago, bediente sich für das Konzept einer Metapher, mit der sich im Jahre 1937 viele anfreunden konnten: die Idee einer

Spar- und Kreditbank.[30] In den Anfangstagen konnte jeder Patient ein Konto mit einer Einlage eröffnen, von dem er selbst, Verwandte oder Freunde zu einem späteren Zeitpunkt »abheben« konnten. Viele Krankenhäuser gaben Einzahlbelege aus, auf denen die deponierte oder abgehobene Menge vermerkt wurde. Fantus schlug sogar vor, die Aktiva der Bank mithilfe der Bluthochdruckpatienten aufzustocken – diese wollte er dazu verleiten, zur Senkung ihres Blutdrucks »mit Blut zu bezahlen« (im Grunde eine Form des Aderlasses, wie ihn schon Galen und Hippokrates angeraten hatten, der jedoch aus der Mode gekommen war). Um ausreichende Bestände zu gewährleisten, wurde ein Beteiligungssystem etabliert, unter dessen Dach Patienten Blut kaufen und die Erlöse an Spender auszahlen konnten, die man so zur Partizipation bewegen wollte. Die Christian Men's Industrial League, eine Wohltätigkeitsorganisation im Dienst von Chicagos Obdachlosen, schickte »arbeitslose und wohnungslose Männer« in das Krankenhaus, wo sie gegen zehn Dollar Blut spenden konnten. Fantus hatte schlicht und einfach, noch dazu mit riesigem Erfolg, die Wirkweise des Kapitalismus auf die Medizin übertragen, namentlich die Bluttransfusion.

Charpiers Vorgehen kam erst 1960 ans Tageslicht, als sein früherer Assistent Donald Farmer, zu dem Zeitpunkt Direktor des Beverly Blood Center in Chicago, einen Artikel im *Bulletin of the American Association of Blood Banks* (Zeitschrift der Vereinigung der amerikanischen Blutbanken) publizierte. Es war in den USA wohl das einzige Programm dieser Art –

---

30 Die Blutbank war mitnichten Fantus' einzige Unternehmung. So erfand er eine Kinderarznei in Bonbonform und ein Heuschnupfen-Medikament, das er mit dem Slogan »Make Chicago Sneezeless« (etwa: Vertreibt das Niesen aus Chicago) bewarb.

zumindest das einzige, von dem wir wissen. Diese Offenlegung berührte ganz besonders zwei Pathologen aus dem Pontiac General Hospital in Michigan, die sich seit Kurzem selbst an Leichenblut versuchten und nichts von den früheren Forschungen ahnten. Die Pathologen behandelten damals eine einundvierzigjährige Anämie-Patientin, deren Zustand sich verbessert hatte, nachdem sie einen halben Liter Blut von einem Zwölfjährigen erhalten hatte. Sie hatte daraufhin eine erneute Infusion desselben Spenders erhalten. Selbstverständlich konnte der Spender nur deshalb binnen eines so kurzen Zeitraums derart viel Blut entbehren, weil er zwei Wochen zuvor in einem See ertrunken war. Diese Transfusion war die vierte ihrer Art. Die Ärzte hielten sich streng an ihre Vorgabe, das Blut ausschließlich Unfall- oder Gewaltopfern zu entnehmen, um tödliche Krankheiten auszuschließen, und im Gegenzug nur Patienten zu behandeln, die an einer unheilbaren Krankheit litten. Die Namen dieser beiden unkonventionellen Ärzte lauten Glenn W. Bylsma und Jack Kevorkian – eben jener Jack Kevorkian, der sich später den Beinamen »Doktor Tod« verdienen sollte, da er offen für das Recht unheilbar Kranker eintrat, mit der Hilfe eines Mediziners aus dem Leben zu scheiden.

SCHLÄCHTER, FÄLSCHER, SILIKON-PANSCHER

Kevorkian und Bylsma hatten sich auch deshalb an ihre blutigen Experimente gewagt, weil die Fortschritte bei der Organtransplantation – etwa der Hornhaut (und dies selbstverständlich in der Sowjetunion) – seit den 1930er-Jahren viele Vorurteile dem Spendermaterial von Toten gegenüber abgebaut hatten. Heute sind die meisten Vorbehalte aus dem Weg geräumt, die Verwendung von Organen Toter stößt auf breite

Akzeptanz – das Problem besteht nun vielmehr darin, an ausreichend Organe zu gelangen.

Auch in diesem Moment liegt ein bewusstloser Patient in einem abgedunkelten Raum irgendeines modernen Krankenhauses. Sein Leben hängt an einem Ventilationsgerät, das seine erschöpfte Lunge belüftet. Der Körper ist über zahlreiche Schläuche und Drähte an die zischenden, brummenden und piependen Maschinen angeschlossen, die für die Blutzirkulation und das Gleichgewicht der lebenswichtigen Elektrolyte sorgen. Zur Überwachung des Patienten sind gleich drei Krankenschwestern nötig. Sie überprüfen unentwegt die Vitalfunktionen und passen die Medikation notfalls sorgsam an. Er wartet geduldig auf die Transplantation, die für den Nachmittag geplant ist. Vom mechanischen Zirpen und dem Rascheln der Schwestern abgesehen ist es still. Es kommen auch keine Besucher, um dem Patienten vor der Operation Mut zuzusprechen. Die Familie ist längst zu Hause und plant schon die Beerdigung: Der Patient ist tot. Er ist nämlich nicht der Empfänger, sondern der Spender.

Auch wenn Alexis Carrel sich das anders gedacht hatte, überleben die meisten menschlichen Organe außerhalb des Körpers auch heute noch nur Stunden. Die mit Abstand beste Lagerstätte ist der Körper selbst. Das empfindliche Gewebe zerfällt nämlich trotz Eis und Konservierungsmittel rasch, sobald es der Wärme und Behaglichkeit eines Leibes entnommen wird. Mit den entsprechenden Vorkehrungen aber können auch Mediziner an die Stelle des Gehirns treten und die Körperfunktionen eines Verstorbenen aufrechterhalten. Die Atemfrequenz, für die normalerweise ein gewundenes Stück im Gehirnstamm zuständig ist, die Medulla oblongata oder das verlängerte Mark, wird dann über die Tasten des Respirators kontrolliert. Geringste Anpassungen des Kalzium- und

Kaliumniveaus sorgen für einen konstanten Herzschlag. Dem Blut werden außerdem Vasokonstriktoren zugeführt, was die Gefäße zusammenzieht, den Blutdruck stabilisiert und den Transport des Sauerstoffs bis in die letzten Gewebefetzen gewährleistet. Die »Spendererhaltung« ist so lange vonnöten, bis ein Empfänger identifiziert und vorbereitet worden ist, was viele Tote in diese eigenartige Zwischenwelt fortwährender Körperfunktionen verbannt, die wohl nur wenige wirklich Leben nennen würden.

Vermutlich verstehen die meisten unter »Hirntod« jenen endgültigen, unumkehrbaren Moment, in dem ein Mensch verstirbt, doch der Begriff ist dehnbar – heute mehr denn je. Zunächst gilt es zu klären, was die Aussage, »das Gehirn« sei »tot«, überhaupt bedeutet. Der Begriff »Hirntod« wird nämlich bei sehr verschiedenen Schädigungen sehr verschiedener Teile des Gehirns gebraucht. Das menschliche Großhirn, das aus der faltigen grauen Substanz des Neocortex und den mandelförmigen Basalganglien besteht, gilt als Sitz des Bewusstseins, der Erinnerungen und der Persönlichkeit – so etwas wie der *ti-bon anj* des Vodou-Praktizierenden und »die Seele« des gläubigen Christen. Fällt das Großhirn aus, müsste man den Körper konsequenterweise als leeres Gefäß oder reines Fleisch ansehen. Wenn nun aber die Basalganglien weiterhin funktionieren und die grundlegenden Stoffwechselprozesse steuern, das »höhere Gehirn« jedoch irreparabel geschädigt ist, wie lebendig sind wir dann? Und wenn eine Maschine all das regeln kann, was die Basalganglien sonst so regeln, hat dann deren »Tod« überhaupt eine Bedeutung?

Ohne die Vorstellung, dass uns das höhere Gehirn nicht nur zu Lebenden, sondern überhaupt erst zu Menschen macht, hätte sich der Glaube niemals etablieren können, dass wir über den Tod hinausgehen, dass wir, anders als nahezu alles andere Lebendige, nicht vergehen, sondern unserem Körper entkommen und in eine andere Seinsweise eintreten können – noch dazu, zumindest in den meisten dieser Überzeugungen, unberührt von Alter oder Krankheit. Diese Trennung des Körpers von der Essenz des Menschen trägt auch nicht unerheblich dazu bei, dass die Akzeptanz für die Organspende seit Jahrzehnten zunimmt: Sie macht gegen die Herabwürdigung, die man im Recyceln von Organen sehen kann, immun – Oma bleibt trotzdem Oma, sei es im Jenseits oder auch nur in unserer Erinnerung.

Das Fernsehdrama zeichnet natürlich ein schon fast idyllisches Bild von der Organspende – am Anfang steht die akute Krankheit eines geliebten Menschen, dann folgt die verzweifelte Suche nach dem Spender, und der Schluss bindet dann zwei Leben bittersüß und schicksalhaft aneinander: Das eine endet, das andere beginnt erneut. In der Wirklichkeit bleibt allerdings nur wenig Raum für die Intimität, mit der Scriptwriter ihre herzergreifenden Szenen ausschmücken, und das gilt sowohl für Sie als auch für Ihre Oma. Denn in der Realität gibt es Wartelisten und Verzweiflung, vor allem, wenn abzusehen ist, dass sich das rettende Organ nicht rechtzeitig findet. Die US-Regierung hat die Organvergabe in die Hände der Non-Profit-Organisation United Network for Organ Sharing gelegt, durch die jährlich etwa 22 000 Menschen ein Spenderorgan erhalten – doch die Zahl der Spender reicht bei Weitem nicht. In Großbritannien wurden im Zeitraum 2010/2011 lediglich 3740 Organtransplantationen vorgenommen, dabei müsste die Zahl eigentlich doppelt so hoch liegen, würden genügend Spenderorgane zur Verfügung stehen. Noch dazu stammen sämtliche Organe von insgesamt kaum mehr als 2.000 Spendern. In China erhielten im Jahre 2004 noch über 13.000 Menschen eine Niere oder Leber, doch seither fällt die jährliche Zahl der Transplantationen, was vor allem an einem akuten Spendermangel liegt. Entsprechend groß war die Entrüstung, als im Jahre 2009 in Großbritannien bekannt wurde, dass es einigen eher begüterteren Menschen gelungen war, die 8.000 Namen auf der Warteliste zu umgehen – noch dazu besaßen viele dieser glücklichen Empfänger nicht einmal die britische Staatsbürgerschaft. Im Rahmen der EU-Bestimmungen ist es Patienten aus den anderen Mitgliedsstaaten erlaubt, sich in Großbritannien behandeln zu lassen, und auch wenn die Krankenhäuser dazu nicht verpflichtet sind, sind Privatpatienten ausgesprochen profitabel – und das ist am Ende gut für den Saldo. In nur zwei Jahren haben Patienten aus Griechenland, aber auch aus Ländern wie Libyen, den Vereinigten Arabischen Emiraten, China oder Israel eine Leber von einem britischen Organspender erhalten. Solche Operationen finden in Londoner Privatkliniken statt, wo ein Chirurg pro Eingriff rund 20 000 Pfund verlangen kann. Aufgrund der wütenden Schlagzeilen sah sich die Regierung zu einer Untersuchung über den Umgang mit Spenderorganen veranlasst – was wieder einmal beweist, dass die Briten eines gar nicht leiden können, nämlich dass sich jemand vordrängelt.[31]

Doch nicht nur die Nachfrage nach Körperteilen leidet unter Intransparenz und seltsamen Geschäftsmethoden, leider gilt das auch für die Angebotsseite. Da wäre beispielsweise der traurige Fall von Sergej Malish, einem Teenager aus der Ukraine, der sich erhängt hatte, dessen Eltern bei der Aufbahrung

---

31 Auf Nachfrage eines Reporters des Londoner *Evening Standard* äußerte der Nierenspezialist Nadey Hakin, dass sich über die Vergabepraxis wohl weniger die Empfänger, sondern vor allem die Spender empören dürften: »Die Spender werden außer sich geraten, wenn sie das erfahren.«

aber tiefe Schnitte an den Handgelenken auffielen. Nachforschungen ergaben, dass Malishs Körper ohne eigene oder die Zustimmung seiner Eltern ausgeplündert worden war. Dies war nur ein Vorfall im Rahmen einer landesweiten Plage von Organräubern. Malishs Einzelteile waren an ein deutsches Labor verschickt worden, wo das Rohmaterial zu medizinischen Implantaten weiterverarbeitet und als deutschen Ursprungs ausgewiesen wurde. Die Endprodukte wurden in die USA und nach Südkorea exportiert, vermutlich zur Behandlung nicht zwingend lebensbedrohlicher Krankheiten. Denn bei der Ernte unter den Menschen sind die wertvollsten Körperteile oft die Haut – sie wird zermanscht – und die Knochen – sie werden zerhäckselt. Beides kommt dann bei der Rekonstruktion der Brust, bei Nasen-OPs und der Faltenbehandlung zum Einsatz. Aus den Knochen lassen sich auch winzige Schrauben zur Sicherung von Zahn- und orthopädischen Implantaten fräsen, der restliche Knochen wird zu Leim vermahlen. Skrupellose Erntehelfer ersetzen die Knochen durch PVC-Röhren, um den Diebstahl zu verschleiern. Aber es werden auch gerne Sehnen, Herzklappen, Venen, Rippen, Trommelfell oder Zähne entnommen. Mit gefälschten Dokumenten wird das illegale Material dann weltweit an Gewebehändler versandt, die oft nicht wissen oder wissen wollen, woher ihre Ware wirklich stammt. Der Handel mit Körperteilen hat nicht nur globale, sondern auch gewaltige ökonomische Dimensionen. Bei RTI Biologics, die zu den beklagten Firmen im Rahmen des ukrainischen Organ-Skandals gehören, waren im Jahre 2011 über eine halbe Million Implantate angefertigt worden, mit einem Nettogewinn vor Steuern von 11 Millionen US-Dollar.

Es sollte also nicht überraschen, dass der Handel mit menschlichem Gewebe durch Korruption und zweifelhafte ethische Standards in Misskredit gerät – das passiert auf jedem Markt, auf dem die Nachfrage das Angebot übertrifft. Schließlich beuten wir tagtäglich die Ressource Mensch aus und fördern damit eine weltumspannende Wertschöpfungskette. Unsere Nachfrage nach billigen Produkten hängt an asiatischen Sweatshops, an Wanderarbeitern auf kalifornischen Obstplantagen und dubiosen Arbeitsvermittlern hierzulande. Die Dinge unseres täglichen Bedarfs werden mithilfe billiger Arbeitskräfte produziert. Und wenn nun der Bedarf nach einer funktionierenden Leber oder Niere besteht, wie sollte da nicht irgendwer versucht sein, den Preis dafür zu zahlen oder sie gegen garantiertes Geld zu stehlen?

Schon vor etwa hundert Jahren fragte sich das tschechische Brüderpaar Karel und Josef Čapek angesichts der Plackerei in Feldern und Fabriken, ob und wie sich die Ausbeutung ihrer Mitmenschen verhindern ließe. Und so erfanden sie anno 1920 den »Roboter«, der sich dem tschechischen Wort *robota* für »Arbeit«, oder präziser noch, »Schufterei« entlehnt. In der literarischen Fiktion der Čapeks waren die Roboter synthetische Leibeigene aus einer protoplasmischen Chemikalie, die den Menschen bereitwillig sämtliche Bedürfnisse erfüllten. Hier begegnen wir also nicht metallischen Maschinen oder silikongelenkten Androiden, sondern einem Arsenal an Leibern.

Was wäre, wenn wir eine Multitude neuer Menschen züchten könnten – protoplasmische chemische Klone, Replikanten, Rohlinge, Ersatzteillager – lebende Körper »ohne Seele«, die uns ihre Einzelteile nur zu gerne zur Verfügung stellen würden? Wir hätten damit das Problem mangelnder Organspender und der lästigen Einwilligungsprozedur gelöst. Mit anderen Worten, könnten wir Zombies züchten und am Leben erhalten, bis wir sie benötigen?

SALATKÖPFE UND ARTISCHOCKENHERZEN

Das Schaf als solches schafft es selten in die Schlagzeilen, doch anders sah es aus, als 1996 ein Labor die Geburt von Dolly feierte, dem ersten Säugetier-Klon aus einer erwachsenen Körperzelle. Die Öffentlichkeit war so gebannt wie angewidert, denn mit einem Mal eröffneten sich ungeahnte Möglichkeiten. Das erfolgreiche Klonen mochte die Neuerschaffung eines toten Haustieres erlauben, womöglich sogar eines toten Kindes; vielleicht würden sich auch große Künstler oder Denker duplizieren lassen, falls denn ihr Talent zur Abstraktion in den Genen eingeschrieben war. Selbst Bill Clinton fühlte sich bemüßigt, auf die »schwerwiegenden ethischen Fragen« hinzuweisen, »besonders in Hinblick auf die Möglichkeit, menschliche Embryos mithilfe dieser neuen Technologie zu klonen«. Im selben Jahr noch erließ er präventiv einen fünfjährigen Bann auf das Klonen von Menschen.

Kurz nach Dollys Geburt fragte schon die BBC im Rahmen ihrer Wissenschaftssendung *Horizon* nach den potenziellen Konsequenzen dieser neuen Technik. Der ideale Kandidat für eine solche Sendung war Jonathan Slack, Professor für Entwicklungsbiologie an der Universität von Bath, der als herausragender Genetiker galt, in das Dolly-Projekt jedoch nicht involviert gewesen war. Bei einem vorbereitenden Gespräch erwähnte Slack eher beiläufig, dass das Verfahren, das Dolly erschaffen hatte, auch die Züchtung spezialisierter Organismen vorstellbar mache. »Wenn wir«, so seine Überlegung, »unsere Kenntnisse darüber, wie man das Muster für bestimmte Körperteile unterdrückt, mit der Klontechnik kombinieren könnten, könnten wir womöglich gezielt menschliche Organe für die Transplantation züchten.« Dass er diesen Gedankengang geäußert hatte, sollte er noch sehr bereuen.

Das BBC-Team nistete sich dann einen Tag lang im Labor ein, führt ein langes Gespräch mit Slack und filmte seine Assistenten bei telegenen, aber eher sinnlosen »wissenschaftlichen« Verrichtungen: Wir sehen etwa, wie sie Wasser mit einer Pipette von einem Reagenzglas in ein anderes übertragen oder Zellen eine blaue Flüssigkeit injizieren (leider ist nicht bekannt, ob es sich dabei um Niagara Himmelblau 6B handelte). Woran in Slacks Labor wirklich gearbeitet wurde, war beispielsweise ein Verfahren, mit dem sich ganz bestimmte Gene bei Fröschen unterdrücken ließen. Bastelte man genügend an der genetischen Struktur der Eier herum, wuchsen daraus Kaulquappen ohne Kopf oder Schwanz – oder in Gestalt nur eines Kopfes oder nur eines Schwanzes. Auf diese Weise konnten die Wissenschaftler die Rolle bestimmter Gene bei der embryonalen Entwicklung einer ganzen Reihe von Wirbeltieren, darunter der Mensch, untersuchen. Im Rückblick schreibt Slack in seinem Buch *Egg and Ego* (Ei und Ich):

»Die wissenschaftliche Fiktion, oder die informierte Spekulation, lautete damals so: Nehmen wir einmal an, jemand bräuchte eine Organtransplantation. Also würde man ein paar seiner eigenen Zellen kultivieren. Dafür würde sich im Grunde jeder Zelltyp eignen, da die Gene in allen Zellen gleich sind, man könnte also auch weiße Blutkörperchen nehmen. Man würde die Gene in die Zellkultur einbringen und entsprechend die Entwicklung der meisten Teile des Embryos, bis auf die gewünschten, unterdrücken… Als Nächstes müsste man eine derart genetisch veränderte Zelle mit einem zellkernlosen menschlichen Ei verschmelzen und den so entstandenen rekonstituierten

Embryo idealerweise in vitro als ›Organkultur‹ heranwachsen lassen. Würde man diese Kultur stärker als
einen gewöhnlichen Embryo mit Nährstoffen versorgen, würde sie innerhalb von Monaten zu transplan-
tabler Größe heranwachsen. Dem Patienten stünde
damit ein Organ bereit, das genetisch perfekt zu ihm
passt und keine Immununterdrückung erforderlich
machen würde.«

Slack wiederholte seine Äußerungen sogar noch, als ein
Journalist der *Sunday Times* anrief, der sich die Preview der
BBC-Sendung angesehen hatte. Daraus folgte dann die Titel-
story: »Headless Frog opens way for human Organ Factory«
(»Frosch ohne Kopf bahnt den Weg zu menschlichen Organ-
fabriken«). Slack hatte in den folgenden Wochen viel zu tun.
Er musste Reporter als allen Teilen der Welt abwimmeln und
dabei gebetsmühlenartig wiederholen, dass er keine kopflosen
Frösche (sondern bloß Kaulquappen!) erschaffen hatte und
auch nicht auf die Züchtung kopflosen »menschlichen Gemü-
ses« hinarbeitete, um die Organe abzuernten.

Slack war beileibe nicht der Erste, der vorausgesehen hatte,
dass uns eines Tages im Labor gezüchtete Wesen mit Organen
für die Transplantation versorgen könnten. Schon 1954 hatte
der Russe Vladimir Demichov die Welt mit seinem doppel-
köpfigen Hund schockiert: Demichov hatte Kopf, Hals und
Vorderbeine eines Welpen auf den Rumpf einer erwachsenen
Dogge aufimplantiert. Glieder und Organe des Welpen teil-
ten sich mit dem erwachsenen Tier die Blutversorgung, sonst
aber hatten die Hunde nur wenig gemein – ihre Köpfe fraßen
(einer vergebens), schliefen und verhielten sich vollkommen
voneinander unabhängig. Der Welpe knabberte sogar ausgesprochen gerne an den Ohren seines Wirtes, weil das die-

sen ärgerte. Demichov erschuf eine ganze Reihe solcher Doppeldecker-Hunde, doch Infektionen und Gewebeabstoßung machten ihnen immer ziemlich bald den Garaus. Demichov ließ sich nicht beirren, doch länger als neunundzwanzig Tage überlebte nicht einmal die erfolgreichste seiner Schöpfungen. Die meisten Beobachter brandmarkten sein Werk als Show, für Demichov aber war es ein essentieller Schritt auf dem Weg zu seinem eigentlichen Ziel: einer menschlichen Herz-Lungen-Transplantation.

Demichov träumte davon, zusätzliche Glieder und Organe an die Körper Hirntoter anzubringen, für die er den Begriff »menschliches Gemüse« prägte. Unklar ist, ob er damit auf deren Bewusstlosigkeit oder das Potenzial anspielte, aus ihnen neue Körperteile sprießen zu lassen. Seine Überlegungen sahen jedenfalls vor, dass das »Gemüse« die zusätzlichen Organe versorgte, bis sie irgendwann benötigt wurden und Ärzte sie wie reifes Obst pflücken konnten. In der Zukunft, so Demichovs Hoffnung, würden jedes Krankenhaus und jedes Forschungslabor menschliche Organe kultivieren.

Zwar machte schon das Problem der Gewebeabstoßung aus seinen Plänen reine Illusion, doch die Idee, das vollkommene Gefäß zur Erhaltung zusätzlicher Organe zu verwenden, starb beileibe nicht mit Demichov. Auch Slack bringt in *Egg and Ego*, zwar mit leicht ketzerischem Unterton, Frauen als Rekruten für das Wachstum neuer Organe ins Gespräch:

> »Der am wenigsten überzeugende Part in diesem Szenario ist das Wachstum einer Organkultur im Reagenzglas. Die In-vitro-Kultur von Säugetierembryos ist ungeheuer schwierig, und es dürfte noch sehr lange dauern, bis wir irgendeinen Säugetierembryo außerhalb der Mutter reifen lassen können. Auf der ande-

ren Seite lassen sich Frauen täglich befruchtete Eier in die Gebärmutter einpflanzen, also müssten wir, wenn es so weit ist, zur Inkubation der Organkulturen vielleicht auch auf weibliche Freiwillige zurückgreifen. Es könnte ja ein Akt der Liebe sein, für einen Verwandten ein Organ heranzuzüchten. Es könnte natürlich auch ein Geschäftsakt sein, aber wenn man an die vielen unziemlichen Streitigkeiten denkt, die schon jetzt aus dem Problem der Leihmutterschaft resultieren, erscheint es nicht sehr weise, einen solchen Weg einzuschlagen.«

Nun werden wohl weder Demichovs menschliches Gemüse noch Slacks Organinkubatoren jemals Wirklichkeit, zumal Slacks Vorstoß aus dem Jahre 1988 stammt und die Wissenschaft seither große Fortschritte bei der erfolgreichen Laborzüchtung ganzer Organe gemacht hat. Im Wake-Forest-Institut für Regenerative Medizin in Ohio etwa hatten sich Forscher eines gewöhnlichen Tintenstrahldruckers bemächtigt und Hautzellen, die sie von einem Patienten kultiviert hatten, in die Patronen eingefüllt. Tatsächlich konnten sie 3-D-Hautersatz direkt auf die Wunden von Verbrennungsopfern »drucken«, was die Heilungszeit deutlich reduziert und das Entnehmen und Verpflanzen eigener Hautstücke überflüssig macht. Wissenschaftler der Universität Newcastle haben mit einer vergleichbaren 3-D-Drucktechnik eine menschliche Leber aus Stammzellen erschaffen. Blasen, Nieren, Lungen, Knochen, Ohren, Sehnen, Hornhaut und auch Eierstöcke sind sämtlich schon in Petrischalen kultiviert worden. Und 2008 gelang zwei britischen Forschern sogar die erste Transplantation eines gereiften, im Labor gezüchteten Organs. Sie ersetzten die geschädigte Luftröhre der dreißigjährigen Claudia Castillo mit einem Organ, bei dem Castillos Zellen mit einer Spender-Luftröhre als biologischem Zellträger verwachsen waren.

Noch vor einer Generation hätte die Wissenschaft nicht geglaubt, dass uns die Züchtung einzelner Organe so früh, so schnell und gut gelingen würde. Eine Top-Down-Organernte – für die ein erwachsener Klon zunächst gezüchtet und erhalten werden müsste, damit man ihm die benötigten Teile irgendwann entnehmen könnte – wäre im Vergleich dazu viel zu zeit- und energieaufwendig. Es ist deutlich effizienter, nur das zu bauen, was man braucht, und das nur dann, wenn man es braucht.

Es gibt nur eine Ausnahme von dieser Kosten-Nutzen-Analyse – wenn der ganze Mensch benötigt wird.

HAPPY ENDINGS

Am 5. April 2009 verließ Nikolas Evans gemeinsam mit einem Freund eine Bar im texanischen Austin. Auf dem Weg zum Bus, der sie nach Hause bringen sollte, wurden sie Opfer eines Angriffs. Evans ging zu Boden, schlug mit dem Kopf auf dem Asphalt auf und blieb bewusstlos liegen. Zehn Tage später verstarb er an einem subduralen Hämatom, einer Schwellung im Kopf, die gegen das Gehirn drückt. Ein Jahr später machte sich der tote Nikolas Evans daran, eine Familie zu gründen.

Evans hatte zum Zeitpunkt seines Todes keine Partnerin gehabt, und Samen hatte er auch nie gespendet. Für diese reichlich verspätete Elternschaft sorgte seine verzweifelte Mutter Missy, die dem Einundzwanzigjährigen nach seinem Tod Sperma entnehmen ließ. Sie hatte den Plan, während ihr Sohn im Koma lag, mit der Familie diskutiert, die geschlossen ihre Unterstützung zusagte. Evans' Mutter besorgte sich daraufhin von einem Nachlassrichter die Erlaubnis, die Spermien ihres Sohnes in Besitz zu nehmen. Nach Eintritt des Todes wurde der Körper gekühlt, eine Ärztin entnahm honorarfrei und aus Mitgefühl die Probe. Zusätzlich wurden Evans fünf Organe zu Transplantationszwecken entfernt.

Der Vorgang war, gelinde formuliert, reichlich ungewöhnlich und weckte das Interesse der Lokalpresse. Kaum waren erste Berichte erschienen, wurde Evans' Mutter, nach eigener Aussage, von »Hunderten« Frauen kontaktiert, die ein Ei spenden wollten oder sich als Leihmutter für das posthum zu empfangene Kind anboten. Doch sie sah sich auch scharfer Kritik ausgesetzt: Allein dass sie unverheiratet war, war schon Grund für Vorwürfe, vor allem aber wurde ihr Verhalten als unchristlich und selbstsüchtig getadelt, weil sie das eine Kind als Ersatz für das verlorene entstehen lassen wollte. Missy Evans ließ sich nicht beirren. »Er hat am Tag seines Todes fünf Menschen das Leben geschenkt. Und ich soll leer ausgehen? Und ich soll alles verlieren?«

Damals lag die erste postmortale Spermienentnahme zwanzig Jahre zurück; sie war bei einem Dreißigjährigen erfolgt, der sein Leben bei einem Verkehrsunfall verloren hatte. Die Familie hatte darauf bestanden, dass er für eine Entnahme künstlich am Leben erhalten wurde. Der Vorgang ist im Grunde einfach: Ein Urologe kann die Spermien entweder operativ entnehmen, indem er die Hoden aufschneidet, oder er führt eine elektrische Rektalsonde ein, die eine Ejakulation auslöst und dem eindeutig zweideutigen Angebot einer Massage mit »Happy Ending« eine reichlich makabre Wendung gibt. Bald darauf wurde auch das erste Kind eines postmortalen Spenders geboren. 1999, zwei Jahre nach dem Tod Bruce Vernoffs, der an einem allergischen Schock verstorben war, kam seine Tochter auf die Welt.

Aber es ist ja nicht so, als ob nur die Männer nach ihrem Tod Babys machen würden. Ein Jahrzehnt nach der Geburt des »ersten Retortenbabys« Louise Joy Brown gelang im kalifornischen Harbor-UCLA-Medical-Center die Übertragung eines befruchteten Eis von einer Frau in eine andere. Neun Monate später kam ein quicklebendiger Junge auf die Welt. Zwar hat die Technik enorme Fortschritte gemacht (selbst wenn von den sechsundvierzig Übertragungen, die das gleiche Ärzteteam seither unternommen hat, nur ganze zwei erfolgreich waren), ist die Entnahme der Eier nach wie vor alles andere als simpel. Die Spenderin, gewöhnlich eine Frau in den Zwanzigern, muss sich einer monatelangen Hormontherapie unterziehen, an deren Ende ihr unter Narkose mithilfe einer spritzenartigen Nadel mehrere Eier entnommen werden. Das Verfahren ist ungeheuer zeitaufwendig und im Gegensatz zur schnellen Masturbation in einen Probenbecher – wie es wohl die meisten Samenspender kennen dürften – auch noch invasiv. Die außerordentlich hohen Strapazen, die eine Eispende bedeutet, sind wohl auch der Grund für ihren hohen Preis (um die sechstausend US-Dollar pro Runde) und ihre Seltenheit.

Und so, wie die Kliniken einst aus Blutmangel auf die Verstorbenen geschielt haben, tun sie es in neuester Zeit des großen Mangels an Spender-Eiern wegen. Um auszuloten, wie die Mehrheit zur Verwendung genetischen Materials von hirntoten Organspendern steht, wurde im US-Staat Utah eine Umfrage unter siebenhundert Personen durchgeführt. Über 70 % der Befragten befürworteten die Verwendung von Eierstockgewebe zu Forschungszwecken, doch beim Thema Fortpflanzung ging die Meinung in die andere Richtung. Die Vorstellung, einer Verstorbenen Eier zu entnehmen, diese zu befruchten und daraus Prä-Embryos zu erschaffen, stieß auf deutlich geringere Akzeptanz, erst recht, wenn diese Embryos Frauen mit unerfülltem Kinderwunsch eingepflanzt würden. Besonders großes Unbehagen bereitete den Befragten der Gedanke, als gesetzlicher Vormund einer Verstorbenen über ein solches Verfahren zu wachen. Das Fazit der Umfrage: Zu einer solchen Schwangerschaft sollte es nur mit ausdrücklicher Anweisung der betreffenden Frau kommen. Welche junge Frau aber plant zu sterben, ehe sie eine Familie gründen konnte, und welche setzt ihr Testament auf und hinterlässt darin ihre Eier unfruchtbaren Paaren? Selbst wenn sie sich als Organspenderin registrieren lassen würde, geht sie dann zwangsläufig davon aus, dass das ihre Eier einschließt?

Es wird aber auch nicht dadurch simpler, dass die Eier »in der Familie« bleiben. Im Jahre 2010 schilderte Dr. Anna Smajdor, Bioethikerin an der Universität East Anglia, einen Fall, bei dem erstmals an eine Eientnahme zum Zeitpunkt des Todes – also perimortem – gedacht worden war. Eine Passagierin hatte auf einem siebenstündigen Langstreckenflug eine Lungenembolie erlitten, ein Blutgerinnsel, das zu einem Herzinfarkt und einem Hirnschaden führte. Nach der Notlandung in Boston kam die Patientin in ein Krankenhaus und wurde künstlich beatmet. Sie war nicht hirntot, doch ihr Zustand verschlechterte sich stetig, und Aussicht auf Besserung bestand nicht. Ihr Mann und ihre Familie beschlossen daraufhin, die Behandlung schrittweise zu reduzieren. Doch dann entschied sich die Familie um und verlangte, die Patientin solle bis zum Zeitpunkt einer Eientnahme am Leben erhalten werden, damit der Partner der Sterbenden das Ei befruchten und ein gemeinsames Kind zeugen konnte. Der Embryo sollte dann einer Leihmutter eingepflanzt werden. Es war ein Ansinnen, das die Ärzte vor ein großes Dilemma stellte. Theoretisch war so etwas machbar, noch dazu ziemlich leicht. Doch gewagt hatte es noch niemand, und die Ärzte hätten medizinisches, juristisches und ethisches Neuland betreten müssen.

Es gab keinerlei Hinweise auf eine Einwilligung oder gar vorherige Planung seitens der Patientin – wer wollte also wissen, was in ihrem Sinn gewesen wäre? Würde eine Eientnahme den Sterbeprozess der Patientin womöglich beschleunigen? Vor allem, gab es einen überzeugenden medizinischen Grund für den Einsatz einer Leihmutter? Smajdor dazu wie folgt:

>»Für eine Eientnahme wie den Einsatz einer Leihmutter bestand keine dringende Notwendigkeit. Der Ehemann hätte versuchen können, seine komatöse Ehefrau auf ›natürlichem‹ Wege zu schwängern. Das klingt vielleicht erschreckend, aber dann sollten wir uns auch fragen, warum. Die Antwort dürfte lauten, dass ein Geschlechtsakt ohne Einverständnis in der Regel als schwere Straftat gilt. Aber das Gleiche müsste auch für einen chirurgischen Eingriff gelten. Wenn wir das eine ohne Zustimmung der betroffenen Person dulden würden, warum nicht das andere? Wenn der Geschlechtsakt also im Vergleich zu all den komplizierten chirurgischen Eingriffen den günstigeren und gefahrloseren Weg zu einer Schwangerschaft darstellt, ist schwerlich einzusehen, warum wir Letzterem den Vorzug geben sollten.«

Die Ärzte diskutierten das Anliegen der Familie mit ihren Kollegen aus der Reproduktionsmedizin, die zu mindestens zwei Wochen Hormontherapie rieten, um die Produktion der Eierstöcke anzuregen. Außerdem hätte die Patientin die ganze Zeit flach auf dem Rücken liegen müssen, was sehr wahrscheinlich zu einem Gehirnprolaps und zum Tod geführt hätte. Am Ende entschieden die Ärzte gegen den Wunsch der Familie. Die lebenserhaltenden Geräte wurden abgeschaltet. Bald darauf verstarb die Patientin.

Es gibt zahlreiche dokumentierte Fälle von Patientinnen mit einer lebensbedrohlichen Erkrankung, die bis zum Ende einer Schwangerschaft am Leben erhalten wurden, von Frauen, die der Welt an der Schwelle zum Tod noch ein neues Leben geschenkt haben. Auch als die vierundzwanzigjährige Chastity Cooper aus Kentucky eines Abends bei schlechtem Wetter in einen Verkehrsunfall geriet, ahnte niemand, dass sie schwanger war. Eine Routineuntersuchung am Universitätskrankenhaus von Cincinnati ergab, dass es zwei Wochen vor dem Unfall zur Empfängnis gekommen war. Mithilfe der lebenserhaltenden Apparaturen überstand Chastity die komplette Schwangerschaft und brachte nach sechsunddreißig Wochen auf natürlichem Wege ein gesundes Mädchen auf die Welt, Alexis Michelle Cooper, dreieinhalb Kilogramm schwer. Der behandelnde Arzt, Dr. Michael Hnat, kommentierte die ungewöhnliche Schwangerschaft mit den Worten: »Dies ist einer der ganz seltenen Fälle in den Vereinigten Staaten, bei denen eine Frau während der gesamten Gestation im Koma gelegen hat.«

Coopers Zustand hatte sich während der Schwangerschaft sogar so weit verbessert, dass sie die Augen öffnen und Besuchern mit Blicken durch das Krankenzimmer folgen konnte. Nach der Geburt berichtete der Ehemann (und glückliche Vater) den versammelten Reportern: »Es war ein Wunder. Als das Baby kam, hat Chastity gelächelt.« Natürlich hoffte die Familie auf ein zweites Wunder – dass die junge Frau aus ihrem Koma erwachen würde. Die Chancen standen nicht gut; und Steve Cooper, der während all dessen auch noch Arbeit und Haus verloren hatte, blieb eher nüchtern: »Ich versuche gar nicht erst, darüber nachzudenken, wie schwer das alles ist«, sagte er. »Ich glaube fest daran, dass man mit den Karten spielen muss, die das Schicksal austeilt.«

Seit 1979 sind in den USA mindestens elf Kinder von Frauen mit irreparablen Hirnschäden geboren worden, und die Zahl dürfte wohl noch steigen. Smajdor: »Solche Anliegen werden angesichts der Fortschritte auf dem Gebiet der Reproduktionsmedizin in Zukunft gewiss noch häufiger geäußert werden, von daher ist hier eine belastbare und eindeutige juristische Klärung dringend nötig.«

Dass wir überhaupt in der Lage sind, einem toten Mann Sperma zu entnehmen und eine hirntote Frau für die Dauer einer ganzen Schwangerschaft am Leben zu erhalten, ist absolut erstaunlich. Doch das lässt sich im Prinzip über jeden Triumph der Medizin sagen, und davon gab es in den letzten fünfzig Jahren ja doch einige. Unsere Gesellschaft ist dem technologischem Fortschritt gegenüber abgestumpft, und manchmal sind wir einfach nur enttäuscht. Die Zukunft hat längst nicht alle Hoffnungen erfüllt – ich warte immer noch auf mein Jetpack –, und so widmen wir all unsere Leidenschaft der Frage, *wie* sich eine Technologie verwenden lässt, und nicht der, welche Technologien wir schon *haben*. Wenn wir wissen, dass sich jemand ein Kind gewünscht hätte, und wenn es möglich ist, ihr oder ihm Keimzellen ohne negative Auswirkungen für andere zu entnehmen, dann sollten wir das tun. Wenn wir eine Frau künstlich am Leben erhalten können, um ihr ungeborenes Kind zu retten, sollten wir auch das tun. Diese Diskussionen dürfen wohl als abgeschlossen gelten. Als Nächstes müsste die Debatte anstehen, ob die Einwilligung in eine generelle Organspende auch die Keimzellen mit einschließt. Wenn wir den Gedanken aushalten, dass eine

Frau perimortem schwanger wird und das eigene Kind austrägt, wie wollen wir uns dann zu der Idee positionieren, hirntote Organspender als Leiheltern einzusetzen? Angesichts der Risiken, die mit einer Schwangerschaft einhergehen, wäre dies lebenden Leihmüttern gegenüber sicher vorzuziehen, besonders angesichts der gedeihenden indischen »Baby-Farmen«, in denen junge Frauen von wohlhabenden Fremden dafür bezahlt werden – manche sprechen hier lieber von Ausbeutung –, dass jemand ihren Nachwuchs für sie austrägt. Werden wir es je erleben, dass die Organspende über einzelne Organe oder einzelnes Gewebe hinaus auch so etwas wie körperliche Dienstleistungen umfasst? Ist der Organspender der Zukunft ein ruhiger, verlässlicher Produzent von Blut, Plasma, Keimzellen und Hormonen – außerdem ein Brutkasten –, mit anderen Worten, ist er mehr als ein zusammenhängender Klumpen Zellen im Dienste unserer Bedürfnisse? Aber heißt für uns so etwas nicht Fleisch?

Ein Totenmahl

Als sich William Seabrook in Paris an seine berüchtigte Speise setzte, gesellte er sich zu jener kleinen Gruppe, die menschliches Fleisch nicht aus Verzweiflung, sondern reiner Absicht zu sich nimmt. Kannibalismus mag als gewaltiges Tabu gelten, doch geographisch und kulturell war er einst weit verbreitet, von den fernen Ausläufern des Südpazifiks bis tief ins Herz der britischen Inseln und an manchem Ort dazwischen. Die Verfasser der Geschichtsbücher spielen Hinweise, das eigene Volk sei zu »so etwas« fähig gewesen, gern herunter. So werden etwa Einkerbungen an Knochen aus Gräbern oft mit einer »Entfleischung aus rituellen Gründen« erklärt, jedoch nicht gesagt, wo das Fleisch geblieben ist. Irgendjemand wird es wohl verzehrt haben, und wir dürfen sicher davon ausgehen, dass es nicht immer nur Bakterien und Larven waren.

Von manchen Kulturen sind regelmäßige kannibalistische Riten bekannt (und damit ist nicht der »gelegentliche« medizinische Schluck Blut der europäischen Epileptiker gemeint). Beim Volk der Fore auf Papua-Neuguinea gehörte das Verspeisen der toten Verwandten zum üblichen Bestattungsritual. Durch den kannibalistischen Akt sollte die Lebenskraft der Verstorbenen in der Gemeinschaft bleiben. Leider aber war bei diesem Handel ein Störenfried im Spiel: eine tödliche neurologische Affektion, die als Kuru bekannt und mit der Creutzfeld-Jacob-Krankheit und dem Rinderwahn verwandt ist. Im Falle einer Erkrankung falten sich die Proteine auf abnorme Weise und infizieren das umgebende Gewebe, wodurch winzige schwammartige Löcher entstehen (entsprechend werden all diese die Krankheiten auch als spongiforme bezeichnet). Kuru geht mit einer zunehmenden Schwächung und einem Zittern an Händen und Füßen einher. Der Gang wird ruckartig und unsicher, die Sprache lallend, es treten starke Stimmungsschwankungen auf. Die Kranken lachen unwillkürlich, ohne Grund. Schließlich kommt es zum Verlust des Steh-, Sprach- und Schluckvermögens, bald darauf zum Tod. Bei einem kannibalistischen Festmahl der Fore war es Sitte, dass Frauen und Kinder das Gehirn verspeisen. Hier aber findet sich die höchste Konzentration an infektiösen Prionen, entsprechend war die Wahrscheinlichkeit zu erkranken unter Frauen und Kindern um das Achtfache erhöht, verglichen mit Personen, die andere Körperteile verspeist hatten. Als der Kannibalismus per Gesetz unter Strafe gestellt wurde, verschwand die Krankheit – obwohl darüber diskutiert wird, ob sie nicht ohnehin im Abklingen begriffen war, da die heute noch lebenden Fore möglicherweise dank einer genetischen Variante resistent sind.

Die Kuru-Krankheit mag all jenen eine Warnung sein, die in ihren Mitmenschen eine sichere und praktische Nahrungsquelle sehen. Trotz der Milliarden, die unseren Planeten heutzutage schon bevölkern, würde wohl auch heute nur ein Satiriker wie Jonathan Swift mit noch größerer Verve behaupten, dass allein die Zahl für den Gedanken spricht. Ökologisch gesehen macht der Verzehr von Menschen wenig Sinn – wie wir ja bereits gesehen haben, wachsen wir zu langsam, verbrauchen zu viel Energie und sind auch schlicht zu mager. In puncto Fleisch sind wir dem Schwein oder der Kuh deutlich unterlegen, und so sind die Aussichten, dass wir uns auf Täfelchen aus Soylent Grün stürzen, wie es sich der Science-Fiction-Film … *Jahr 2022 … die überleben wollen* ausmalt, wohl eher gering.

Trotzdem stehen wir immer wieder mal auf der Speisekarte. Im Jahre 2011 begann ein Eissalon im Londoner Covent Garten mit dem Verkauf der Sorte Baby Gaga, in der Geschmacksrichtung Vanille-Zitrone, auf der Basis von Muttermilch. Der Preis lag bei eiskalt kalkulierten 14 Pfund pro Kugel. Doch die ungewöhnliche Süßspeise war nicht einmal eine Woche lang zu haben, da beschlagnahmte das Gesundheitsamt schon sämtliche Bestände. (Jegliche Nahrungsmittel, so die Warnung der Behörde an Londons Feinschmecker, die »aus den Körperflüssigkeiten einer anderen Person bestehen, können potenziell zur Verbreitung von Viren und, in diesem Fall, zu Hepatitis führen«.) Jeder und jede nach seinem Geschmack.

Was wir zu uns zu nehmen, sagt viel darüber aus, was es bedeutet, Mensch zu sein. Vielleicht werden wir uns nie mit dem Gedanken anfreunden, ein Sixpack Zombies zum Verzehr heranzuzüchten. Und falls doch, droht uns womöglich das Szenario einer robotischen Zukunft à la Čapek: Am Ende nämlich waren die synthetischen Leibeigenen mit ihrem Schicksal gar nicht glücklich, sie erhoben sich und löschten die gesamte Menschheit aus.

EPILOG

HIER UND HEUTE

DAS MIT DEM ZOMBIE-AUFSTAND IST mir ernst.

Als ich mit der Recherche für dieses Buch begonnen habe, hatte ich geglaubt, dass ich wenigstens auf einen Fall stoßen würde, der die Grenzen zwischen Tod und wundersamer Auferstehung wirklich sprengt, dass doch irgendwo irgendjemandem mittels Wolframfilament und Drogen die vollständige Kontrolle eines anderen gelungen sein musste. Ich hatte eigentlich damit gerechnet, dass der Einfallsreichtum der menschlichen Rasse die Mittel zur Erschaffung eines Zombies oder zumindest etwas Ähnlichem, hervorbringen würde. Doch die Wirklichkeit ist viel verstörender. Denn ich bin nicht etwa auf ein wissenschaftliches Instrumentarium gestoßen, das den Tod besiegen könnte, vielmehr musste ich feststellen, dass der Tod der Fuzzylogik folgt – demnach besteht die einzige Gewissheit darin, dass wir so lange als lebendig gelten, wie unser Gehirn und der restliche Körper ihre Zellen schneller erneuern als sie absterben. Bleibt man strikt bei der Wissenschaft, ist der Tod keine feste Grenze mehr, die man überschreitet, sondern eine Frage des Spielraums: Welches Ausmaß an Schädigung können Gehirn und Körper tolerieren, bis das innere Uhrwerk aus dem Takt gerät und langsam zum Erliegen kommt?

Das Leben zehrt uns ständig auf – so funktionieren biologische Prozesse. Wir werden wie ein »Schiff des Theseus« Zelle für Zelle ausgetauscht, bis Jahre später nicht ein einziges ursprüngliches Teil mehr übrig ist. Selbst das Gehirn ist eine rastlose See verflochtener Neuronen, die unentwegt in blinden Wirbeln wogen. Trotzdem gelingt es irgendeinem Teil in unserem Gehirn, unserem *ti-bon anj*, immer wieder und mit Leichtigkeit hinabzusteigen in das Fleisch der neuen Zellen und der neuen Konstellationen. Oder wie es in einem Hammer-Film heißen würde: Da flackert ein ewiger Geist in einer Laterne aus gemächlich verrottendem Fleisch.

Doch bevor Sie der stete Blick in unseren Abgrund aus Tod und Verwesung allzu philosophisch stimmt, bedenken Sie: Der Geist ist korrumpierbar. Tatsächlich löst sich jegliches geistiges Tun in flackernde Lichtblitze auf – in Muster, die sich durch die jeweils aktiven Dendriten und Axonen an den Nervenzellen ergeben, sobald sie den Geist entzünden. Und dass es bislang nur kärgliche Fortschritte auf dem Gebiet der Bewusstseinskontrolle (beim Menschen) gibt, liegt nicht etwa daran, dass sich der Geist einer Kontrolle von außen in besonderem Maße widersetzen würde. Ihre Persönlichkeit, Ihre Identität, Ihr Wesenskern, all das ist nicht mehr als das komplizierte Zusammenspiel unzähliger Zellen und chemischer Botenstoffe – und dabei sind manche Zellen und Botenstoffe womöglich nicht einmal Ihre eigenen. Wissen Sie zu sagen, wo die Grenze zwischen Ihrer Identität und dem Einfluss eines Parasiten verläuft? Vergessen Sie die Vorstellung, dass man den Geist eines anderen kontrollieren kann – wir können uns ja nicht einmal auf unseren eigenen verlassen. Vielleicht werden wir eines Tages einen Erreger wie *T. gondii* für unser Wohlergehen nutzen, so wie heute schon unseren täglichen probiotischen Joghurt zur Stärkung unseres Psycho-Mikrobioms.

Die Wissenschaft von den Zombies hat gezeigt, dass das Leben nicht als etwas in sich Geschlossenes zu denken ist. Wir alle bestehen aus dem Zusammenwirken vieler Milliarden von Zellen, von denen auch nicht *eine* Ihnen gänzlich unterworfen oder ganz und gar lebendig ist. Wenn Sie eines Tages sterben, werden sich die stofflichen Bestandteile dessen, was wir die Seele nennen, in alle Himmelsrichtungen verstreuen und auf unbegrenzte Dauer weiterleben. *Sie* sind ein Untoter, ein Zombie, sind es immer schon gewesen.

Danksagung

Nichts von alledem wäre ohne die gemeinschaftliche Anstrengung einer derart großen Zahl helfender Geister gelungen, dass ich sie gar nicht alle nennen kann. Daher mögen im Folgenden einige wenige Namen genügen: Danke meinem Agenten Peter Tallack von der Science Factory, dass er sich auf dieses Projekt eingelassen hat, sowie der gleichermaßen zombiephilen Marsha Filion bei Oneworld, die es in Auftrag gegeben hat. Robin Dennis meinen Lektor zu nennen, ist ein Segen, er hat jede einzelne Fassung auf geradezu alchemistische Weise gewandelt. Auch stehe ich bei den Heerscharen von Freunden, Kollegen und Fremden in der Schuld, die mir ihre Zeit und ihr Wissen geschenkt und allerlei verwegene Quellen und Verweise ausfindig gemacht haben:

Aarathi Prasad, Vaughan Bell, Emilia Brock, Jane Bramhill, Andrew Holding, Amanda Hargreaves, Jonathan Slack, Kevin Fong, Stephan Hensel, Marc Mulhern, Andy Reeves, Jamie Gallagher, Dr. Becca, Gimpy, Katie Firth, Tom B. Cannon, James Streetley, Sven Rudloff, Hectocotyli, Debayan Sinharoy, Jonathan Parienté, Melissa L. Braaten, Rebecca Dyson, Tommy Leung, Roland Littlewood, Aisling Spain, Peter Cummings, Dr. Aust, Stephen J. Henstridge, Beverley Gibbs und viele andere; mein besonderer Dank gilt Jesus Rogel für die Übersetzungen und jenem Berkeley-Studenten, der das Originalmanuskript von Robert E. Cornish für mich ausgegraben hat.

Und schließlich ein sehr besonderer Dank all meinen Freunden, meiner Familie und meinem allerliebsten Nerd für ihre grenzenlose Geduld mit mir und diesem Buch.

Bibliographie

Prolog: Rezept für einen Zombie

n. a., (2003): »Arizona man keeps wife's remains in freezer for years«, *Associated Press* 13 September

Pela, Robrt L. (2003) »Bitter End«, *Phoenix New Times* 2 October http://www.phoenixnewtimes.com/arts/bitter-end-6407359

1 Tote bei der Feldarbeit

Berlinski, Mischa (2009) *»Into the zombie underworld«, Men's Journal* 17 September

Birmingham, A. T. (1999) »Waterton and Wouralia«, *British Journal of Pharmacology* 126 (8): 1685-90

Davis, Wade *(1983)* »The ethnobiology of the Haitian zombie«, *Journal of Ethnopharmacology 95 (November): 85-104*

Davis, Wade (1988) *Schlange und Regenbogen: Die Erforschung der Voodoo-Kultur und ihrer geheimen Drogen*, München: Knaur

Davis, Wade (1988) »Zombification«, *Science* 240 (24 June): 1715

Hearn, Lafcadio (1903) *Two Years in the French West Indies,* New York: Harper & Brothers Publishers, http://www.gutenberg.org/ebooks/6381

Hoffman, Bill (2005) »Blood swapping reanimates dead dogs«, *New York Post* 28 June

Lee, Cheng Chi (2008) »Is human hibernation possible?«, *Annual Review of Medicine* 59: 177-86

Littlewood, Roland (2009) »Functionalists and zombies: Sorcery as spandrel and social rescue«, *Anthropology and Medicine* 16 (3) (December): 241-52

Littlewood, Roland and Chavannes Douyon (2000) »Klinische Untersuchung dreier haitianischer Zombies«, *Skeptiker* 1/00: 19-21

NewsCore (2010) »Baby cooled for four days to fix heart condition«, *Fox News* 17 June, http://www.foxnews.com/story/2010/06/17/baby-cooled-for-four-days-to-fix-heart-condition.html

Page, Lewis (2010) »Suspended animation cold sleep achieved in lab«, *Register* 11 June http://www.theregister.co.uk/2010/06/11/suspended_animation_in_lab/

Safar, Peter (2000) »On the future of reanimatology«, *Academic Emergency Medicine* 7 (1): 75-89

Safar, P., S. A. Tisherman et al. (2000) »Suspended animation for delayed resuscitation from prolonged cardiac arrest that is unresuscitable by standard cardiopulmonary-cerebral resuscitation«, *Critical Care Medicine* 28 (November supplement): N214-8

Seabrook, William Buehler (1982) *Geheimnisvolles Haiti: Rätsel und Symbolik des Wodu-Kultes,* München: Matthes & Seitz [Erstausgabe: (1929) *The Magic Island,* New York: Harcourt Brace & Company]

Stark, Peter (1997) »The cold hard facts of freezing to death« *Outside,* January

Waterton, Charles (1838) *Essays on Natural History, Chiefly Ornithology. With an Autobiography of the Author*, London: Longman, Brown, Green and Longmans

Wood, Clair G. (1987) »Zombies«, *ChemMatters*, 4

Wu, X. et al. (2008) »Emergency preservation and resuscitation with profound hypothermia, oxygen, and glucose allows reliable neurological recovery after 3 h of cardiac arrest from rapid exsanguination in dogs«, *Journal of Cerebral Blood Flow and Metabolism 28(2): 302-11*

2 Eine Zeit der Auferstehung

Appleyard, Sam (2008) »The living dead«, *Sunday Times* 14 December

Aynsley, E. E. and W. A. Campbell (1962) »Johann Konrad Dippel, 1673-1734«, *Medical history* 6 (3): S. 281-6

Banner, Stuart (2003) *The Death Penalty: An American History, Cambridge: Harvard University Press*

Barrett, Sam (2008) »The First Few Minutes After Death«, *PopSci 31* (October) *http://www.popsci.com/sam-barrett/article/2008-10/first-few-minutes-after-death*

Bartoll, Jens (2006) »Frühe Spuren des Berliner Blaus auf Gemälden in den preußischen Königsschlössern« in: *Die Kunst zu bewahren: Restaurierung in den preußischen Schlössern und Gärten. Jahrbuch der Stiftung Preußische Schlösser und Gärten Berlin-Brandenburg* 8, Berlin: Oldenbourg Akademieverlag, 219-27

Cornish, R. E. and H. J. Henriques (1933) »Report of Investigation of Resuscitation«, unpublished, 8 October

Cornwall, J. W. (1935) »Jiu-Jitsu Methods of Resuscitation«, *Correspondence, British Medical Journal* 2 (3893) 17 August: 318

Duffy, Clinton T. and Dean Jennings (1951) *Zuchthaus in San Franzisko,* Frankfurt am Main: Metzner Verlag [Erstausgabe: (1950) The San Quentin story as told to Dean Jennings, Garden City, NY: Doubleday]

Ford, J. E. (1935) »Can science raise the dead?«, *Popular Science Monthly February*

George Foster, *Proceedings of the Old Bailey, London's Central Criminal Court, 1674 to 1913, Old Bailey Online* (Zugang am 29. Juni 2010)

Krementsov, Nikolai (2009) »Off with your heads: Isolated organs in early Soviet science and fiction«, Studies in *History and Philosophy of Biological and Biomedical Sciences* 40 (2): 87-100

n. a. (1903) »Revival of isolated heart after death«, *Journal of the American Medical Association* 21 March

n. a. (1929) »Artificial heart keeps dog's head alive for hours«, *The Tech* 20 February

n. a. (1934) »Lazarus, dead & alive«, *Time* 26 March

n. a. (1935) »Scientist to Make Bold Attempt to Revive Human Dead«, *Modern Mechanix February,* reprinted at http://blog.modernmechanix.com/scientist-to-make-bold-attempt-to-revive-human-dead/

O'Donnell, C. P. E., A. T. Gibson and P. G. Davis (2006) »Pinching, electrocution, ravens' beaks, and positive pressure ventilation: a brief history of neonatal resuscitation«, *Archives of Disease in Childhood: Fetal and Neonatal* 91(5): F369-73

Paris, John Ayrton and John Samuel Martin Fonblanque (1823) »The Application of the physiological facts etablished in the preceding chapters, to the general treatment of asphyxia«, *Medical Jurisprudence,* London: W. Phillips

Parnia, Sam (2007) »Do reports of consciousness during cardiac arrest hold the key to discovering the nature of consciousness?«, *Medical Hypotheses* 69 (4): 933-7

Stafford, Jane (1934) »Can the dead be given life?«, *Science Newsletter* 1 December

Wilkes, John (1810) »John Conrad Dippel«, Encyclopaedia Londinensis, London: J. Adlard http://archive.org/details/encyclopaedialon15wilk

3 K.-o.-Tropfen & Co.

Albarelli, Hank P. (2009) *A Terrible Mistake: The Murder of Frank Olson and the CIA's Secret Cold War Experiments,* Walterville, OR: Independent Publishers Group

Blakeslee, Sandra (2005) »This is your brain under hypnosis«, *New York Times* 22 November

Gabbai et al. (1951) »Ergot Poisoning at Pont St. Esprit«, *British Medical Journal* 2 (15 September): 650-1

Hooper, Judith und Dick Teresi (1991) *Das Drei-Pfund-Universum. Das Gehirn als Zentrum des Denkens und Fühlens,* München: Econ [Erstausgabe: (1986) *The Three-Pound Universe: Revolutionary discoveries about the brain – from the chemistry of the mind to the new frontiers of the soul,* London: J. P. Tarcher]

Jay, Mike (1999) *Artificial Paradises*, London: Penguin Books

n. a. (2005) »Restaurant Shift Turns Into Nightmare«, *ABC NEWS Primetime* 10 November http://abcnews.go.com/Primetime/story?id=1297922

Proenza, Anne (1994) »Losing their minds in Bogota«, *World Press Review* 41 (10): 20-1

Thomson, Mike (2010) »Pont-Saint-Esprit poisoning: Did the CIA spread LSD?«, *BBC News* http://www.bbc.com/news/world-10996838

Raz, Amir, J. Fan et al. (2010) »Hypnotic suggestion reduces conflict in the human brain«, *Proceedings of the National Academy of Scienes USA* 102 (28): 9978-83

Zetter, Kim (2010) »This day in Tech: April 13, 1953: CIA OKs MK-ULTRA mind-control tests«, *Wired* 13 April, http://www.wired.com/2010/04/0413mk-ultra-authorized/

4 Fern-Steuerung

Blackwell, Barry (2011) »Jose Delgado« (Obituary), *American College of Neuropsychopharmacology* http://www.acnp.org/asset.axd?id=f9da6400-ea5f-4b24-990e-6c259d48eca4 (Accessed 26 February 2013)

Constandi, Mo (2006) »The incredible case of Phineas Gage«, *Neurophilo-*

sophy 4 December https://neurophilosophy.wordpress.com/2006/12/04/the-incredible-case-of-phineas-gage/

El-Hai, Jack (2007) *The Lobotomist: A Maverick Medical Genius and His Tragic Quest to Rid the World of Mental Illness,* Hoboken, NJ: Wiley

Horgan, John (2005) »The forgotten era of brain chips«, *Scientific American October*: 66-73

n. a. (1951) »Grey matter«, *Time* 28 May http://content.time.com/time/magazine/article/0,9171,890110,00.html

n. a. (1952) »Mass lobotomies«, *Time* 15 September http://content.time.com/time/magazine/article/0,9171,816987,00.html

Nuzzo, Regina (2008) »Call him doctor ›Orgasmatron‹«, *Los Angeles Times* 11 February http://www.latimes.com/health/la-he-orside11feb11-story.html

Ravo, Nick (1999) »Robert G. Heath«, *New York Times* 25 September http://www.nytimes.com/1999/09/25/us/robert-g-heath-84-researcher-into-the-causes-of-schizophrenia.html

Young, Robert M. (1970) *Mind, Brain and Adaptation in the nineteenth century: Cerebral localization and its biological context from Gall to Ferrier,* Oxford: Clarendon Press

5 Die Grusel-Nanny

Adamo, S., C. Linn and N. Beckage (1997) »Correlation between changes in host behaviour and octopamine levels in the tobacco hornworm Manduca sexta parasitized by the gregarious braconid parasitoid wasp Cotesia congregata«, *Journal of Experimental Biology* 200: 117-27

Amos, Jonathan (2000) »Parasite's web of death«, *BBC News* 19 July http://news.bbc.co.uk/2/hi/sci/tech/841401.stm

Constandi, Mo (2006) »Brainwashed by a parasite«, *Neurophilosophy* 20 November https://neurophilosophy.wordpress.com/2006/11/20/brainwashed-by-a-parasite/

Fisher, Roderick C. (1961) »A Study in insect multiparasitism«, *Journal of Experimental Biology* 38: 267-75

Grosman, Amir H. et al. (2008) »Parasitoid increases survival of its pupae by inducing hosts to fight predators«, *PloS One* 4 June http://journals.plos.org/plosone/article?id=10.1371/journal.pone.0002276

Haspel, Gal, Lior Ann Rosenberg and Frederic Libersat (2003) »Direct injection of venom by a predatory wasp into cockroach brain«, *Journal of Neurobiology* 56 (3) S. 287–92

Holmes, Bob (1993) »Evolution's neglected superstars«, *New Scientist* 6 November https://www.newscientist.com/article/mg14018983-500-evolutions-neglected-superstars-there-is-nothing-glamorous-about-fleas-flukes-or-intestinal-worms-so-why-are-they-suddenly-attracting-so-much-attention/

Jog, Maithili and Milind Watve (2005) »Role of parasites and commensals in shaping host behaviour«, *Current Science* 89 (7): 1184-91

Sapolsky, Robert (2003) »Bugs in the Brain«, *Scientific American* 1 March: 94-7

Zimmer, Carl (2001) *Parasitus Rex: Die bizarre Welt der gefährlichsten Geschöpfe der Natur*, Frankfurt am Main: Umschau/Braus [Erstausgabe: (2001) *Parasite Rex: Inside the bizarre world of nature's most dangerous creatures*, New York: Simon & Schuster]

6 Die Armee der Blutsauger

Botto-Mahan, Carezza, Pedro E. Cattan and Rodrigo Medel (2006) »Chagas disease parasite induces behavioural changes in the kissing bug Mepraia spinolai«, *Acta Tropica* 98 (3): 219-21

Callahan, Gerald N. (2002) »Infectious madness: disease with a past and a purpose: mental illness may not be just craziness, but have a parasitic, fungal, or viral etiology«, *Emergency Medicine News* 24(11): 52-4

»Edgar Allan Poe Mystery«, press release, University of Maryland Medical Center, Baltimore, MD (24 September 1996), http://umm.edu/news-and-events/news-releases/1996/edgar-allan-poe-mystery

Flegr, Jaroslav et al. (2002) »Increased risk of traffic accidents in subjects with latent toxoplasmosis: a retrospective case-control study«, *BMC Infectious Diseases* 2 (2 July): 11

Lacroix, Renaud et al. (2005) »Malaria infection increases attractiveness of humans to mosquitoes«, *PLoS Biology* 9 August, http://journals.plos.org/plosbiology/article?id=10.1371%2Fjournal.pbio.0030298

Lefèvre, T. et al. (2007) »Trypanosoma brucei brucei induces alteration in the head proteome of the tsetse fly vector Glossina palpalis gambiensis«, *Insect Molecular Biology* 16 (6): 651-60

n.a. (2010) »A game of cat and mouse«, *The Economist* 3 June http://www.economist.com/node/16271339

Schultz, Nora (2007) »Zombie cockroaches revived by brain shot«, *New Scientist* 30 November, https://www.newscientist.com/article/dn12983-zombie-cockroaches-revived-by-brain-shot/

Thomas, F. et al. (2002) »Do hairworms (Nematomorpha) manipulate the water seeking behaviour of their terrestrial hosts?« *Journal of Evolutionary Biology* 15(30 April): 356-61

Webster, J. et al. (2006) »Parasites as causative agents of human affective disorders? The impact of anti-psychotic, mood-stabilizer and anti-parasite medication on Toxoplasma gondii's ability to alter host behaviour«, *Proceedings of the Royal Society, Biological Sciences* 273 (1589): 1023-30

Yereli, Kor, I. Cüneyt Balcioğlu and Ahmet Ozbilgin (2006) »Is Toxoplasma gondii a potential risk for traffic accidents in Turkey?« *Forensic Science International* 163 (10 November): 34-7

7 Die menschliche Ernte

Bell, Vaughan (2010) »Gladiator's blood as a cure for epilepsy«, *MindHacks* 1 February, https://mindhacks.com/2010/02/01/gladiators-blood-as-a-cure-for-epilepsy/

Currell, Susan and Christina Cogdell, ebs (2006) *Popular Eugenics: National Efficiency and American Mass Culture in the 1930s*, Athens: Ohio University Press

Dawson, Warren R. (1927) »Mummy as a drug«, *Proceedings of the Royal Society of Medicine* 21 (1): 34-9

Friedman, David M. (2008) *The Immortalists: Charles Lindbergh, Dr. Alexis Carrel, and Their Daring Quest to Live Forever*, New York: Ecco

James, Susan Donaldson (2010) »Sperm Retrieval: Mother Creates Life After Death«, *ABC News* 23 February, http://abcnews.go.com/Health/Wellness/mother-murdered-son-hopes-create-grandchild-post-mortem/story?id=9913939

Kahn, Jennifer (2003) »Stripped for parts«, *Wired* 11 March, http://www.wired.com/2003/03/parts/

Moore, Charles L., John C. Pruitt and Jesse H. Meredith (1962) »Present status of cadaver blood as transfusion medium. A complete bibliography on studies of postmortem blood«, *Archives of Surgery* 85 (3): 364-70

n. a. (1961) »Blood from the dead«, *Time* 26 May http://content.time.com/time/magazine/article/0,9171,872489,00.html

n. a. (1973) »Reprocessed: bodies plan«, *Guardian* 10 August https://www.theguardian.com/theguardian/2010/aug/10/archive-reprocessed-bodies-plan-1973

Park, Alice (2007) »The Science of Growing Body Parts«, *Time* 1 November, http://content.time.com/time/health/article/0,8599,1679115,00.html

Reggiani, Andrés Horacio (2007) *God's Eugenicist: Alexis Carrel and the Sociobiology of Decline*, New York: Berghan Books

Shears, Richard and Rob Cooper (2010) »Thousands of pills filled with powdered human baby flesh discovered by customs officials in South Korea«, *Daily Mail* 7 May http://www.dailymail.co.uk/news/article-2140702/South-Korea-customs-officials-thousands-pills-filled-powdered-human-baby-flesh.html

Slack, J. M. W. (1998) *Egg & Ego: An Almost True Story Of Life In The Biology Lab,* New York: Springer

Taylor, Timothy (2001) »The edible dead«, *British Archaeology* 59 (June) http://www.archaeologyuk.org/ba/ba59/feat1.shtml

Willson, Kate et a. (2012) »Human corpses harvested in multimillion-dollar trade«, *Sydney Morning Herald* 17 July, http://www.smh.com.au/federal-politics/political-news/human-corpses-harvested-in-multimilliondollar-trade-20120717-2278v.html